ライブラリ 物理学コア・テキスト ― 4

コア・テキスト 波・熱力学・統計物理学 とその応用

青木健一郎　著

サイエンス社

ライブラリ物理学コア・テキスト 編者まえがき

　本ライブラリでは，理工系学部の読者のために，物理学の基本的な内容と考え方を説明します．専門教育で必要となる物理学の考え方を理解することを意図しているので，重要な内容は少し難しくても含めています．また，物理的な具体例を通じて意味を確実に把握することに留意しています．アプローチや方法については，なぜそのようなものを用いるのかも説明しました．微積分などの概念は，その持つ意味を説明しつつ積極的に使います．より専門的な内容を理解するためには，これらの技術を使いこなすことも必要になるからです．また，物理学の具体例を通じて，微積分の概念をより確実に理解できるという効果もあると思います．さらに，数学的な手法を積極的に導入することにより，どこまでが物理学で，どこが数学であるかという理屈がわかりやすくなり，物理学の理解が深まるでしょう．微積分以外でも物理学でよく用いられる考え方や式の導出，記述法などは積極的に含めるようにしています．なお，ライブラリ内の本はそれぞれ独立に読めるように書かれています．

　物理学はシンプルで数少ない法則から現象を理解する学問であり，その仕組みがわかりやすいような構成にしたつもりです．物理的な性質を説明する際には，いかにそれが単純な基本法則から得られるかを導出するようにしました．物理学は，現実の世界で起きる自然現象を理解するためのもので，それを実感するためにも大雑把な数量的概念も強調しました．高校での数学や物理を超える内容を前提とせず，できる限り平易かつ簡潔に内容を説明するようにしています．必要以上に難しい数学は使わず，簡潔に説明しますが，内容においては重要な考え方は省いていません．よって，内容は必ずしも簡単ではありません．これまでに学んでいない物理学の分野を理解するためには，多くの場合，新し

い考え方を身につけねばならず，新しい概念を理解するのは誰にとっても難しいことであるからです．本ライブラリを通じて，読者が自分にとって新しい概念や手法を理解し，身につけられるように努めました．

　本ライブラリでは，物理の本質を深く理解できるように，数多くの具体例を使って解説しています．具体例では単に結果を求めるだけではなく，物理的なふるまいがどのように直観的に理解できるかを説明しました．計算をたどった後でも，物理的にどのような仕組みで何が起きているかを理解するのが難しいこともあるでしょう．しかし，物理的な状況を把握するのは最も重要なことです．計算がたどれなかった場合にも，直観的に結論がもっともであるかを確認して下さい．また，結論が直観的に理解できると，数式の導出も容易になります．わからなかったり，難しいと感じた時には，一番簡単な具体例を完璧に理解しようとしてみると良いでしょう．簡単な具体例が理解できれば，基本的な概念の把握につながります．先へ進んでわからなくなったときは，また簡単な具体例に戻って，わからない点を確認することを勧めます．

　読者の理解をさらに深めるために例題と章末問題も収録し，解答も含めました．問題は，単純なものから，少し入り組んだものまであります．問題は時によって大雑把であったり，必要な情報が足りなく思うかもしれません．これは，実際に物理的な問題に出会った場合には，自分で考えて必要な情報を集めたり，大雑把に見積もったり，近似的な計算をしたりしなければならないことを意識しています．概算では答えはぴったり合う必要はありません．日常的な問題から物理学の最先端の問題まで，普段から自分で必要な情報を調べ，様々な量を概算してみて下さい．

　このライブラリが読者の物理学の理解を助けるものとなることを願っています．

　　2011 年

青木 健一郎

まえがき

　本書は，波，熱力学，統計物理学とその応用を扱います．応用としては，様々な分野で重要な役割を果たす輸送現象を中心とした非平衡物理学と連続体の物理学を含めました．これらの物理学の基礎分野の理解は，物理学ではもちろん，工学の多くの分野でも必要になります．内容には様々なアプローチがありえますが，本書では，数学的側面よりも，物理学的側面を重視し，日常生活を含め，現実世界における様々な現象とのつながりも解説するようにしています．実際の現象に物理学の法則がどのように反映されるかを理解することにより，物理学への理解も深まるからです．物理学が現実の物質を扱っていることを実感するためにも，適宜，物理量を定量的あるいは半定量的に求め，その物理的ふるまいを説明しました．また，物理量を求め，そのふるまいを理解するような問題も随所に含めています．本書は力学の基本以外の理解は前提としていません．

　物理学では，なぜそのような現象が生じるのかという仕組みを把握することが重要です．そのために基本的な法則がどのようなものであり，それから物理系の様々なふるまいがどのように導けるかの説明を本書では重視しています．導出に必要な計算は省略せずに全て解説しています．少しくどく感じるかも知れませんが，使った式や必要な公式はその都度参照し，基本的な知識さえあれば，誰でも本書内全ての式が導けることに留意しています．参照する式等を見なくてもわかる場合は無視して構いません．さらに，物理学や他の分野での応用を考慮し，便利な考え方，導出法，表記法や用語も紹介するようにしています．基本的な微積分などの数学的手法は積極的に用い，計算の見通しをよくするようにしています．それにより，どの部分が数学で，どの部分が物理学であるかがわかりやすくなるはずです．物理的なふるまいについては，直観的な理解の仕方も必ず説明しています．重要なポイントについては，様々な見方で説明しています．計算がわからない場合には，まず直観的な理解を試みてからもう一度考えてみると良いでしょう．また，計算がわかった場合にも，それが物理的ふるまいにおいて持つ意味を常に考えるようにしましょう．

　本書には随所に例題と章末問題を含めました．例題や章末問題では，物理常識

まえがき

としてわかるはずの物理量は必ずしも与えていません．不親切に感じるかも知れませんが，現実に物理量の概算を求める場合には，このような常識を用いた考え方は必要です．章末問題の解答例はサイエンス社のサイトのサポートページ (https://www.saiensu.co.jp) に掲載されています．

本書は熱力学の章から読み始めても良い構成になっています．少し難しく，読み飛ばしても良い箇所には † の記号を付けました．本書では微分，積分，三角関数，指数関数，特殊関数の性質等の数学の基本的な内容を用いています．本書だけで理解できるように便利な公式等は付録にまとめ，重要な性質は導出法も説明しています．巻末にまとめたのは本文の論理的な流れをわかりやすくするためです．

なお，物質の物性値については次の図書を参考にしました．

- 「理科年表」，国立天文台，丸善出版 (2023).
- *CRC Handbook of Chemistry and Physics*, John Rumble (Ed), CRC Press (2020).

本書が読者の物理学の基本を理解することの助けになれば幸いです．

辛抱強く原稿を待って，本書をていねいに読んで校正をして下さった編集者の田島伸彦さんと鈴木綾子さん，仁平貴大さん，多くの有用な指摘をして下さった隆文に感謝いたします．

2024 年 10 月

青木 健一郎

目　　次

第1章　波　　1

1.1　波の特徴と具体例：音，光 1
　　1.1.1　波　の　特　徴 1
　　1.1.2　音 5
　　1.1.3　光 7
1.2　干渉と回折：2重スリット，単スリット，身近な干渉現象 10
　　1.2.1　波の重ね合わせと干渉 10
　　1.2.2　2重スリットによる干渉現象 11
　　1.2.3　単スリットによる回折現象 15
　　1.2.4　回　折　格　子 19
　　1.2.5　干渉縞と波長との関係 22
　　1.2.6　定　常　波 23
　　1.2.7　う　な　り 24
　　1.2.8　日常で経験する干渉現象 25
　　1.2.9　波の分解とスペクトル分解 26
　　1.2.10　コヒーレンス[†] 29
　　1.2.11　線形性と非線形性[†] 30
1.3　波動方程式 30
　　1.3.1　1次元波動方程式 30
　　1.3.2　3次元波動方程式 32
1.4　ドップラー効果 33
1.5　幾何光学とフェルマーの原理 36
　　1.5.1　幾何光学の適用範囲とフェルマーの原理 36
　　1.5.2　屈　折　現　象 37
第1章　章末問題 42

目　　次　　　　　　　　　　vii

第2章　熱　力　学　　　　　　44

2.1　熱力学と熱平衡 44

　　2.1.1　熱力学とは 44

　　2.1.2　エネルギー 45

　　2.1.3　熱　平　衡 46

2.2　熱力学第1法則 48

2.3　理　想　気　体 49

　　2.3.1　理想気体とは 49

　　2.3.2　気体と仕事 50

2.4　熱力学における様々な過程と熱機関 51

　　2.4.1　準静的過程と可逆性，様々な過程 51

　　2.4.2　理想気体と定積，定圧，断熱過程 52

　　2.4.3　熱　機　関 54

　　2.4.4　一般の熱機関の効率 59

2.5　熱力学第2法則 62

2.6　エントロピー 63

　　2.6.1　エントロピーとは 63

　　2.6.2　エントロピーは状態量 † 68

　　2.6.3　理想気体のエントロピー 70

　　2.6.4　熱力学第2法則のエントロピーを用いた表現 71

　　2.6.5　エントロピーと乱雑度 76

　　2.6.6　熱力学第3法則とエントロピー 77

　　2.6.7　永　久　機　関 77

2.7　自由エネルギー 78

　　2.7.1　自由エネルギーの考え方 78

　　2.7.2　自由エネルギーと独立な状態量 79

2.8　相，相転移 82

　　2.8.1　純粋な物質と固体，液体，気体 82

　　2.8.2　液体，気体の相と臨界点 85

　　2.8.3　相転移と自由エネルギー 89

　　2.8.4　化学ポテンシャル 93

　　第2章　章末問題 95

viii 目　次

第3章　統計物理学　　　　　　　　　　　　　　　　97

3.1　統計と大きな数 97

3.2　孤立系とミクロカノニカル分布 99

3.3　エネルギー交換，温度，エントロピー 100

　　3.3.1　温度とエネルギー 100

　　3.3.2　エントロピーの定義 102

3.4　カノニカル分布 103

　　3.4.1　カノニカル分布とは 103

　　3.4.2　カノニカル分布とエントロピー 104

　　3.4.3　カノニカル分布と理想気体 105

　　3.4.4　エントロピー最大化とカノニカル分布 110

3.5　物　質　の　相 111

　　3.5.1　微視的な視点からの物質の相 111

　　3.5.2　相転移と温度 112

3.6　有限温度の調和振動子と固体の物理 113

　　3.6.1　古典力学における調和振動子 113

　　3.6.2　エネルギー等分配則 114

　　3.6.3　固体の古典論 115

　　3.6.4　量子力学における調和振動子 115

　　3.6.5　固体の量子論：アインシュタイン模型 117

　　3.6.6　固体の量子論：デバイ模型 118

3.7　グランドカノニカル分布と化学ポテンシャル 121

3.8　ボーズ統計とフェルミ統計 122

　　3.8.1　粒子とグランドカノニカル分布 122

　　3.8.2　ボーズ統計 124

　　3.8.3　フェルミ統計 125

　　3.8.4　古典統計との関係 125

3.9　ボーズ統計の応用：光子気体，凝縮 126

　　3.9.1　光子気体と熱放射 126

　　3.9.2　非相対論的な自由ボーズ粒子の統計と凝縮 [†] 133

3.10　フェルミ統計の応用：フェルミ自由粒子と縮退 135

　　3.10.1　非相対論的な自由フェルミ粒子の統計 135

目　次　　ix

　　　　3.10.2　低温での自由フェルミ粒子[†] 137

　　第 3 章　章末問題 139

第 4 章　非平衡物理学と輸送現象 ━━━━━━━━━ 142

　4.1　ブラウン運動と拡散 142

　　　4.1.1　ブラウン運動と拡散 142

　　　4.1.2　ランダムウォーク 145

　　　4.1.3　フィックの法則と拡散方程式 146

　　　4.1.4　連続の方程式とフィックの法則の微視的理解[†] 147

　4.2　電　気　伝　導 149

　4.3　温度差とエネルギーの流れ 151

　　　4.3.1　熱　　伝　　導 151

　　　4.3.2　熱　伝　導　率 152

　4.4　粘　　　性 153

　　第 4 章　章末問題 156

第 5 章　連続体の物理 ━━━━━━━━━━━━━━ 158

　5.1　物質中の波 158

　　　5.1.1　連　成　振　動 158

　　　5.1.2　弦　の　振　動 163

　　　5.1.3　音　　　波 166

　5.2　表　面　張　力 173

　　第 5 章　章末問題 177

付録 A　物理学の公式等のまとめ ━━━━━━━━ 180

　A.1　単位と物理定数 180

　A.2　原子や分子の性質 181

　A.3　理想気体の性質 182

　A.4　自由エネルギー等の物理量の関係 183

付録B 関連する数学に関するまとめ ━━━━━ 184

B.1	グラフの移動	184
B.2	複素数の性質	184
B.3	等比数列と等比級数	184
B.4	微 分	185
	B.4.1 微分に関わる性質	185
	B.4.2 主な関数の微分	186
	B.4.3 テイラー展開	186
	B.4.4 偏微分における変数変換	187
B.5	積 分	187
B.6	常微分方程式	189
B.7	三角関数と指数関数	191
	B.7.1 三角関数に関する公式	191
	B.7.2 指数関数と対数	191
B.8	極 座 標	191
B.9	ガンマ関数 $\Gamma(s)$，ゼータ関数 $\zeta(s)$	193
B.10	ゾンマーフェルト展開	194
B.11	統計量の性質	196
B.12	ラグランジュの未定乗数法	197
	B.12.1 拘束条件が 1 つの場合	197
	B.12.2 拘束条件が複数の場合	198

索 引 ━━━━━ 200

記 号 表

本書では特に断りの無い限り以下の記号を用います.

f	振動数	$\sim$	同じオーダー
λ	波長	$\simeq$	大体等しい
$\omega = 2\pi f$	角振動数	$a \ll b$	a が b よりはるかに小さい
$k = 2\pi/\lambda$	波数	$a \gg b$	a が b よりはるかに大きい
N_A	アボガドロ定数	$\mathrm{Re}\, z,\ \mathrm{Im}\, z$	複素数 z の実部, 虚部
T	絶対温度	$\exp(x) = e^x$	指数関数
k_B	ボルツマン定数	$\log x$	自然対数 $\log_e x$
β	$1/(k_\mathrm{B}T)$, 逆温度	$a \lesssim b$	a が b 程度より小さい
h	プランク定数	$a \gtrsim b$	a が b 程度より大きい
p	圧力	$n!$	階乗 $n! = n(n-1)\cdots 1$
V	体積	$(2n-1)!!$	$(2n-1)(2n-3)\cdots 1$
Q	熱	$\left(\frac{\partial X}{\partial Y}\right)_Z$	Z 一定で X の Y 偏微分
W	仕事/状態数	$\boldsymbol{r}$	3 次元ベクトル（座標）
S	エントロピー	$\boldsymbol{v}$	3 次元ベクトル（速度）
C	熱容量	$|\boldsymbol{r}|, |\boldsymbol{v}|$	ベクトルの大きさ
C_V	定積熱容量（1 モル）	$\nabla = \frac{\partial}{\partial \boldsymbol{r}}$	勾配（グラディエント）
C_p	定圧熱容量（1 モル）	$\dot{A}, \ddot{A}$	$dA/dt,\ d^2A/dt^2$
R	気体定数	$\int d^3 \boldsymbol{r}$	$\int dx\, dy\, dz$
M	物質 1 モルの質量	$\langle A \rangle$	A の平均
$\gamma = C_p/C_V$	比熱比	ΔA	A の微小量
E	内部エネルギー	$\Gamma(z)$	ガンマ関数
F	自由エネルギー	$\zeta(z)$	ゼータ関数
G	ギブス自由エネルギー	$\Rightarrow$	故に, よって
H	エンタルピー	$\Leftrightarrow$	同値
L	潜熱		
D	拡散係数		
σ	シュテファン–ボルツマン定数		
η	効率/粘性係数		
k_S	ばね定数		
B	体積弾性率		
Y	ヤング率		
G_E	ずれ弾性率/剛性率		
σ_P	ポアソン比		
γ_S	表面張力		
μ_S	線密度		

第 1 章

波

　波は基本的な物理現象で，光，音，水面波，固体を伝わる波などを通じて日常的にいたるところで出会います．よって，波の性質は，自然界における物理法則の現れ方を理解するのに良い分野です．また，量子力学を波動力学と呼んでいた時代もあり，そこでは波の性質が重要な役割を果たします．波の性質を理解しておかないと，どこまでが波の性質で，どこが量子力学の本質であるかは理解できません．

　波の波たる所以である特徴的な性質が，干渉することです．干渉現象の単純な例は 2 重スリット実験です．この例を理解し，わからなくなった際にはこの例に戻ってもう一度考えると良いでしょう．

1.1 波の特徴と具体例：音，光

1.1.1 波の特徴

■**波の基本的性質**　波は図 1.1 に示したように，同じ変位が繰り返されて進んでいく現象です．このような波を**進行波**とも呼びます．波を特徴付ける以下のものがあります．

- 媒質：振動して波が生じている物質．
- 速さ v：波の進む速さ．
- 波長 λ：波は，同じものが繰り返されて進んで行く性質を持ち（図 1.1 参照），波長はその繰り返しの最小単位の長さ．
- 振動数 f：1 箇所が波で単位時間あたりに 1 周期振動する回数（**周波数**とも呼

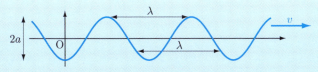

図 1.1　速さ v で進む波．繰り返しの最小の単位の長さを波長 λ と呼ぶ．振幅は a．

びます).周期 T は振動数の逆数です($T = 1/f$).
波では,振動の平均からの波の振れ幅 ($2a$) の 1/2 を振幅 (a) と呼びます(図 1.1 参照).振幅は波の強さに影響します.進行方向と垂直に振動する波を**横波**,同じ方向に振動する波を**縦波**と呼びます.典型例は横波が電磁波(光も電磁波です),縦波は音です.

波では以下の重要な関係式が成り立ちます.

---- 波の速さ,振動数,波長の関係 ----
$$v = f\lambda \tag{1.1}$$

上の関係式は波をイメージできれば理解できます(図 1.2 参照).単位時間に f 周期の波が位置 A を通過します.一方,1 周期ごとに波は 1 波長 λ 進みます.よって,単位時間ごとに波は $f\lambda$ 進み,これが波の速さ v です.

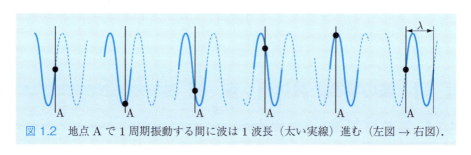

図 1.2 地点 A で 1 周期振動する間に波は 1 波長(太い実線)進む(左図 → 右図).

■**波の強さ** 波の強さ(あるいは**強度**)は,単位時間に波の進行方向に垂直な単位面積あたりに通り抜ける波のエネルギーです.波の強さは,波の周期に比べて長い時間での平均値として考え,一般に波の速さと**振幅**の 2 乗に比例します.波の強さは媒質の性質にも依存します.

■**波の式** 時間を t で表すと,速さ v で x 軸の正方向に進む振幅 a,波長 λ,振動数 f を持つ波の変位 $\psi(x,t)$ は以下の式で表されます.

$$\psi(x,t) = a\cos\left[2\pi\left(\frac{x}{\lambda} - ft\right)\right] = a\cos\left[\frac{2\pi}{\lambda}(x - vt)\right]$$
$$= a\cos(kx - \omega t) \tag{1.2}$$

上の式は $a\cos(2\pi x/\lambda)$ を x 軸正方向に vt 平行移動したものであり,速さ v で進む波を表します(B.1 節参照).変位 ψ の平均値は 0 となるように,基準をとりました.波の本質は時間的変化なので,変位の平均値をこのように 0 とするのが普通

で，以下ではそうします．上式では，通常使われる表し方の例を複数示しました．k を**波数**，ω を**角振動数**と呼び，$k = 2\pi/\lambda$, $\omega = 2\pi f$ の関係があります．$\omega = vk$ の関係があり，これは $v = f\lambda$ と同値です．cos 関数の引数の部分を**位相**と呼びます．位相が 2π の整数倍ずれている場合を**同位相**，半整数[1]倍ずれている場合を**逆位相**と呼びます．上式の位相は波が速さ v を持ち，波長 λ 進むと同位相に戻る波の本質的な性質を持っており，空間次元や波の種類にかかわらず，位相部分は (1.2) 式の形をとります．(1.2) 式の場合は，同位相の場合は $\psi(x,t)$ は同じ値をとり，逆位相の場合は値が (-1) 倍されます．

上の例は x 座標だけの 1 次元空間を考えましたが，3 次元空間では，時間を止めたとき，同じ位相を持つ地点は面をなし，これを**波面**と呼びます（1 次元では点，2 次元では線です）．一般に波面は波の進行方向（速度）に垂直です．上では，1 つの波長を持つ 1 つの波について説明しましたが，一般の波については 1.2.9 項で扱います．

例題 $a\sin(kx - \omega t)$ は (1.2) 式で時間の原点をずらすことで得られることを示して下さい．

解 $\cos(kx - \omega t - \pi/2) = \sin(kx - \omega t)$ なので，時間の原点を $\pi/(2\omega)$ 動かすことで得られます．特に理由が無ければ時間の原点は式が簡単になるように選びます．より一般的な原点の変更ももちろん可能です． □

■**平面波** 3 次元空間で x 方向に進む**平面波**は次式で表します（図 1.3 (a) 参照）．

$$\psi_p(x, y, z, t) = a\cos(kx - \omega t) \tag{1.3}$$

波面が $x = $ (定数) の平面になるのでこのように呼びます．波面は進行方向に垂直です．より一般には，3 次元ベクトル $\boldsymbol{k}$, $\boldsymbol{r} = (x, y, z)$ を用い，

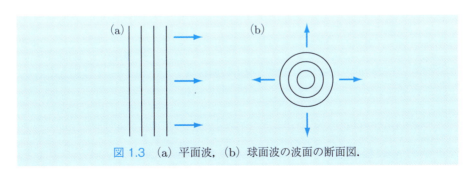

図 1.3 (a) 平面波，(b) 球面波の波面の断面図．

---

[1] **半整数**は，1/2 を加えると整数になる数 $\cdots, -1/2, 1/2, 3/2, 5/2, \cdots$ を意味します．

4　　　　　　　　　　　　　第 1 章　波

$$\psi_p(\boldsymbol{r}, t) = a\cos(\boldsymbol{k}\boldsymbol{r} - \omega t) \tag{1.4}$$

と表せます[2]．$\boldsymbol{k}$ の方向に速さ ω/k $(k = |\boldsymbol{k}|)$ で進み，**波数ベクトル $\boldsymbol{k}$ を持つ平面波**です．位置ベクトル $\boldsymbol{r}$ を含む $\boldsymbol{k}$ に垂直な面の任意の点は $\boldsymbol{k}$ に垂直な $\boldsymbol{u}$ を用い，$\boldsymbol{r} + \boldsymbol{u}$ で表せます．$\boldsymbol{k}(\boldsymbol{r} + \boldsymbol{u}) = \boldsymbol{k}\boldsymbol{r}$ なので，$\boldsymbol{k}$ に垂直な面 $\boldsymbol{k}\boldsymbol{r} = $ (定数) が位相が一定な波面となります．

■球面波　　次式は 3 次元空間での球面波を表します（図 1.3（b）参照）．

$$\psi_s(x, y, z, t) = a\frac{\cos(kr - \omega t)}{r}, \quad r = \sqrt{x^2 + y^2 + z^2} \tag{1.5}$$

波源は原点です．位相が同じ面が $r = $ (定数) の球面となるので**球面波**と呼びます．球対称で角度依存性の無い波であり，1.3 節でより詳しく扱います．

　2 次元波は，水面波を考えるとイメージしやすいでしょう（章末問題 8 参照）．2 次元では平面波は海の波のように同位相の線（たとえば波の頂点）が直線の場合に対応し，球面波は水に小石を投げ込んだ際にできる，同位相の線が円（2 次元空間での球）の場合に対応します．いずれの場合も同位相の線が波の進行方向に垂直であることはわかるでしょう（図 1.3 参照）．上で紹介した波面が平面，球面の波は典型的な場合ですが，一般にはより複雑です．

■波の式の複素数表現　　波は物理学のあらゆる分野で現れ，便利なので複素数を用いて表される場合も多いです．また，量子力学は本質的に複素数の波で表現することができます．簡単な正弦波 ψ と対応する複素数の波 ψ_{c} を考えます[3]．

$$\psi(x, t) = a\cos(kx - \omega t) = \mathrm{Re}\,[\psi_{\mathrm{c}}(x, t)], \quad \psi_{\mathrm{c}}(x, t) = ae^{i(kx - \omega t)} \tag{1.6}$$

波の強さを考える場合には，波の絶対値 2 乗の長時間平均を計算します．

$$\langle |\psi(x, t)|^2 \rangle = \langle |a\cos(kx - \omega t)|^2 \rangle = \frac{a^2}{2} = \frac{1}{2}|\psi_{\mathrm{c}}(x, t)|^2 \tag{1.7}$$

ここで $\langle \cdots \rangle$ は時間平均を表します．複素数の性質，$|e^{i\alpha}|^2 = 1$（α は任意の実数）と以下の式を使いました．

$$\cos^2(kx - \omega t) = \frac{1}{2}\left[1 + \cos 2(kx - \omega t)\right] \Rightarrow \langle \cos^2(kx - \omega t) \rangle = \frac{1}{2} \tag{1.8}$$

よって，波は複素数表現の実部，強さは複素数の波の強さの 1/2 倍となります．

---

[2] $\boldsymbol{k}\boldsymbol{r}$ は $\boldsymbol{k}$ と $\boldsymbol{r}$ の**内積 $\boldsymbol{k} \cdot \boldsymbol{r}$** を表します．内積の点（・）は以下省略します．

[3] Re は実部を表します（記号表参照）．

一般の波は，単純な正弦波の重ね合わせとなり，上の関係も成り立ちます．以下では，用いた方が楽な場合は複素数表現を適宜用います．

■**ホイヘンスの原理** 波はどのように伝わるのでしょうか．たとえば，窓ガラスから光が入ってくる状況を考えると，窓のガラス面での波の情報から室内での波の状態が一意的に定まるべきなのは直観的に理解できるでしょう．どのように定まるかの問題に答えるのが次の**ホイヘンスの原理**（あるいは**ホイヘンス–フレネルの原理**）です．

---- ホイヘンスの原理 ----
> ある時刻での波面上の全ての点はその波と同じ波長と速さを持つ球面波の波源となり，その後の波面はこれらの球面波の波面に共通に接する面である．

この原理は基本的に正しいですが，このまま適用すると逆方向に進む波も生じる問題があります．本書では立ち入りませんが，この点は厳密に修正できます．平面波，球面波の例を図 1.4 に示しました．いずれの場合も前の時点での波面各点を源とした球面波の波面に共通の接線が波面となることが理解できるでしょう．

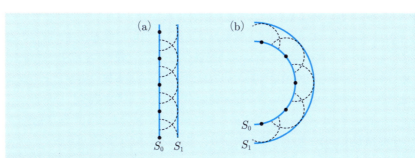

図 1.4 ホイヘンスの原理の例．(a) 平面波と (b) 球面波．いずれの場合も波面は S_0 から S_1 に進む．

面白い重要な考え方を説明します．窓から外を見ると景色は 3 次元的に見えます．窓ガラス上の情報で室内に入ってくる波は全て特定されるので，3 次元的な画像は 2 次元上に記録できるはずです．これが**ホログラム**の原理です．

1.1.2 音

光と音は日常的に常時経験する波です．これらが波としてどのような性質を持つかを考えます．

■**音は空気の疎密波**　空気の疎密波（あるいは圧縮波）で人間が聴き取れる振動数を持つ波を**音**，あるいは**音波**と通常呼びます（より一般的な定義は 5.1.3 項参照）．よって，音の媒質は空気です．真空中では音は伝わりません．疎密波とは，押されたり引かれたりすることにより，密度が低く（疎）なったり，高く（密）なる振動現象です（図 1.5 参照）．波の変位，そして密度の変化は波の伝わる方向に生じるので，**縦波**です．

図 1.5　音などの疎密波の様子．波の変位が疎の部分（白）と密な部分（黒）が存在する．

■**振動数とピッチ**　通常「音」は人間が聴こえる振動数を持つ空気の振動を意味し，**振動数**は約 20 Hz から約 20 kHz です[4]．これより振動数が高い空気の疎密波を**超音波**と呼びます．音の振動数は音の**ピッチ**（音の「高低」）を決めます．振動数が大きければ，ピッチが高く，振動数が小さければピッチが低いです（図 1.6 参照）．1 **オクターブ**高い音は 2 倍大きい振動数を持ちます．音速は波長に依存しないので（5.1.3 項参照），音の振動数と波長は反比例します．音速が波長に依存しないことは，遠くの音が高い音から（あるいは低い音から）聴こえるわけではなく，一度に聴こえることから経験的に知っているはずです．波長が短い方がピッチが高いことは，小さい楽器の方が高い音を出す傾向があることから直観的には納得が行くでしょう．音の 1 つの特徴は，最大の振動数が最低の振動数の 10^4 倍（13 オクターブ）と**音域**が広いことです．これにより，豊かな音楽が可能になります．

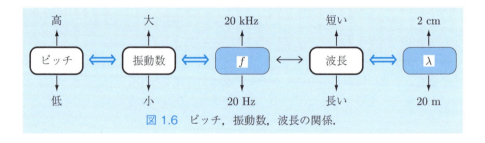

図 1.6　ピッチ，振動数，波長の関係．

---

[4] Hz は振動数の単位で，1/s に等しいです．たとえば振動数が 10 Hz であれば 1 秒間に 10 回振動します．

1.1 波の特徴と具体例：音，光　　**7**

■音速　空気中の音速は温度に次のように依存します（5.1.3 項参照）.

$$v_{\text{sound}} = 331.45\,\text{m/s} \times \sqrt{\frac{T}{T_0}}, \quad T_0 = 273.15\,\text{K}, \ T = T_0 + t \qquad (1.9)$$

t は摂氏での温度です．関係式 (1.1) 式より，室温では音の波長は約 $2\,\text{cm}$ から約 $20\,\text{m}$ です．**音の波長は**，日常的に出会う物体の大きさと同じようなスケールにあり，（日常スケールの大きさの）鼓膜が物理的に振動して音が聴こえることとつじつまが合います．振動数も，日常的な経験から大きく異なるものではありません．空気の振動は，壁，窓ガラス，等の周りの物体への振動を引き起こします．その波がこれらの物体を伝わる場合には，波の速度は上の音速とは異なります（桁違いに速い場合も多い．5.1.3 項参照）.

■日常経験における音　日常的に経験する音は，1 つの振動数の音ではなく，様々な振動数の音が重ね合わさったものです．和音を一般化したものだと考えて下さい．音色もその重ね合わせ方で決まります．これについては 1.2.9 項でより詳しく扱います．

例題　気温 25℃ の場合に空気中の音速を計算して下さい．

解　(1.9) 式より，$v_{\text{sound}} = 346\,\text{m/s}$.　　　□

1.1.3　光

■光は電磁波　光も日常的に接する波です．光は**可視光**を通常意味し，人間が眼で見える**波長**（約 $0.38\,\mu\text{m}$ から約 $0.77\,\mu\text{m}$，$\mu\text{m} = 10^{-6}\,\text{m}$）を持つ**電磁波**をさします（電磁気学の参考書参照）．電磁波は電場と磁場の波であり，可視光よりも短い波長を持つ電磁波には紫外線，X 線，γ 線があります．逆に，赤外線，マイクロ波（電子レンジ，レーダー等で使用），ラジオ，テレビ，携帯電話等の通常「電波」と呼ばれるものは可視光より長い波長を持ちます．電場，磁場の方向は波の進行方向に垂直なので電磁波は**横波**です．電場と磁場は互いに垂直です．光の場合は，最大波長が最小波長の 2 倍程度しかなく，音に比べ範囲の幅がはるかに狭いです．

■色は波長　光は波長により**色**が異なり，波長が短い**紫**から長い**赤**まであります．その中間では連続的に色が異なり，これは虹やプリズムで**分光**した際に見られる色です．光の性質と色の関係を**図** 1.7 にまとめました．

■光速　光を含め，電磁波の真空中の速度（**光速**）は $c = 2.997\,924\,58 \times 10^8\,\text{m/s}$ です（A.1 節参照）．真空中の光は何が振動しているのか，と違和感を持つかも知れ

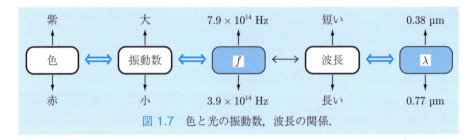

図 1.7 色と光の振動数，波長の関係．

ませんが，量子力学的に考えると光は波と粒子（**光子**）の両方の性質を持ちます．粒子と考えれば，邪魔をする物の無い真空を通過するのは当然です．真空以外の媒質内の光速は真空中の光速より小さくなります（1.5.2 項参照）．ここでは導きませんが，真空中を伝搬する光の強さは $c\epsilon_0 E^2$（ϵ_0：真空の誘電率，E：電場の振幅）となります（電磁気学の参考書参照）．既に指摘したように，波の振幅 E の 2 乗に比例し，速さ c にも比例しています．

例題 光の振動数の範囲を求めて下さい．

解 $c = f\lambda$ より，3.9×10^{14} Hz から 7.9×10^{14} Hz．音の場合と異なり，光は波長，振動数ともに日常的なスケールからかけ離れています．光は網膜が感知し，電気信号に変換します．巨視的な物体の振動で感知するわけではないので，波長が非日常的スケールであっても感知できます． □

■**日常的に経験する光** 音の場合と同様に，日常的に出会う光には様々な波長の光の重ね合わされていて，それらの割合が**色合い**を決めます．単一の波長しか含まない光を**単色光**と呼び，日常生活で出会う単色光に近い光は，プリズム，虹などで**分光**された光やレーザー光です．**黒**や**白**は厳密には色ではありません．黒とは，どの波長の光も無いことを意味します．白（**白色光**）とはあらゆる波長の光が同量含まれている光を指します．この場合の「同量」とは，同程度であることを指すだけのことが多く，たとえば太陽光も白色光と多くの場合みなします．**ねずみ色**は白と黒の中間で，白とは光量の差しかありません．

日常的に出会う物体の色はどのように生じるのでしょうか．色は暗闇では認識できず，白色光があたって認識できます．白色光はあらゆる波長（色）を含んでいて，物体は光の一部を散乱し，残りを吸収します．我々の目に入るのは**散乱光**で，たとえば青に対応する波長の光が多く散乱されれば青く見えます．吸収されているのは白色光から散乱光を除いた，見える色の**補色**（**反対色**とも呼びます）です（**図 1.8**参照）．どの波長の光を吸収し，散乱するかは物質の性質（たとえば塗料の種類）により定まります．物質の性質ではなく，構造で色が見える場合もあり，これについ

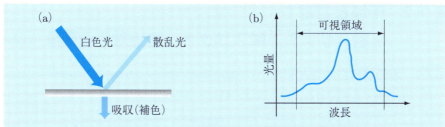

図 1.8 物体に色がつく仕組み：(a) 白色光の一部が散乱，一部が吸収される．(b) 波長ごとの散乱光の量の関係．

ては 1.2.8 項で扱います．

■**偏光**　光は横波で，3 次元空間で進行方向に垂直な方向は 2 つあるので，電場（そしてそれに垂直な磁場）が振動する方向の可能性は 2 つあります．この向きの性質を**偏光**と呼び，電場の振動方向を偏光の方向と呼びます．偏光が 1 方向の場合を**直線偏光**と呼び，偏光方向が回転する場合を**円偏光**と呼びます．直線偏光，円偏光の電場の例を E_0 を振幅とした次式と図 1.9 に示しました（式は横波なので，進行方向に垂直な成分だけ表示）．

$$直線偏光：E_0 \begin{pmatrix} \cos(kx - \omega t) \\ 0 \end{pmatrix}, \quad 円偏光：E_0 \begin{pmatrix} \cos(kx - \omega t) \\ \sin(kx - \omega t) \end{pmatrix} \quad (1.10)$$

円偏光は位相をずらした直線偏光の重ね合わせで得られ，それらの振幅が異なれば**楕円偏光**になります．

偏光の実用例は，一定の偏光を持つ光しか通さない**偏光フィルター**です．2 つの異なる画像を直交する偏光で表示し，メガネの左右に直交する偏光フィルターを使えば，左右の眼で同時に 2 つの異なる画像を見られます．これは **3D 映画**（立体映画）の実現法の 1 つです．

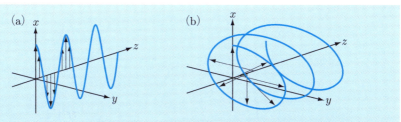

図 1.9　直線偏光（a）と円偏光（b）における電場．波の進行方向を z 方向とした．波の動きを一部矢印で表示．

1.2 干渉と回折：
2重スリット，単スリット，身近な干渉現象

1.2.1 波の重ね合わせと干渉

音，光の例で見てきたように，波は一般に様々な波長を持つ波から構成されています．これが何を意味し，どのような物理現象を引き起こすのかを以下で考えます．複数の波源から波が1箇所 x に来た場合を考えます．2つのスピーカーからの音を1箇所で聴く場合が一例です．2つの波 $\psi_1(x,t), \psi_2(x,t)$ が来た場合に生じる波 $\psi(x,t)$ は，単純にその和です．

$$\psi(x,t) = \psi_1(x,t) + \psi_2(x,t) \tag{1.11}$$

このように足し合わせで波が合成できることを**重ね合わせの原理**と呼び，波を重ね合わせることにより生じる現象を**干渉現象**と呼びます．**回折現象**も干渉現象に含まれ，より多くの波を合成した場合や，回りこむ現象（1.2.3項参照）を強調する場合に回折と呼ぶ傾向がありますが，厳密な区別はありません．以下で，典型的な干渉，回折現象について考えます．

■**最も単純な干渉現象** 2つの波，$\psi_1(x,t), \psi_2(x,t)$ が同じ振幅 a，同じ波長 λ，同じ速さ v を持っているとします（(1.2)式参照）．まずここでは，$\psi_1(x,t), \psi_2(x,t)$ が同位相の場合と逆位相の場合を扱います．

■**同位相の場合** (1.2)式で $\psi_1(x,t) = \psi_2(x,t)$ が成り立ち，下式のように波の振幅が2倍になり，波が強め合います（図1.10 (a) 参照）．

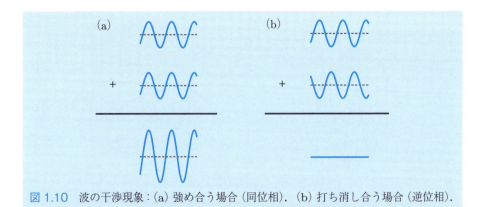

図1.10 波の干渉現象：(a) 強め合う場合（同位相）．(b) 打ち消し合う場合（逆位相）．

1.2 干渉と回折：2重スリット，単スリット，身近な干渉現象　**11**

$$\psi(x,t) = \psi_1(x,t) + \psi_2(x,t) = 2\psi_1(x,t) \tag{1.12}$$

■逆位相の場合　(1.2) 式で $\psi_1(x,t) = -\psi_2(x,t)$ が成り立つので変位 0 になり，波が打ち消し合います（図 1.10（b）参照）．

$$\psi(x,t) = \psi_1(x,t) + \psi_2(x,t) = 0 \tag{1.13}$$

　波の打ち消し合いの応用例は**ノイズキャンセリング**です．ノイズキャンセリングでは，外界の雑音をマイクロフォンで計測し，逆位相の波を発生させて打ち消すことで雑音を除去します．

■干渉は波ならではの現象　干渉は波固有の現象です．強め合う場合は，物が飛んで来たと考えても違和感はありませんが，打ち消し合う場合は，波を物が来たと考えると理解し難いです．物が来て，さらに物が来た場合に，物が全く来ないということは考えにくいからです．ところが，波の場合は，波 ψ_1 が来て，さらに ψ_2 が来た場合に打ち消し合って，波が全く来ないということがあるのです．一般には，波の波長，速さが同じであっても位相が正確に同位相や逆位相ではなかったり，振幅が異なれば，強め合いや，打ち消し合いは不完全です．さらに，より一般的には波長も異なる波が合成され，様々な干渉現象が生じます．

1.2.2　2重スリットによる干渉現象

　2重スリット実験（あるいは**ヤングの干渉実験**）では，平面波が同じ幅を持つ2本のスリット（切れ目）を持つ平面に向かって垂直に進み，スリットを通過してスクリーン上[5]で干渉します（図 1.11 参照）．2重スリット実験は，図 1.11（a）の平面上で2点より進む同じ波（振幅，速さ，波長，位相が等しい）の干渉として理解できます．2重スリット実験は干渉現象を理解するのに最適な具体例です．

■直観的な理解　何が起きるかを直観的に考えます．図 1.11（a）で，スクリーン上の任意の点 x に同じ波が2点から同じ速さで到達します．2つの波で異なるのは，到達するまでの経路の長さ（**経路長**）のみです．経路長が同じであれば，同じ波が同じ速さで到達するので，強め合います．波は1波長進むと同じ波に戻るので，経路長の差が波長の整数倍の場所では2つの波は同位相で強め合います．経路長が波長の半整数倍の場所では2つの波は逆位相になり，打ち消し合います．よって，スクリーン上に強め合う点，打ち消し合う点が交互に現れます．これを**干渉縞**と呼びます．光であれば，明るい/暗い箇所が交互に現れます．

---

[5]ここでは，光に限らず波の干渉を測定する面を「スクリーン」と呼ぶことにします．

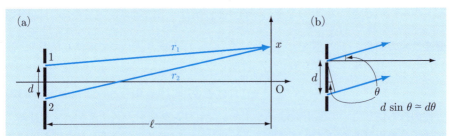

図 1.11 (a) 2重スリット実験：2本のスリットを抜けた波の干渉がスクリーン上で波の強弱の縞（干渉縞）を作る．スクリーン（x軸で表示）上の中心を 0，任意の位置の座標を x とした．(b) スリット近辺の状況と角度．

例題 2重スリット実験で入射光がスリット面に垂直ではなく，少し角度がずれた場合はどのような現象が生じますか．

解 上の議論で角度が垂直ではない分，入射波面が両スリットへ到達する時刻がずれて経路長に余計な差が生じます．垂直な場合と同様に干渉縞が生じ，干渉縞中心が少しずれるだけです．　　□

■**数式を用いた理解**　直観的な理解を，式を用いて確認します．スリット 1 からスクリーン上 x に到達する波は次式で表せます[6]（(1.2) 式参照）．

$$\psi_1(x,t) = a\cos(kr_1 - \omega t), \quad r_1 = \sqrt{\left(x - \frac{d}{2}\right)^2 + \ell^2} \tag{1.14}$$

スリット間隔を d，スリットとスクリーンの間の距離を ℓ としました．$d \ll \ell$ の状況で考えます．r_1 は単にスリット 1 から点 x までの距離です．a は実数とします．同様に，スリット 2 からの波は次式です．

$$\psi_2(x,t) = a\cos(kr_2 - \omega t), \quad r_2 = \sqrt{\left(x + \frac{d}{2}\right)^2 + \ell^2} \tag{1.15}$$

よって，重ね合わせにより点 x での波が次式で表せます．

$$\begin{aligned}\psi(x,t) &= \psi_1(x,t) + \psi_2(x,t) \\ &= a\left[\cos(kr_1 - \omega t) + \cos(kr_2 - \omega t)\right] \\ &= 2a\cos\frac{k\Delta r}{2}\cos\left(\frac{k(r_1 + r_2)}{2} - \omega t\right)\end{aligned} \tag{1.16}$$

---

[6] a は距離 $r_{1,2}$ に依存する部分も考慮しているとします．$d \ll \ell$ の状況では a の $r_{1,2}$ の差による影響は小さいので無視します．$d \ll \ell$ は d が ℓ よりはるかに小さいことを意味します（記号表参照）．

経路長の差を $\Delta r = r_2 - r_1$ で表し，三角関数の公式 (B.49) 式を用いました．(1.16) 式で時間変化するのは 2 個目の cos 項のみなので，時間平均すると波の強さは次式に比例します ((1.8) 式参照)．

$$\langle |\psi(x,t)|^2 \rangle = 2a^2 \cos^2 \frac{k\Delta r}{2} = 2a^2 \cos^2 \pi \frac{\Delta r}{\lambda} \tag{1.17}$$

この波の強さを図 1.12 に示しました（グラフでは最大強度を 1 としています）．実際の実験結果例も図 1.13 に示しました．直観的な理解で得た条件がこの式からも得られることを確認しましょう．経路長の差 Δr が波長 λ の整数倍であれば，強さは最大，半整数倍であれば最小値 0 です．この結果は干渉現象を考慮しなければ理解できません．干渉が生じず，波がまっすぐ進むと考えると，広がらずに 2 つのスリットより 2 本の線ができ，その間隔はスリット間隔となるはずで実験で現れる図 1.12 と全く異なります．実験結果例，図 1.13 は理論式図 1.12 に比べて，中心の方が明るく，いくつか明るい点が見えにくいですが，この理由は 1.2.3 項末で説明します．

通常は Δr を直接測定できないので，Δr は ℓ, x, d を用いて書き直します．$x, d \ll \ell$ とし，次式を得ます．この条件は 2 重スリット実験では満たされます．

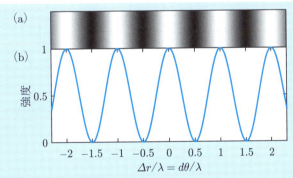

図 1.12　2 重スリット実験における干渉縞：(a) 波が強いところを明るく表示．(b) 波の強度と $d\theta/\lambda$ の関係 (1.17) 式．

図 1.13　2 重スリットを用いた光の干渉実験の結果例．

$$r_1 = \ell \sqrt{1 + \frac{(x - d/2)^2}{\ell^2}} = \ell \left[1 + \frac{(x - d/2)^2}{2\ell^2} + \cdots \right] \tag{1.18}$$

$\cdots$ は $x/\ell, d/\ell$ についてより高次の項を表し，寄与が小さいので無視します．上式で用いたテイラー展開は本項末で説明します（(1.24) 式参照）．r_2 も同様に展開でき，経路長の差 Δr は以下のように求まります．

$$\Delta r = r_2 - r_1 = \frac{(x + d/2)^2}{2\ell} - \frac{(x - d/2)^2}{2\ell} = \frac{xd}{\ell} \tag{1.19}$$

上の 2 重スリット実験の干渉縞（図 1.12 参照）の条件をまとめます（θ については (1.21) 式参照）．

$$\frac{\Delta r}{\lambda} = \frac{xd}{\ell\lambda} = \frac{d}{\lambda}\theta = \begin{cases} 0, \pm 1, \pm 2, \cdots & \text{強め合う} \\ \pm 1/2, \pm 3/2, \pm 5/2, \cdots & \text{打ち消し合う} \end{cases} \tag{1.20}$$

例題 波長 500 nm の光を用いて 2 重スリット実験を行い，干渉縞の間隔は 5 mm，スリットから像までの距離は 1 m でした．スリット間隔を求めて下さい．

解 干渉縞間隔を Δx とし，(1.20) 式より，$\Delta xd/(\ell\lambda) = 1$．よって，

$$d = \frac{\ell\lambda}{\Delta x} = \frac{1\,\text{m} \cdot 5 \times 10^{-7}\,\text{m}}{5 \times 10^{-3}\,\text{m}} = 10^{-4}\,\text{m} = 0.1\,\text{mm}.$$

干渉縞 10 間隔でも $10\Delta x = 5\,\text{cm}$ なので，この程度であれば $x \ll \ell$ であることもわかります．　□

■角度表示での理解　2 重スリットによる干渉現象は，角度表示で理解するとより一般的な状況で便利です．入射方向から角度 θ 方向を考えます（図 1.11 (b) 参照）．$d \ll \ell$ の状況では，どちらのスリットからも x への角度は θ とみなせます．$x \ll \ell$ の状況を考えているので，

$$\theta = \frac{x}{\ell} \ll 1 \tag{1.21}$$

経路長の差は $\Delta r = d\theta$ です（本書ではラジアンを角度の単位に用います．A.1 節参照）．θ を用いた干渉条件も (1.20) 式に含めました．

■複素数表現を用いた計算　上の計算を複素数表現を用いて確かめます．

$$\psi_\text{c} = \psi_\text{c1} + \psi_\text{c2}, \quad \psi_\text{c1}(x,t) = ae^{i(kr_1 - \omega t)}, \quad \psi_\text{c2}(x,t) = ae^{i(kr_2 - \omega t)} \tag{1.22}$$

$$|\psi_\text{c}(x,t)|^2 = a^2 |e^{i(kr_1 - \omega t)} + e^{i(kr_2 - \omega t)}|^2 = a^2 |1 - e^{ik\Delta r}|^2$$
$$= 2a^2 (1 + \cos k\Delta r) = 4a^2 \cos \frac{k\Delta r}{2} \tag{1.23}$$

1.2 干渉と回折：2重スリット，単スリット，身近な干渉現象　　15

このように，複素数を用いた方が見通しが良い場合は多いです．既に説明したように，実数での時間平均値，(1.17) 式の 2 倍になります．

■**テイラー展開**　次の 1 の周りのテイラー展開は本書でよく用います（B.4.3 項参照）．(1.19) 式では次式の展開の ϵ の 1 次項まで用いました．a が自然数の場合は 2 項展開になります．

$$(1+\epsilon)^a = 1 + a\epsilon + \frac{a(a-1)}{2}\epsilon^2 + \cdots \tag{1.24}$$

例題　$28^{1/3}$ を小数点以下 2 桁までかけ算と足し算だけで求めて下さい．

解　$28^{1/3} = \left[3^3\left(1+\frac{1}{27}\right)\right]^{1/3} = 3\left(1+\frac{1}{3}\cdot\frac{1}{27}\right) = 3.04$　　　　□

1.2.3　単スリットによる回折現象

図 1.14 に示したように，幅 d' の 1 つのスリットを通過する波の，距離 ℓ 離れたスクリーン上の干渉を考えます．平面波がスリットに垂直に来ていて同時刻でスリット面全体で位相は一致しているとします．スリットが 1 つなので，波も 1 つで干渉現象が生じないと思うかも知れません．しかし，単スリットは，図 1.11 の 2 重スリットの中心の壁を除いたものと同じなので，干渉する波は「多い」です．スリット部分から伝搬する波を全て重ね合わせて x での波を得ます．この場合も入射方向近くの $x/\ell = \theta \ll 1$ を考えます．直観的には干渉縞が生じそうですが，数式を用いて考察します．以下で 2 重スリットでは無視していたスリット幅の影響がわかります．

■**数式を用いた理解**　2 重スリットの場合と同様に，スリット内の各点から次式の

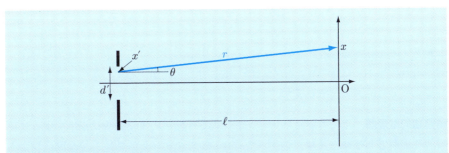

図 1.14　単スリット実験：平面波が 1 つの幅 d' のスリットを抜け，干渉縞がスクリーン（x 軸で表示）上に生じる．

波が発生します.

$$\psi = a \cos(kr - \omega t) \tag{1.25}$$

ここで, a は定数, r はスリット内の点からスクリーン上の 1 点までの距離です. 単スリット実験の解析は, 2 重スリットの場合に説明した角度を用いた考え方を使うと単純になります. スリット面では全ての波の位相が一致していて, x' の位置から発せられる角度 θ 方向の波は $kx' \sin\theta \simeq kx'\theta$ だけ位相が増します (図 1.11 (b) 参照). これら全てを足して点 x での波が以下のように得られます ((B.27) 式参照).

$$\begin{aligned}
\psi(x,t) &= a \int_0^{d'} \cos\left[k(\ell + x'\theta) - \omega t\right] dx' \\
&= \frac{a}{k\theta} \left\{ \sin\left[k(\ell + d'\theta) - \omega t\right] - \sin(k\ell - \omega t) \right\} \\
&= \frac{2a}{k\theta} \sin\left(\frac{kd'\theta}{2}\right) \cos\left(k\ell + \frac{kd'\theta}{2} - \omega t\right)
\end{aligned} \tag{1.26}$$

ここでは図 1.14 で単スリット上端を $x' = 0$ としました. 最右辺で時間 t に依存するのは cos 部分だけで, $\psi(x,t)^2$ を時間平均して次式を得ます.

$$\langle \psi(x,t)^2 \rangle = \frac{a^2 d'^2}{2} \left(\frac{\sin(kd'\theta/2)}{kd'\theta/2}\right)^2 = \frac{a^2 d'^2}{2} \left(\frac{\sin(\pi d'\theta/\lambda)}{\pi d'\theta/\lambda}\right)^2 \tag{1.27}$$

波の強さは上式に比例し, 干渉の様子を図 1.15 に, 実際の実験結果例を図 1.16 に示しました.

波の干渉により強め合う場合と打ち消し合う場合があるのは 2 重スリットの場合と同様です. 2 重スリットの場合と異なるのは, 前方 ($\theta = 0$) の波は強く, それ以外は急速に弱くなる点です. 波の強さが 0 となる条件は次式です.

$$\frac{d'}{\lambda}\theta = \frac{\Delta r}{\lambda} = \frac{xd'}{\ell\lambda} = \pm 1, \pm 2, \cdots \qquad \text{打ち消し合う} \tag{1.28}$$

2 重スリットの場合と条件は似ていますが, 中心部分だけ打ち消し合う点の間隔が他の場合に比べて 2 倍です. また, 打ち消し合う条件がずれています. これらについて以下で直観的に理解します.

■**直観的な理解**　上で導いた単スリットによる干渉縞の主な特徴は以下のように直観的に理解できます. まず, 前方 ($\theta = 0$) はスリット全体を通る波が同位相であるため強め合います. 打ち消し合う条件は, スリット両端からの経路長差が波長 λ の 0 以外の整数倍となることです. たとえば, $\Delta r = \lambda$ の場合を考えましょう (図

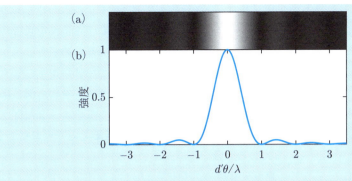

図 1.15 単スリットによる干渉縞：(a) 干渉縞は生じるが，中心だけが強い．波が強いところは明るく表示．(b) 波の強度と $d'\theta/\lambda$ の関係 (1.27) 式．

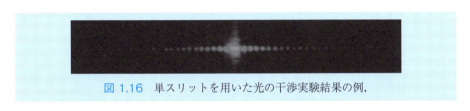

図 1.16 単スリットを用いた光の干渉実験結果の例．

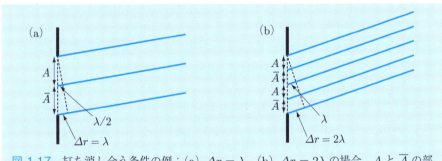

図 1.17 打ち消し合う条件の例：(a) $\Delta r = \lambda$，(b) $\Delta r = 2\lambda$ の場合．A と $\overline{A}$ の部分を通過する波は逆位相で打ち消し合う．

1.17 (a) 参照）．この場合は，スリットを半分ずつに分けて考えると $d'/2$ 離れた点からの波同士が経路長差 $\lambda/2$ を持ち，打ち消し合います．経路長差が波長の整数 n 倍の場合には同様にスリットを $2n$ に等分した部分が打ち消し合います（図 1.17 (b) 参照）．前方以外ではスリットを通過する波全てが強め合うことはないので，2重スリットの場合とは異なり，前方の波が他方向に比べて強いです．

18　　　　　　　　　　　　　　　　第 1 章　波

■回折　2 重スリットと単スリットの実験を比較すると，波を重ね合わせて干渉現象が生じる仕組みには本質的な差はありません．単スリットによる干渉を**回折**と呼ぶことが多いですが，これは波が前方に進むだけではなく，遮蔽物の後方に回り込んでいる点を強調しています．波が広がらずにスリット前方だけに伝搬すれば，図 1.15 では $\theta = 0$ 以外の波の強さは 0 となります．「回り込む角度」を打ち消し合う角度までの広がりで表せば，(1.28) 式より $2\lambda/d'$ となります．このような回折現象は様々な状況で実用的な意味を持ちます．たとえば，**望遠鏡**を考えてみましょう．どのような構造を持っているにしろ，開口部の直径を d' とすると，回折の分だけ光が広がります．そのため，**角度分解能**は**回折限界** λ/d'（λ は測定している光の波長）より小さくなりません[7]．

　教育的なので，実際の 2 重スリット実験例，図 1.13 を理解してみましょう．干渉縞は生じますが，ところどころ明るい点が見えません．現実の 2 重スリットは，各スリットが有限幅を持つので 2 個の単スリットともみなせます．よって，単スリットの干渉（図 1.15）と 2 重スリットの干渉（図 1.12）の両方が生じ，2 重スリットの干渉縞自体に明暗が生じます．初めの 2 重スリットの説明の理想的な状況では，それぞれのスリットが波長に比較して狭いので，単スリットの干渉縞が無い状況と考えれば良いです．現実には単スリットをあまり狭くすると，干渉縞が暗過ぎて観測するのが困難になります．

例題　ビーム直径 2 mm のレーザーポインタの光の 10 m 先での広がりを概算[8]して下さい．

解　開口部 $d' = 2$ mm で，可視光（見えなければ意味が無い！）なので大雑把に波長 $\lambda = 500$ nm とします．よって，角度に距離をかけ，$10\,\text{m} \times \lambda/d' = 2.5$ mm で，5 mm 程度に広がります（図 1.18 参照）．広がりが気になることは少ないでしょう．　　　□

例題　光ではレーザーポインタのように一方向に収束したビームを作れます．音で同様の「ビーム」は作れるか，その理由を含めて考察して下さい．

解　前問からも光の回折角は小さくできることがわかります．音の場合は，波長よりはるかに大きい物体で音を発生させないと広がってしまいます．しかし，音の波長は数 cm から数 10 m なのでこれは困難です．スピーカー（あるいは受信器）を並べて実質的に大きくすることで指向性を得ることができます．これはスピーカーアレイとも呼ばれ，ソナーでも使われる技術です（次項参照）．　　　□

---

[7]識別できる限界にはあいまいさがあり，角度分解能が λ/d' の 1 倍か 2 倍かにはここではこだわりません．$1.220 \times \lambda/d'$ を限界とすることが多く，これを**レイリー限界**と呼びます．

[8]**概算**，あるいは**大雑把な計算**とはその値の数倍から数分の 1 の間に求める値があるような計算を本書では指します．似た概念で，**オーダー**を求めるとは桁が合えば良い計算，つまり 10 倍から 1/10 倍の間に求める値がある計算です．

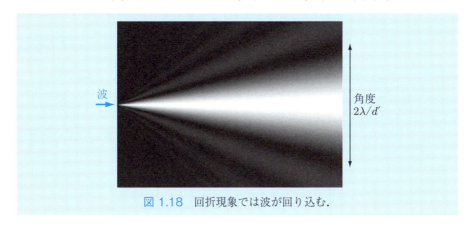

図 1.18 回折現象では波が回り込む．

1.2.4 回折格子

回折格子は等間隔にスリットを平行に並べたものです（図 1.19 参照）．これに垂直に平面波を照射した場合の干渉を考えます．2 重スリット，単スリットの場合と同様，スクリーンが回折格子の大きさに比べてはるか遠くにある場合を考えます．よって，1 点に到達する波の進行方向は平行とみなせます．

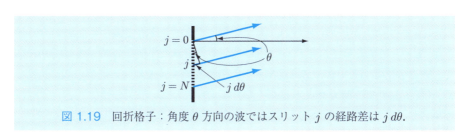

図 1.19 回折格子：角度 θ 方向の波ではスリット j の経路差は $j\,d\theta$．

■**直観的な理解** 波が強め合う条件は直観的に理解しやすいです．前方より角度 θ 方向に進む波を考えると，隣り合うスリット間の経路差はスリット間隔を d として $d\sin\theta \simeq d\theta$ となります（スクリーンが遠いので $\theta \ll 1$ とします）．よって，強め合う条件は 2 重スリットの干渉と同じで次式です．

$$\frac{d}{\lambda}\theta = 0, \pm 1, \pm 2, \cdots \quad 強め合う \tag{1.29}$$

全スリットからの波が強め合い，波の強い箇所が等間隔に現れます．

■**数式を用いた理解** 図 1.19 のように上から $j = 0, 1, 2, \cdots, N$ のスリットがあるとします．単スリットの場合と同様に考え，$j = 0$ の場合の経路長を r_0 とする

20　　　　　　　　　　　　　　　第 1 章　波

と，スリット j からの前方より角度 θ 方向の波は次式です.

$$\psi_{jc}(\theta, t) = ae^{ik(r_0 + j\,d\theta) - i\omega t} \tag{1.30}$$

回折格子の干渉はこのように複素数表現を用いた方が見通しが良いです．全スリットからの寄与を加えた波は，単純な等比数列の和なので次式を得ます.

$$\psi_c(\theta, t) = a' \sum_{j=0}^{N} \psi_{jc}(\theta, t) = a' e^{ikr_0 - i\omega t} \sum_{j=0}^{N} e^{ikj\,d\theta}$$

$$= a' e^{ikr_0 - i\omega t} \frac{1 - e^{ik(N+1)\,d\theta}}{1 - e^{ik\,d\theta}} \tag{1.31}$$

波の振幅を a' としました．波の強さは，次式に比例します.

$$\frac{1}{|a'|^2} |\psi_c(\theta, t)|^2 = \left| \frac{1 - e^{ik(N+1)\,d\theta}}{1 - e^{ik\,d\theta}} \right|^2 = \left| \frac{e^{ik(N+1)\,d\theta/2} - e^{-ik(N+1)\,d\theta/2}}{e^{ik\,d\theta/2} - e^{-ik\,d\theta/2}} \right|^2$$

$$= \frac{\sin^2\left[k(N+1)\,d\theta/2\right]}{\sin^2\left(k\,d\theta/2\right)} = \frac{\sin^2\left[\pi(N+1)\,d\theta/\lambda\right]}{\sin^2\left(\pi\,d\theta/\lambda\right)} \tag{1.32}$$

回折格子による波の強さと角度の関係を図 1.20 に示し，実験結果例も図 1.21 に含めました．上で指摘したように，波が強め合う箇所が条件 (1.29) 式に従って等間隔に並びます（分母分子がともに 0 になる角度で，上式の値は $(N+1)^2$）．その間に $(N+1)\,d\theta/\lambda = (n+1/2)$, $(n : 整数)$ を満たす箇所で波が少し強め合う箇所が $N-1$ 個生じます．これらは強め合う条件を満たす箇所に比べてはるかに弱く，強さの比は明るい箇所の $1/(N+1)^2$ 倍程度です．波が強い箇所の幅は角度で $2\lambda/[(N+1)d]$ で，N が増えれば細くなります．この強い箇所の幅は，$(N+1)d$ 幅の単スリットでの回折に対応します（1.2.3 項参照）．よって波源を並べることで，あたかもその並べた部分の大きさに対応する指向性を波に持たせられます．これが望遠鏡やスピーカーの**アレイ**の基本的原理です．回折格子は光の波長を測定する用途などに用いられます（例題参照）．通常は $N \gg 1$ なので，条件 (1.29) 式を満たす強め合う点だけが見えます.

> **例題**　間隔 1/200 mm の回折格子に単色光を照射し，1 m 離れたスクリーン上に明るい点が 10 cm 間隔で生じました．この光の波長を求めて下さい.

> **解**　明るい点の間隔を Δx として，(1.29) 式より，$d/\lambda \times \Delta x/\ell = 1$, よって $\lambda = d\Delta x/\ell$. $d = 1/200$ mm, $\ell = 1$ m, $\Delta x = 10$ cm であるので，$\lambda = 500$ nm.　□

■ 2 重スリットの極限　$N = 1$ の回折格子は 2 重スリットになります．波の強さ (1.32) 式も以下のように 2 重スリットの場合の (1.17) 式に比例します（$k = 2\pi/\lambda$

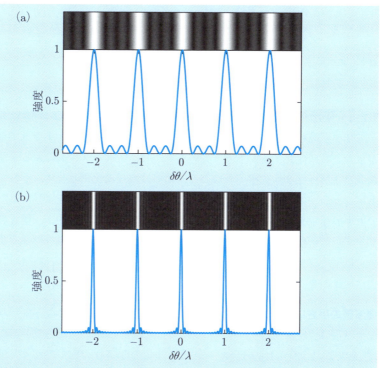

図 1.20 回折格子による干渉：干渉の様子と，波の強さと $d\theta/\lambda$ の関係 (1.32) 式．図の見方は 2 重スリット，単スリットの場合と同様．(a) $N=3$ と (b) $N=15$ の場合．N が大きくなると，強め合う箇所しか見えない．

図 1.21 回折格子による光の干渉実験の結果の例．等間隔で明るい点が並ぶ．

と三角関数の倍角の公式 (B.44) 式を用いました)．

$$\frac{1}{|a'|^2}|\psi_c(\theta,t)|^2 = \frac{\sin^2(2\pi\, d\theta/\lambda)}{\sin^2(\pi\, d\theta/\lambda)} = 4\cos^2\left(\pi\frac{d\theta}{\lambda}\right) \tag{1.33}$$

■**単スリットの極限** 逆に，回折格子を狭い領域に多く詰め込むと極限的に単スリットになるはずなのでこれを確かめます．$Nd = d'$ とし，$N \to \infty$ の極限を考えます．$d \to 0$ なので，(1.32) 式の分母で $\sin x \simeq x \ (x \ll 1)$ を用いて以下の式が得られ，(1.27) 式と比例係数以外一致することがわかります．

22　　　　　　　　　　　　　　第 1 章　波

$$\frac{|\psi_{\mathrm{c}}(\theta,t)|^2}{|(N+1)a'|^2} = \frac{\sin^2\left[\pi(N+1)\,d\theta/\lambda\right]}{(N+1)^2\sin^2\left(\pi d\theta/\lambda\right)} \xrightarrow{N\to\infty} \left[\frac{\sin\left(\pi d'\theta/\lambda\right)}{(\pi d'\theta/\lambda)}\right]^2 \tag{1.34}$$

$1/(N+1)^2$ をかけたのは，有限な振幅を持つ波を無限個足し合わせることで生じる比例係数の発散を除くためです．

1.2.5　干渉縞と波長との関係

　スリット幅など他の条件を一定にして**波長を変える**と，今まで見てきた干渉現象がどのように変化するかを考えてみましょう．2 重スリットによる干渉縞の間隔は角度で λ/d（(1.20) 式参照）なので，間隔は波長に比例します．そして，単スリットにより広がる角度 λ/d' も波長に比例します．その意味を理解するために，以下で大小の極限を考えます．ここでは波長を変えると考えますが，構造の大きさ（スリット，回折格子間隔等）と波長の比が同じならば，干渉現象のふるまいは同じです．以下で波長が小さい/大きいとは，波に影響を与えている構造に比べて小さい/大きいことを意味します．

■波長の小さい極限　波長 $\lambda \to 0$ の極限では，波の回折による広がりはなくなります（図 1.18 参照）．また，干渉縞の間隔は常に λ に比例しているので（たとえば (1.20), (1.28), (1.29)），$\lambda \to 0$ は干渉縞の間隔 0 の極限であり，平均的な波の強さしか見えません．よって，干渉現象は実感できなくなります．このような状況を**幾何光学**と呼びます．幾何光学では光は広がらず，干渉現象は無視できます．この状況での物理については 1.5 節で扱います．我々の視覚的な日常経験は幾何光学で理解できる場合がほとんどです．可視光の波長 $0.4 \sim 0.8\,\mathrm{\mu m}$ が通常見ている構造に比べて桁違いに小さいからです．そのため光の干渉現象に通常気付きにくいですが，1.2.8 項で扱うように干渉現象は身近にもあります．

■波長の大きい極限　逆に波長 $\lambda \to \infty$ の極限を考えます．2 重スリットによる干渉は，中央の波の強い部分だけになって干渉縞がなくなり，単スリットでも波は中央の波の強い部分だけです（1.2.3 項の例題参照）．2 重スリットによる干渉で $\lambda \gg d$ の状況では，2 重スリットであるか単スリットであるかの区別も実質不可能です．これは，波長より小さい構造は波では識別できないという波の重要な性質を示唆します．たとえば，光学顕微鏡で個々の原子を識別することは原理的にも不可能です．よって，原子スケールの結晶構造等を解析する際は，波長が可視光より短い X 線や中性子線を用います．小さい構造を見ると，波長に近いスケールになると

ぼやけてきて，さらに小さくなると，完全にぼやけて識別できなくなるのです．これらの例のように光で考えると直観的にわかりやすいでしょう．

例題 Blu-ray ディスクの容量を概算して下さい．

解 Blu-ray ディスクの直径は 10 cm 程度です．青紫の光でデータを読み取るので，波長 $\lambda = 400\,\text{nm}$ とします（規格は 405 nm）．識別できる構造は波長が下限となるので，1 bit（正か否かの情報 1 個）あたり λ^2 の面積が必要です．よって，データ量は以下のとおりです（1 B = 8 bit，B はバイト）．

$$\pi(0.05\,\text{m})^2\,\text{bit}/(4\times 10^{-7}\,\text{m})^2 \sim 5\times 10^{10}\,\text{bit} = 50\,\text{Gbit} \sim 6\,\text{GB}$$

実際の容量は 23 GB で，概算としては十分良いです．波長が半分になれば単純計算ではデータ容量が 4 倍になります．CD は赤外レーザー光を用いていますが，Blu-ray ではより波長が短い青紫レーザー光を用い，容量を大きくしています． □

1.2.6 定 常 波

波の振動位置が移動せず，同じ場所で振動している波を**定常波**，あるいは**定在波**と呼びます（図 1.22 参照）．弦楽器の弦の振動などが定常波の典型例です．定常波は，進行波とは異なるものに見えるかも知れませんが，逆方向に進む波の重ね合わせに過ぎません．同じ振幅で同じ速さで逆方向に進む波 (1.2) 式を重ね合わせると以下の波を得ます（B.7.1 項参照）．

$$\begin{aligned}\psi(x,t) &= a\left[\cos(kx-\omega t) + \cos(kx+\omega t)\right] \\ &= 2a\cos(kx)\cos(\omega t) = 2a\cos\left(2\pi\frac{x}{\lambda}\right)\cos(2\pi f t)\end{aligned} \quad (1.35)$$

わかりやすいように，最後の式では波長 λ と振動数 f を用いて書きました．最後の式の 1 つ目の cos 項は位置 x だけに依存し，2 つ目の cos 項の振動の振幅となります．よって，波は進まずにその場で振動する定常波です．振動が最大の点（上式で

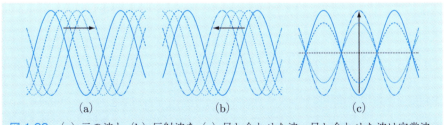

図 1.22 (a) 元の波と (b) 反射波を (c) 足し合わせた波．足し合わせた波は定常波．同時点の波を同種類の線（実線，破線，点線，一点鎖線）で表示．

は $2x/\lambda$ が整数）を定常波の**腹**，振動しない点（$2x/\lambda$ が半整数）を**節**と呼びます．この仕組みを理解すれば，定常波が生じる理由がわかります．たとえば，弦楽器では弦の両端を固定してあり，そこで波が反射し，逆方向の波が生じます．それらが重ね合わさって定常波が生じます．より一般的に，有限な領域に波を「閉じ込め」れば同じ理由で定常波が生じます．

有限な領域内の定常波の重要な特徴は，生じる波の波長が離散的であることです．たとえば，長さ L の弦では両端が振動せず，波の節に対応するので，波長 λ と L の間に以下の関係があります．

$$L = \frac{\lambda}{2}n, \qquad n = 1, 2, 3, \cdots \tag{1.36}$$

これが弦の振動する部分の長さを決めるとピッチが決まる理由です．個々の振動を**固有振動**と呼び，一番振動数が小さい振動（上式で $n = 1$）を**基本振動**と呼び，この振動数が音の**ピッチ**（高低）です．

1.2.7 う な り

一定の振動数の波が時間とともに強くなったり弱くなったりする現象をうなりと呼びます．ピッチが少しずれている楽器を一緒に合奏する際などに生じ，経験したことがあるでしょう．うなりは音に限らず，一般の波で生じる現象です．うなりは振動数がわずかに異なる 2 つの波を重ね合わせた場合に生じます．速さ，振幅が同じで，振動数，波長が異なる波 $\psi_1(x,t), \psi_2(x,t)$ を重ね合わせた次の例を考えます（B.7.1 項参照）．

$$\psi(x,t) = \psi_1(x,t) + \psi_2(x,t) = a\cos(k_1 x - \omega_1 t) + a\cos(k_2 x - \omega_2 t)$$
$$= 2a\cos\left(\frac{k_1 - k_2}{2}x - \frac{\omega_1 - \omega_2}{2}t\right)\cos\left(\frac{k_1 + k_2}{2}x - \frac{\omega_1 + \omega_2}{2}t\right) \tag{1.37}$$

波 $\psi_1(x,t), \psi_2(x,t)$ の進む速さはそれぞれ $\omega_1/k_1, \omega_2/k_2$ です（(1.2) 式参照）．波の速さを v として $k_1 = \omega_1/v = 2\pi f_1/v$（波 2 についても同様）なので次式を得ます．

$$\psi(x,t) = \left\{2a\cos\left[2\pi\frac{f_1 - f_2}{2v}(x - vt)\right]\right\}\cos\left[2\pi\frac{f_1 + f_2}{2v}(x - vt)\right] \tag{1.38}$$

振動数の差が振動数に比較してはるかに小さい場合（$|f_1 - f_2| \ll f_{1,2}$）には，この波はゆっくりと変化する $\{\cdots\}$ 部分（図 1.23 (b) の破線）を振幅として速さ v で進み，振動数 $(f_1 + f_2)/2$ を持つとみなせます．これがうなりです．波の強弱の振動数（うなりの振動数）は $|f_1 - f_2|$ です．

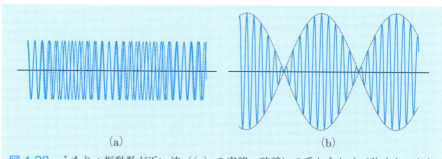

図 1.23 うなり：振動数が近い波（(a) の実線，破線）の重ね合わせで強くなったり弱くなったりして1つの波が生じる（(b) の実線）．

■**位相速度と群速度**[†] 　上のうなりの例で波1，2の進む速さが異なる場合を考えてみましょう．(1.37) 式は一般に以下のように書き直せます．

$$\psi(x,t) = \left\{ 2a\cos\left[\frac{k_1-k_2}{2}\left(x - \frac{\omega_1-\omega_2}{k_1-k_2}t\right)\right]\right\}\cos\left(\frac{k_1+k_2}{2}x - \frac{\omega_1+\omega_2}{2}t\right)$$

うなりの部分 $\{\cdots\}$ は速さは $(\omega_1-\omega_2)/(k_1-k_2)$ で，1つの波数の近傍で

$$\frac{\omega_1-\omega_2}{k_1-k_2} \xrightarrow{k_1 \to k_2} \frac{d\omega}{dk} \tag{1.39}$$

となります．1つの波長を持つ波はそれぞれ速さ ω/k で進みます（この速さを**位相速度**と呼びます）．これらの波を重ね合わせた波の群（この例ではうなり）の進む速さは $d\omega/dk$ となり，この速さを**群速度**と呼びます．位相速度 v が波長に依存しない場合には，$\omega = vk$ が成り立ち，位相速度と群速度は一致します．実際には，媒質中の光の速さは一般に波長に依存し（この性質を分散と呼びます），虹やプリズムの分光現象などを引き起こします（1.5.2 項参照）．

1.2.8 　日常で経験する干渉現象

　シャボン玉，レンズなどのコーティング，DVD の裏面の保護膜，水の上に浮く油の層などの薄い膜は，見る角度によって様々な色に見えます．これは**薄い膜による干渉現象**で，日常生活で実感できる干渉現象の典型例です．薄い膜に光があたると，膜の表面と裏面で反射する光が干渉します（図 1.24 参照）．太陽光や室内の光は白色光で，あらゆる波長（色）の光を含みます．反射の影響も考慮すると，干渉する光の経路長差が（膜内の）波長の半整数倍であれば強め合い，その波長（色）の光が強調されます．経路長差は膜の厚さと光の角度によるので，見る角度が異なれば色が異なります．

　含まれる物質の化学的性質（1.1.3 項参照）ではなく，薄膜の干渉のようにその構造により見える色を**構造色**と呼びます．構造色には他に，モルフォ蝶の光沢のあ

図 1.24 薄膜による干渉．膜の表面と裏の面で反射された光が干渉し，特定の色が強め合い，強調される．

る青い羽，オパールの色，鳩の首の光沢のある緑色，タマムシの「玉虫色」，アワビなどの貝殻の内側の光沢色などがあります．

1.2.9 波の分解とスペクトル分解

1.1.2, 1.1.3 項で指摘したように，日常的に経験する音や光は単波長の波ではなく，様々な波長を持つ波の重ね合わせです．どの波長の波がどれだけの量含まれているかの情報を**スペクトル**と呼びます．一般に波を波長成分ごとに分けることを**スペクトル分解**，あるいは**スペクトル解析**と呼びます．1 波長ごとの成分には正弦波（sin, cos）を用い，数学的にはこの分解を**フーリエ解析**とも呼びます．あらゆる波は正弦波の重ね合わせです．たとえば，干渉現象は正弦波を用いて考えてきましたが，あらゆる波は正弦波の重ね合わせなので，一般の干渉現象は今までの議論の重ね合わせとして得られます．

プリズムや回折格子での**分光**はスペクトル分解の例です．音では，一般の音を各振動数（ピッチ）の音に分けることを意味します．このような考え方は既に 1.1.2, 1.1.3 項でも用いていて，直観的には理解できるでしょう．

■**スペクトル分解の例：矩形波**　まず，正弦波とは見かけが異なる**矩形波**（四角い波）のスペクトル分解をします（図 1.25 参照）．矩形波は以下の式で表せます．

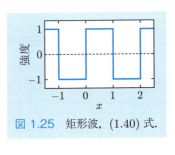

図 1.25 矩形波，(1.40) 式．

$$\psi_⊓(x) = \begin{cases} 1 & 2n \leq x < 2n+1 \\ -1 & 2n-1 \leq x < 2n \end{cases} \quad (n：整数) \tag{1.40}$$

1 時刻における波の状態を考えるので，時間依存性は無視します．これは，以下の三角関数の和となります（図 1.26 参照．導出法は章末問題 6 を参照）．

$$\psi_⊓(x) = \frac{4}{\pi} \sum_{n=0}^{\infty} \frac{\sin[\pi(2n+1)x]}{2n+1} \tag{1.41}$$

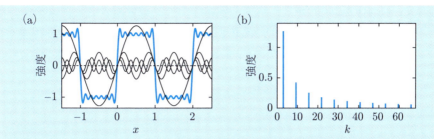

図 1.26 (a) 矩形波のスペクトル分解 (1.41) 式の $n = 0, 1, 2, 3$ の初めの 4 つの正弦波（黒線）．$n = 9$ までの 10 個の波の和（青線）．波の数を多くすれば，その和は矩形波，図 1.25 に一致．
(b) 矩形波の波数空間（k の空間）でのスペクトルは離散的（とびとび）．

矩形波は波長が $2/(2n+1)$, $(n = 1, 2, 3, \cdots)$ の波の和です．x を $x - vt$（v は波の速さ）に置き換えれば速さ v で進む波を得ます（章末問題 6 参照）．

■**スペクトル分解の例：波束**　次に，波束（局在波）をスペクトル分解してみましょう．以下の式で表される波束の例を考えます（図 1.27 (a) 参照）．

$$\psi_g(x) = e^{-x^2/(2w^2)} \cos k_0 x \tag{1.42}$$

波束の幅は w 程度です．$e^{-x^2/(2w^2)}$ は**ガウス関数**（あるいは**ガウシアン**）と呼ばれ，様々な分野で現れます．統計の正規分布もガウス関数で表され，w は標準偏差に対応します．上の波束は，次のようにスペクトル分解できます．

$$\psi_g(x) = \frac{w}{\sqrt{2\pi}} \int_\infty^\infty e^{-w^2(k-k_0)^2/2} \cos kx \, dk \tag{1.43}$$

このように一般にはスペクトル分解は連続的な和，つまり積分となります．ガウス関数の振幅を持つ波の 1 つの特色は，そのスペクトル分解もガウス関数になるこ

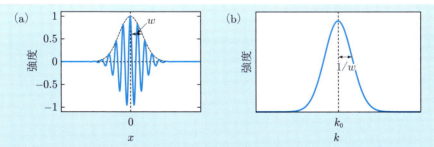

図 1.27 (a) 空間的に局在する波束 (1.42) 式．(b) 波束のスペクトル．波数空間では k_0 を中心とした連続的なスペクトル．スペクトル幅は x 空間と k 空間で互いに逆数．

とです．(1.43) 式よりわかるように，スペクトルは，波数 k の空間で k_0 を中心として幅は $1/w$ 程度です．よって，波束が空間で狭くなればスペクトル幅は広がり，逆に広がればスペクトル幅は狭くなります．1 つの波長しか持たない波 (1.2) 式は $w \to \infty$ の極限です．

上のスペクトル分解が正しいことを確認します．複素数を用いると便利で，上の波束 (1.42) 式は次式の実部です．

$$\psi_{gc}(x) = e^{-x^2/(2w^2)+ik_0 x} \tag{1.44}$$

ガウス関数の積分 (B.29) 式を用い，次式を導けます．

$$\frac{w}{\sqrt{2\pi}} \int_{-\infty}^{\infty} e^{-w^2(k-k_0)^2/2+ikx} \, dk$$

$$= \frac{w}{\sqrt{2\pi}} e^{ik_0 x} \int_{-\infty}^{\infty} \exp\left\{ -\frac{w^2}{2} \left[(k-k_0)^2 - \frac{2i}{w^2}(k-k_0)x \right] \right\} dk$$

$$= \frac{w}{\sqrt{2\pi}} e^{-x^2/(2w^2)+ik_0 x} \int_{-\infty}^{\infty} \exp\left[-\frac{w^2}{2} \left(k - k_0 - \frac{ix}{w^2} \right)^2 \right] dk$$

$$= \psi_{gc}(x)$$

この式両辺の実部が (1.43) 式です．

速さ v で進む波の重ね合わせで作った上の波束は，$\omega = vk$ として，下式のように得られます．

$$\psi_g(x - vt) = \frac{w}{\sqrt{2\pi}} \int_{-\infty}^{\infty} dk \, e^{-w^2(k-k_0)^2/2} \cos(kx - \omega t) \tag{1.45}$$

うなりについて説明したように（1.2.7 項参照），一般に速さ v は ω, k に依存し，波束は速さ $d\omega/dk|_{k=k_0}$ で進みます．

波束は有限の波長を持つ同じ関数の繰返しではありませんが，上記のように正弦波に分解できます．正弦波への分解はあらゆる関数に適用できるのです．

例題 両端を固定した弦では一般にどのような振動が可能でしょうか．弦を伝わる波の速さは波長に依存しないとします（この理由については 5.1.2 項参照）．

解 両端を固定しているので，振動は矩形波の分解の例のように，両端で 0 になる正弦波の重ね合わせで，波長は

$$\lambda = \frac{2L}{n}, \qquad n = 1, 2, \cdots$$

（(1.36) 式参照）．波の速さが波長に依存しないので，対応する振動数は nf_0 です．$\lambda = 2L$ に対応する f_0 の振動は**基本振動**，振動数 nf_0 $(n > 1)$ を持つ振動を**倍音**と呼びます．この重ね合わせが**音色**を決め，音色は弦の弾き方にも依存します．　　□

1.2 干渉と回折：2重スリット，単スリット，身近な干渉現象   **29**

例題   矩形波 (1.40) 式のスペクトルは離散的，波束 (1.42) 式のスペクトルは連続的です．波のどのような性質を反映しているのでしょうか．

解   (1.40) 式の矩形波は長さの周期性 2 を持ち，離散的な波長 $2/(2n+1)$ を持つ sin 関数の和です（上例題参照）．長さの周期性を持てば，それはスペクトルに含まれる波長の整数倍なので，スペクトル内の任意の 2 つの波長の比は有理数です．波束のスペクトルは連続的なのでこの条件は満たせません．   □

1.2.10 コヒーレンス [†]

コヒーレンスは，波が一定の位相差を持って互いに干渉する性質です．たとえば，半透明鏡で光を分けてから重ね合わせると経路長差が小さいと干渉縞が現れ，大きいと現れません．この境目の長さの目安がコヒーレンス長です．なぜ干渉縞がなくなるのか直観的に理解してみます．「波」というと，図 1.1 のように 1 つの波がずっと続く理想的なものを想像するかも知れません．通常の光はそうではなく，短い間しか続かない波を足し合わせたものです．たとえば太陽，蛍光灯，電球などの光は原子が短時間発した光を合わせた光ですが，それぞれの原子は同期していないので，波の位相はその短い時間を超えると一定ではなくなり，干渉縞はできません．この考え方を用いて，コヒーレンス長を概算できます．上で学んだようにあらゆる波は特定の振動数を持った波に分解できます．振動数が 1 つであれば，同じ波が続くだけで，コヒーレンス長は無限大です．コヒーレンス長が有限なのは，様々な振動数が混ざった波だからです．振動数が f と $f + \Delta f$ の波の重ね合わせを考えます．時間差 Δt が $\Delta f \Delta t \gtrsim 1$ では位相が 1 周期程度以上ずれてしまいます．その境目がコヒーレンス時間 $1/\Delta f$ で，コヒーレンス長はそれに波の速さをかけた $v/\Delta f$ です（v は波の速さ）．一般には，Δf は波の振動数の広がり（**スペクトル幅**）に対応します．

コヒーレンスは日常的に出会う干渉を理解するのに重要です．薄膜の干渉ではなぜ膜が薄い必要があるのでしょうか．1.2.8 項で説明した原理は膜が厚くても適用できます．しかし，膜が薄いシャボン玉で干渉現象は見えますが，ガラス板は角度によって様々な色には見えません．実は，前段落で述べた理由で日常的に出会う光のコヒーレンス長は μm（$=10^{-6}$ m）オーダーです．よって，膜の厚みがこれより大きいと干渉現象が見られません．コヒーレンス長が長い光を用いれば厚い膜でも干渉現象は生じます．たとえばレーザー光では，Δf が小さくてコヒーレンス長が km オーダーのものも普通です．ここではレーザーの仕組みについて詳しくは説明しませんが，レーザーは原子や分子が皆で大縄跳びをするようにタイミングを合わせて光子を放出するので，通常出会う光に比べ桁違いに大きいコヒーレンス長を持ちます．

例題   電磁波でコヒーレンス長が 1 μm に対応する振動数のスペクトル幅を概算して下さい．可視光の振動数と比較してどうですか．

解 $c/\Delta f \sim 10^{-6}$ m より $\Delta f \sim 3 \times 10^{14}$ Hz で，可視光の振動数領域の幅に近いです．白色光はこのオーダーのコヒーレンス長を持つと考えられます．   □

1.2.11 線形性と非線形性 [†]

上では波の合成は波の重ね合わせであり，単に波を足し合わせれば良い，という波の重要な性質を学びました．このような性質を**線形性**と呼びます．線形性があるために波のスペクトル分解が可能になり，「理想的」な正弦波を用いて一般の波の性質を知ることができます．

波の合成は，重ね合わせで定性的かつ定量的に説明できる場合がほとんどですが，それ以外の寄与の考慮が必要な場合もあります．たとえば，2 つの波 $\psi_1(x,t), \psi_2(x,t)$ が到達した場合，合成された波の重ね合わせ $\psi_1(x,t) + \psi_2(x,t)$ 以外の $\psi_1(x,t) \times \psi_2(x,t)$，$\psi_1(x,t)^2, \psi_2(x,t)^2$，そしてより高次の寄与を無視できない場合があります．このような高次項が寄与する性質を波の**非線形性**と呼びます．ただ，非線形性を無視できない場合も，合成された波の大半は重ね合わせで，高次の寄与はわずかです．非線形性が重要になる状況の例は光通信です．光通信では，光ファイバー内に強い光を通すので，割合としてはわずかでも，非線形性が重要になります．たとえば振動数 f_1, f_2 を持つ波を合成すると，重ね合わせだけであれば合成波の振動数も f_1, f_2 だけです．非線形な寄与があると，$f_1 + f_2, 2f_1, 2f_2$ などの振動数を持つ成分も生じます．以下では波の非線形性は扱いません．

> **例題** $\psi(x,t) = \cos(kx - \omega t)$ で記述される波の $\psi(x,t)^2, \psi(x,t)^3$ はどのような振動数を持つ成分を含むでしょうか．

> **解** $\psi(x,t)$ の振動数は $\omega/(2\pi) = f$ です．$\cos^2(kx - \omega t) = [\cos(2kx - 2\omega t) + 1]/2$ なので（(B.44) 式参照），$\psi(x,t)^2$ の振動数は $0, 2f$ です．同様に $\psi(x,t)^3$ の振動数は (B.47) 式より，$2f \pm f = f, 3f$ です． □

1.3 波動方程式

1.3.1 1 次元波動方程式

1 次元空間での波の伝わり方は次の**波動方程式**で記述できます．

$$\frac{1}{v^2}\frac{\partial^2 \phi(x,t)}{\partial t^2} - \frac{\partial^2 \phi(x,t)}{\partial x^2} = 0 \tag{1.46}$$

$\phi(x,t)$ は時刻 t での波の変位を表し，v は波の進む速さです．図 1.28 に示したように，正負方向に進む波，$\phi(x,t) = \psi(x - vt), \phi(x,t) = \psi(x + vt)$ が波動方程式を満たすことを以下で示します（B.1 節参照）．ここで，$\psi(z)$ は z の任意の関数ですが，どのような関数も正弦波の重ね合わせとみなせます（1.2.9 項参照）．まず，微分を計算します（B.4.1 項参照）．

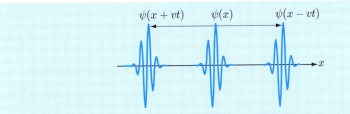

図 1.28 位置 x, 時間 t とし, $\psi(x)$ が速さ v で正方向に進むと $\psi(x-vt)$, 負方向に進むと $\psi(x+vt)$.

$$\frac{\partial \psi(x-vt)}{\partial t} = \frac{\partial (x-vt)}{\partial t}\frac{\partial \psi(x-vt)}{\partial (x-vt)} = -v\frac{\partial \psi(x-vt)}{\partial (x-vt)} = -v\frac{\partial \psi(x-vt)}{\partial x}$$

再度 t で微分します.

$$\frac{\partial^2 \psi(x-vt)}{\partial t^2} = -v\frac{\partial^2 \psi(x-vt)}{\partial t\,\partial x} = v^2\frac{\partial^2 \psi(x-vt)}{\partial x^2} \tag{1.47}$$

1個目の等号では1回目の微分の結果を用いて, 2個目の等号では微分の順序を入れ替えられることと, 1回目の微分の結果を使いました. $\psi(x+vt)$ も波動方程式を満たすことは同様に示せますが, v を $-v$ と読み替えれば明らかです. 波動方程式, (1.46) 式の一般解は一般の関数 ψ_+, ψ_- を用いて, 正方向と負方向に進む波の重ね合わせ, $\phi(x,t) = \psi_+(x-vt) + \psi_-(x+vt)$ で表せます.

一般解を直観的に理解してみます. 上の導出の過程で以下の式を示しました.

$$\frac{1}{v}\frac{\partial \psi(x-vt)}{\partial t} + \frac{\partial \psi(x-vt)}{\partial x} = \left(\frac{1}{v}\frac{\partial}{\partial t} + \frac{\partial}{\partial x}\right)\psi(x-vt) = 0 \tag{1.48}$$

ここでは形式的ですが, 微分を積のように表示しました[9]. 同様に負方向に進む波であれば, 次式を満たします.

$$\left(\frac{1}{v}\frac{\partial}{\partial t} - \frac{\partial}{\partial x}\right)\psi(x+vt) = 0 \tag{1.49}$$

そして, 波動方程式は関数 $\phi(x,t)$ について以下のように書き直せます.

$$\left(\frac{1}{v}\frac{\partial}{\partial t} + \frac{\partial}{\partial x}\right)\left(\frac{1}{v}\frac{\partial}{\partial t} - \frac{\partial}{\partial x}\right)\phi(x,t) = 0 \tag{1.50}$$

通常の因数分解と似ていて, 波動方程式の片方の因子に対応する解がそれぞれ正負方向に進む波で, その重ね合わせが一般解です.

---

[9] これは**微分演算子**を用いた表記法と考えることができます.

1.3.2 3次元波動方程式

$$\frac{1}{v^2}\frac{\partial^2 \phi}{\partial t^2} - \frac{\partial^2 \phi}{\partial x^2} - \frac{\partial^2 \phi}{\partial y^2} - \frac{\partial^2 \phi}{\partial z^2} = 0 \tag{1.51}$$

上の3次元波動方程式では，$\phi = \phi(x, y, z, t)$ は3次元空間座標と時間の関数です．ϕ に y, z の依存性が無ければ，1次元波動方程式，(1.46) 式に帰着します．同様に，z の依存性が無ければ，2次元波動方程式になります．一方向への進行波は，その方向を x 軸にとれば，1次元波動方程式，(1.46) 式を満たします．一般の3次元の波は，様々な方向に伝搬する波の重ね合わせです（第5章で連続体内の波も扱います）．3次元空間での波の典型例をあげます．

■**平面波** 平面波は次式で表されます（(1.4) 式参照）．

$$\phi_{\mathrm{p}}(\boldsymbol{r}, t) = ae^{i(\boldsymbol{k}\boldsymbol{r}-\omega t)}, \quad \boldsymbol{r} = (x, y, z) \tag{1.52}$$

これが波動方程式を満たすことを確認します．ここでは複素数表示を用います．$\boldsymbol{k}$ は波数ベクトル，ω は角振動数，$k^2 = |\boldsymbol{k}|^2 = k_x^2 + k_y^2 + k_z^2$ です．

$$\frac{\partial^2 \phi_{\mathrm{p}}}{\partial t^2} = -\omega^2 \phi_{\mathrm{p}}, \quad \frac{\partial^2 \phi_{\mathrm{p}}}{\partial x^2} = -k_x^2 \phi_{\mathrm{p}}, \cdots$$
$$\Rightarrow \quad \frac{1}{v^2}\frac{\partial^2 \phi_{\mathrm{p}}}{\partial t^2} - \frac{\partial^2 \phi_{\mathrm{p}}}{\partial x^2} - \frac{\partial^2 \phi_{\mathrm{p}}}{\partial y^2} - \frac{\partial^2 \phi_{\mathrm{p}}}{\partial z^2} = \left(-\frac{\omega^2}{v^2} + k^2\right)\phi_{\mathrm{p}}$$

$\omega = vk$ を用いて波動方程式を満たすことがわかります．

■**3次元球面波** 次の3次元球面波が波動方程式を満たすことを示します．

$$\phi_{\mathrm{s}}(r, t) = a\frac{e^{i(kr-\omega t)}}{r}, \quad r = \sqrt{x^2 + y^2 + z^2} \tag{1.53}$$

極座標系（B.8 節参照）で微分する方が簡単ですが，ここでは直交座標系を用います．合成関数の微分を用いて次の関係を得ます（B.4 節参照）．

$$\frac{\partial r}{\partial x} = \frac{x}{r}, \quad \frac{\partial r}{\partial y} = \frac{y}{r}, \quad \frac{\partial r}{\partial z} = \frac{z}{r} \tag{1.54}$$

これを用いて，次式を得ます．

$$\frac{\partial}{\partial x}\left(\frac{e^{i(kr-\omega t)}}{r}\right) = x\left(-\frac{1}{r^3} + \frac{ik}{r^2}\right)e^{i(kr-\omega t)} \tag{1.55}$$

もう一度偏微分して下式を得ます．

$$\frac{\partial^2}{\partial x^2}\left(\frac{e^{i(kr-\omega t)}}{r}\right) = \left[-\frac{1}{r^3} + \frac{ik}{r^2} + \frac{x^2}{r^2}\left(\frac{3}{r^3} - \frac{3ik}{r^2} - \frac{k^2}{r}\right)\right]e^{i(kr-\omega t)} \tag{1.56}$$

y, z での微分は x を y, z に入れ替えて得られるので，$(x^2 + y^2 + z^2)/r^2 = 1$ に注意して，次式を得ます．

$$\left(\frac{\partial^2}{\partial x^2} + \frac{\partial^2}{\partial y^2} + \frac{\partial^2}{\partial z^2} \right) \left(\frac{e^{i(kr-\omega t)}}{r} \right) = -k^2 \frac{e^{i(kr-\omega t)}}{r} \tag{1.57}$$

t で微分した結果の下式を用い，$\omega = vk$ であることを思い出して，$\phi_{\mathrm{s}}(r, t)$ が波動方程式を満たすことが示せます．

$$\frac{\partial^2}{\partial t^2} \left(\frac{e^{i(kr-\omega t)}}{r} \right) = -\omega^2 \frac{e^{i(kr-\omega t)}}{r} \tag{1.58}$$

例題 球面波の r 依存性がエネルギー保存則と整合性があることを示して下さい．

解 単位時間，面積あたりの波のエネルギーの流れは変位の 2 乗に比例し，球面波では $|\phi_{\mathrm{s}}|^2 = |a|^2/r^2$ に比例します．原点からの距離 r の球面の面積は $4\pi r^2$ で，エネルギーの流れは

$$4\pi r^2 |\phi_{\mathrm{s}}|^2 = 4\pi |a|^2$$

に比例するので，半径によらず保存されます． □

■ 1.4 ドップラー効果 ■

　ドップラー効果は，波源と観測者が近付いている場合には，振動数は大きくなり，逆に，遠ざかる場合には振動数が小さくなる現象です．速い電車，救急車やレースカーの出す音のピッチが，通り過ぎる際に低くなることを日常的に経験しています．前を通り過ぎるときに音源が近づいている状況から遠ざかっている状況に変化し，急激にピッチが変化するので意識すれば感じ取れます．ドップラー効果はあらゆる波で生じる現象です．光のドップラー効果の観測は宇宙物理学ではビッグバン理論の根拠の肝心な部分であり，他の観測でも重要な役割を果たしています．光のドップラー効果を含め，波源，観測者や波の速さが真空中光速と同じオーダーの場合は，厳密には相対性理論的な考慮が必要になりますが，赤方偏移の仕組みの考え方は以下の説明と同じです．以下では相対性理論的な効果は考慮しません．宇宙観測以外にも，医療を含め様々な分野でドップラー効果は活用されています．

　一般には波源と観測者の両者が運動している場合がありえますが，片方だけが運動している場合をまず扱います．波の速さを V，波源が静止している際の波の振動数を f_0 とします．静止した波源の波の波長 λ_0 は $V = f_0 \lambda_0$ の関係を満たします（(1.1) 式参照）．

■**波源が動いて観測者が静止している場合** 静止した観測者から波源が一定の速さ v_S で遠ざかる場合を考えます．以下でわかるように，ドップラー効果は波源と観測者が近付く（あるいは遠ざかる）ことによって生じる現象なので，ここでは波源と観測者を結ぶ直線上の速さのみを考慮します．波源が運動している場合に，波源進行方向の波の波長は短くなり，その逆方向の波の波長は長くなります（図 1.29 参照）．これは，水面波を立てながら進む船を想像すれば直観的にわかるでしょう．波源は静止しているか運動しているかにかかわらず，一定時間 T 内に fT 個の波面を発生します．これらの波面は，静止している場合には長さ VT を占めますが，v_S で運動している場合には進行方向の逆方向には長さ $(V+v_S)T$ を占めます．よって，動いている場合の波長 λ と波源が静止している場合の波長 λ_0 との比は下式となります（図 1.30 参照）．

$$\frac{\lambda}{\lambda_0} = \frac{V+v_S}{V} \tag{1.59}$$

波の進行速度は両方の場合とも同じなので，振動数の比率は次式です．

$$\frac{f}{f_0} = \frac{V}{V+v_S} \tag{1.60}$$

この式は波源が近付く場合も $v_S < 0$ の場合として含んでいます．波源が遠ざかる場合は振動数 f が低くなり，近付く場合には高くなることがわかります．この導出では時間 T 内で v_S が一定とみなしましたが，結果 (1.60) 式は T に依存しません．よって v_S が波の振動に比較してゆっくり時間変化している場合には，短い時間 T

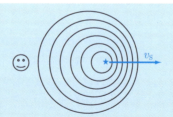

図 1.29 波源（★）が運動していて，観測者は静止している．波源の進行方向には波長が短くなり，その逆方向には長くなる．

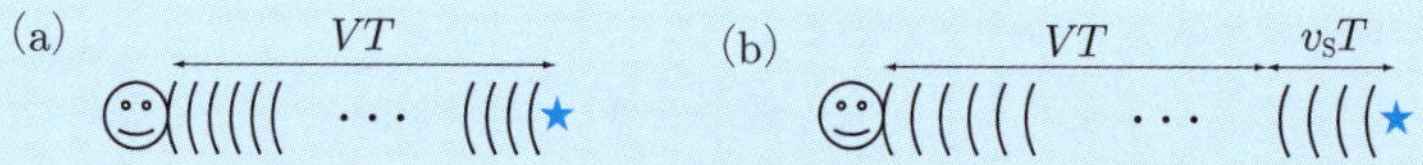

図 1.30 波源（★）が (a) 静止している場合と (b) 速さ v_S で観測者から遠ざかる場合の波面の占める長さの比較．

内で v_S を一定とみなし，式を適用できます．波の振動よりも v_S の時間変化が速いと，振動数は正確に測定できません．

■観測者が動いて波源が静止している場合

波源が静止していて，観測者が速さ v_O で近付く場合を考えます．この場合は波長は変わりません．観測者は静止していれば，時間 T 内に fT 周期の波を受け取ります．速さ v_O で近付けば，これに加えて $v_O T/\lambda_0 = f_0 v_O T/V$ 周期の波を受けます（図 1.31 参照）．よって，振動数の比は次式です．

$$\frac{f}{f_0} = \frac{f_0 + f_0 v_O/V}{f_0} = \frac{V + v_O}{V} \tag{1.61}$$

静止した観測者の場合と同様，この式は観測者が遠ざかる場合も $v_O < 0$ の場合として含んでいます．観測者が波源に近付く場合は振動数が高くなり，遠ざかる場合には低くなることがわかります．これは，観測者が単位時間に出会う波面の数が振動数であることに注意すれば，図 1.31 より，近付く場合には静止している場合より多く出会い，振動数が上がり，遠ざかる場合は下がることが直観的に理解できるでしょう．

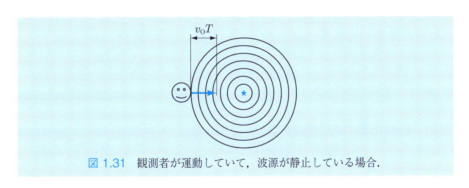

図 1.31　観測者が運動していて，波源が静止している場合．

■波源と観測者の両方が動いている場合

波源と観測者の両方が動いている場合のドップラー効果は上 2 つの場合を組み合わせて得られます．

$$\frac{f}{f_0} = \frac{V + v_O}{V + v_S} \tag{1.62}$$

波源と観測者の速度の正方向を図 1.32 に示しました．v_O, v_S は正負両方の場合がありえます．v_O, v_S の符号は，波源と観測者が近付く場合には振動数が高くなり，遠ざかる場合は低くなることを意識すれば間違えません．また，波源が動く場合は波長が変わるので，振動数比の分母が変化し，観測者が動く場合は振動数が直接変

図 1.32 波源と観測者がともに動いている場合の速度の関係.

化するので分子が変化する，と直観的に理解できます[10]．ドップラー効果は，あくまでも波源と観測者が近付くか遠ざかることによって生じます．よって，両者の距離が変化しない方向の運動速度にはよりません（両者の距離が変化しない方向の運動についても，相対性理論的効果も考慮するとドップラー効果は発生します）．

例題 観測者だけが動く場合は波長が変化しないのに振動数が変化するのは，なぜ (速さ) = (振動数) × (波長) と両立するのでしょうか．

解 観測者から見ると，向かってくる波の速さは $V + v_O$ となるからです． □

例題 目の前を新幹線が $200\,\mathrm{km/h}$ で通過しました．その前後で音は高くなるでしょうか，それとも低くなるでしょうか．そして振動数の変化は割合でどの程度でしょうか．

解 (1.60) 式より，変化の割合は（上と同じ記号を用います）

$$\frac{V}{V - v_S} - \frac{V}{V + v_S} = \frac{2V v_S}{V^2 - v_S^2} \simeq \frac{2v_S}{V}$$

$V = 350\,\mathrm{m/s}$ とし（(1.9) 式参照），$v_S = 56\,\mathrm{m/s}$ なので振動数の変化の割合は 0.3 程度．音は低くなります． □

1.5 幾何光学とフェルマーの原理

1.5.1 幾何光学の適用範囲とフェルマーの原理

波の「波らしさ」が現れる干渉現象を説明してきました．波長が 0 になる極限では，干渉縞の間隔も 0 になり，平均的な波の強さしか認識できません．回折角も 0 になり，波は広がらずに直進します（1.2.5 項参照）．この極限を**幾何光学**と呼びます．波の波長は 0 ではないですが，扱っている現象のスケールに比較して桁違いに波長が小さい状況では幾何光学が良い近似になります．たとえば，可視光の波長は 0.4〜0.8 µm なので，日常現象の多くは幾何光学で理解できます．物はくっきりと見え，干渉現象は明らかではなく，レーザーポインタの光はまっすぐ進むように見えます．しかし，シャボン玉の例のように干渉現象も存在し，レーザーポインタの光も少しは広がります．一方，音の波長は日常的な構造に比べて小さくないの

---

[10]この公式は「王様（O 様）は上」と覚える方法もあります．

で,「幾何光学」の極限は経験しにくいですが,波長の短い超音波などは幾何光学的に扱える面もあります.このように,幾何光学で扱えるかは,考える現象によります.

幾何光学におけるあらゆる現象は**フェルマーの原理**で理解できます.

―― フェルマーの原理 ――

波は 2 点間を経路時間が停留値となる経路を進む.

経路時間は波が経路を進むのに必要な時間で,**停留値**は微小変化について不変となる値(1 次微分が 0)です.経路時間が経路の小さな変化に対して最小である場合が典型的で,「最小時間の原理」と呼ぶこともあります(ある経路に対しそれより経路時間が長い場合は常に存在するので,最大はありえません).到達時間が停留値付近の経路の波は同じタイミング(従って同じ位相)で到達し,強め合うのでその方向に波が進む,と直観的には原理を理解できます.停留値を求める考え方を**変分原理**と呼び,フェルマーの原理はその例です.干渉現象以外の波のふるまい全てに適用できる強力な原理です.例でその意味をまず確かめましょう.以下では主に光に適用しますが,一般に波の波長に比較してはるかに大きいスケールのふるまいに適用できます.

■一様な空間 一様な空間内の 2 点 A, B 間で光はどのように進むでしょうか.一様な空間内では光速は一定です.よって,時間が最小な経路は長さが最小で,光は直線的に進みます(図 1.33 (a) 参照).直観的には当然でしょう.

■反射 一様な空間内の 2 点 A, B 間で光が A から鏡で 1 回反射して B に到達する経路を考えます.光速は一定なので,反射する最短経路を求めれば良いです.鏡の反射点 P とすると,光は AP と PB を直進します(図 1.33 (b) 参照).AP と PB の長さの和が最小になるのは,B の**鏡像** B′(鏡について折り返した点)までの直線のときになります.これより入射角と反射角が等しいという反射の法則を得ます.直線 AB の経路があるので最小時間の経路ではないですが,経路のわずかな変化に対しては最小で,停留値なのでフェルマーの原理に従っています.

1.5.2 屈折現象

屈折現象は,水に棒の一部を入れると折れ曲がって見えたり,水を入れた容器の底が浮き上がって見えるなど,日常的に経験する物理現象です.

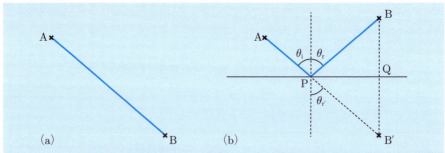

図 1.33 (a) 一様な空間内 2 点 A, B の間は，光が直進するのが経路長もかかる時間も最小．(b) 反射では，B の鏡像 B′ を考えると，三角形 BPQ と B′PQ が合同．経路時間，よって距離 AB を最小にするには距離 AB′ を最小にすればよく，AB′ は直線．よって，入射角 (θ_i) と反射角 (θ_r) が等しくなる．

■**屈折率** 媒質内の光速 c/n は真空とは異なり，n は**屈折率**と呼ばれます（c：真空中の光速）．定義からして，真空の屈折率は 1 です．(1.1) 式より，同じ振動数の波の媒質中の波長は真空中波長の $1/n$ 倍です．$n < 1$ の透明な（あらゆる波長の可視光が透過する）物質は存在しません．存在すれば特殊相対性理論との矛盾も引き起こします．また，屈折率が 1 より桁違いに大きい透明な物質も存在すれば便利ですが，存在しません（表 1.1 参照）．

表 1.1 物質の屈折率の例．

真空	1	ガラス	1.5〜1.9
空気	1.0003	プラスチックレンズ	1.5〜1.8
水	1.33	ダイヤモンド	2.42

■**屈折とフェルマーの原理** 異なる媒質内にある 2 点 A, B 間（図 1.34 参照）で光はどのように進むでしょうか．経路時間を最小にするには一様な媒質内では直線で，媒質間の境界で折れ曲がります．直観的にわかるように，時間を最小にするには光速が速い媒質内で距離を長くして，その分，光速が遅い方の経路を短くします．これが屈折ですが，どの程度屈折するかは 2 つの媒質内の速さの比で決まります．媒質 1, 2 内での光速が同じならば図 1.34 (a) の経路 AP′B，光速が媒質 1 内で媒質 2 内より無限に大きければ経路 AP″B を通ります．一般にはこれらの間の経路を通ります．この説明から，波の速さが異なれば屈折現象が生じ，逆に屈折現象が生じていれば波の速さが異なることもわかります．

以上の理屈を定量的に考えます．媒質 1, 2 内の屈折率を n_1, n_2 とすると，媒質

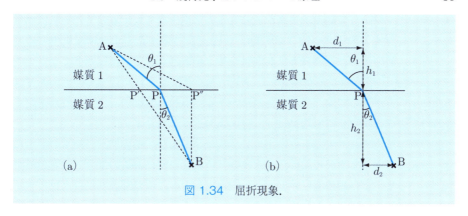

図 1.34 屈折現象.

内の光速はそれぞれ $c/n_1, c/n_2$ で，APB の経路時間 T は図 1.34 (b) の記号を用いて次式です．

$$T = \frac{\sqrt{d_1^2 + h_1^2}}{c/n_1} + \frac{\sqrt{d_2^2 + h_2^2}}{c/n_2} \tag{1.63}$$

点 P を右に ϵ 動かしたとすると，$d_1 \to d_1 + \epsilon, d_2 \to d_2 - \epsilon$ と変化します．その際の経路時間の変化 δT は次のとおりです．

$$\delta T = \left(\frac{\partial}{\partial d_1} \frac{\sqrt{d_1^2 + h_1^2}}{c/n_1} - \frac{\partial}{\partial d_2} \frac{\sqrt{d_2^2 + h_2^2}}{c/n_2} \right) \epsilon = \left(\frac{n_1 d_1}{\sqrt{d_1^2 + h_1^2}} - \frac{n_2 d_2}{\sqrt{d_2^2 + h_2^2}} \right) \frac{\epsilon}{c}$$

停留値で $\delta T = 0$ なので，$d_j/\sqrt{d_j^2 + h_j^2} = \sin\theta_j \ (j = 1, 2)$ を用いて，次の**屈折の法則（スネルの法則）**を得ます（$\theta_{1,2}$ については図 1.34 参照）．

$$n_1 \sin\theta_1 = n_2 \sin\theta_2 \tag{1.64}$$

■**フェルマーの原理の有用性** 上では一様な媒質中の経路，反射，屈折の法則をフェルマーの原理から導きました．異なる法則を 1 つの単純な原理から導け，しかも直観的に理解できることに大きな意味があります．また，たとえば屈折の法則（図 1.34 参照）で経路がどちらに折れ曲がるかは，経路時間を最小にするには光速が遅い媒質で進む距離をより短くする必要があるので，フェルマーの原理を使えば一瞬でわかります．フェルマーの原理が有用な他の例を以下であげます．

■**しん気楼** しん気楼も日常的に経験する屈折現象の 1 つです．暑い日に道路の先の方に水があるように見える「**逃げ水**」がしん気楼の例です．砂漠で，実際には無いのに遠く先に水があるように見える現象は，おとぎ話にも登場します．逃げ水

は，空の光が屈折して進み，道路が散乱する光と重なって見えるので，道路に水があるように見えるのです（図 1.35 参照）．なぜ空の光がこのように屈折するのでしょうか．暑い日には道路表面は高温になり，表面近くの空気密度が低くなります（2.3 節参照）．真空の光速が最高で，空気が薄くなればそれに近付くので，光速は道路に近い方が速いです．光は少し距離が長くても速い所を通った方が時間が短くなるので，フェルマーの原理により，道路表面近くを通ります．

先の例では，いわば上のものが下に見えるわけですが，逆の例，下のものが上に見える現象もあります．現象の仕組みは空気の温度勾配にあるので，これが逆転すれば起こります．地表の温度が低くて，その少し上の温度が高い状況は，たとえば極地で天気が良い場合などに生じます．前方の空を見て，先に海があるかどうかを判断する，といった記述も極地の探検家の記録に見られます．しん気楼の仕組みは屈折の法則，(1.64) 式，を直接使って説明しようとすると簡単ではありません．フェルマーの原理の有用性が実感できます．

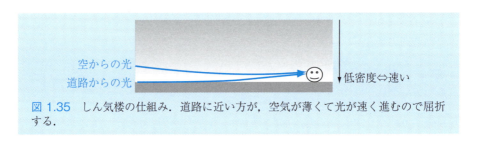

図 1.35　しん気楼の仕組み．道路に近い方が，空気が薄くて光が速く進むので屈折する．

■**浅瀬での水面波の進行方向**　最後に水面波の例を扱います．波長に比較して浅い場合は，水面波の速さは比較的深い方が速いです（速さは深さの 2 乗根に比例します）．海岸付近では，波は遅い方でより短い距離を進むので，図 1.36 のように曲がって進みます．波は波面が海岸におおむね平行になるように打ち上げるのは経験上知っているでしょうが，これが理由です．

■**フェルマーの原理とホイヘンスの原理**　フェルマーの原理と**ホイヘンスの原理**（1.1.1 項参照）はともに波の伝わり方を示唆し，等価です．ホイヘンスの原理では一様な空間内では波は直線的に進む平面波となり，経路距離が最短になり，到達時間が最小になります．波長よりはるかに大きなスケールで考える幾何光学では，波の十分小さな範囲を考えれば平面波とみなせます．このように，ホイヘンスの原理がフェルマーの原理と等価であると大雑把には理解できます．媒質中の波の速さが経路中で変化し，最短距離と最短時間の経路が一致しない場合にも等価なことを確

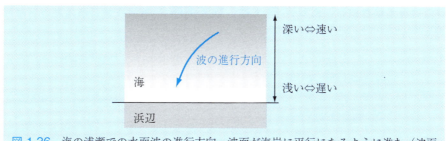

図1.36 海の浅瀬での水面波の進行方向．波面が海岸に平行になるように進む（波面は進行方向に垂直）．

認することは重要で，章末問題9で扱います．

■**分散** プリズムは太陽光などを屈折させて，分光します．その仕組みを考えてみます．可視光の色は波長で決まります．屈折率は一般に波長に依存し，この性質を**分散**と呼びます．表1.2にいくつか例を示しました．屈折率 n は波長に依存しますが，典型的には可視領域全体でもその変化は $(n-1)$ の数%程度です．波長が短い方が屈折率が大きくなる傾向を示します．逆傾向の場合は**異常分散**と呼ばれ，例外的です．物質が異常分散を示す場合も，一般に狭い波長領域内だけです．太陽光などの白色光（1.1.3項参照）はあらゆる可視光を含み，ガラスの屈折率が波長により異なるため，プリズムは波長毎に光を分けます（**分光**）．虹も水滴がプリズムの役割を果たすために生じる現象です．分散が原因でレンズの焦点位置は光の色によって変わり，これは**色収差**と呼ばれます．適切な物質を選び，レンズを組み合わせて色収差を小さくするのはレンズ設計で重要です．

表1.2 分散：屈折率の波長依存性．

波長 [nm]	ガラス（BK7）	水	空気
400	1.530	1.343	1.0002828
800	1.511	1.329	1.0002750

第1章 波

■■■■■■■■■■■■■ **第1章 章末問題** ■■■■■■■■■■■■■

解答例はサポートページに掲載しています.

■ **1** (a) ばね定数 k_S のばねにつないだ質量 m の重りの運動方程式を求めて下さい. 直線上の運動のみを考えます.

(b) 平衡点より a 離して振動させ始めた場合の運動とそのエネルギーを求めて下さい. 振動数はいくらでしょうか.

■ **2** (a) 弦楽器の同じ弦で1**オクターブ**, そして3オクターブ高い音を出すにはどうすれば良いでしょうか.

(b) **平均律**では1オクターブを12半音に分け, 半音異なるピッチの全てが同じ振動数比を持ちます. 半音高いピッチの音を出すにはどうすれば良いでしょうか.

■ **3** 波長 520 nm の光を水に照射した際の水中での波長を求めて下さい.

■ **4** (a) 天体からの波長 λ の電磁波を大きさ D の望遠鏡で観測した場合の角度分解能はどの程度でしょうか.

(b) $\lambda = 1$ mm の電磁波を地球程度の大きさの望遠鏡で観測した場合の角度分解能を求めて下さい.

(c) M87 銀河は地球から 5,500 万光年の距離にあります. 上の望遠鏡の M87 銀河の空間分解能 (識別できる長さのスケール) は何 m 程度でしょうか.

(d) 目の角度分解能を概算して下さい.

■ **5** 定常波を両方向に進む波で表すと ((1.35) 式参照), 振幅が2倍でエネルギーが4倍になりそうです. 実際には, どちらの見方でもエネルギーは同じことを説明して下さい.

■ **6** 矩形波 (1.40) 式のスペクトル分解をします.

(a) 矩形波が三角関数の和で表せると仮定します. 以下のような和で表せる理由を説明して下さい (a_n は以下で求めます).

$$\psi_\sqcap(x) = \sum_{n=1}^{\infty} a_n \sin(\pi n x)$$

(b) 次式を示して下さい (m, n は正の整数).

$$\int_{-1}^{1} \sin(\pi m x) \sin(\pi n x)\, dx = \begin{cases} 1 & m = n \\ 0 & m \neq n \end{cases}$$

(c) a_n を求めて (1.41) 式を確かめて下さい.

(d) 波長 λ, 速さ v の矩形波をスペクトル分解して下さい.

■ **7** 2次元干渉パターンについて考えます. 平面上領域 D に垂直に進む平面波を考え,

領域 D 以外は波を通さないとします．

(a) D から遠い点 (x, y, z) での波，$\psi(x, y, z)$ が次式で表せることを示して下さい．

$$\psi(x, y, z) = \frac{ae^{i(kR-\omega t)}}{R} \int_D e^{-ik(xx'-yy')/R} dx'dy',$$

$$R = \sqrt{x^2 + y^2 + z^2}$$

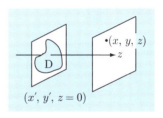

ここで，領域 D は $(x'y', z=0)$ 平面上（x, x' と y, y' については軸と原点を揃えます．右図参照），a は定数で，k, ω は波数と角振動数です．

(b) 領域 D が x', y' 方向にそれぞれ長さ d_x, d_y の長方形の場合に，$|\psi|^2$ を求めて下さい．

8 (a) 3 次元球面波 (1.53) 式が波動方程式を満たすことを極座標を用いて示して下さい（B.8 節参照）．

(b) 2 次元波動方程式を極座標を用いて書いて下さい．

(c) 広がる 2 次元球面波（3 次元空間では円柱状に伝搬するので，**円柱波**とも呼びます）が，波源より遠くでは（複素数表現で）次式の定数倍で表せる（近似できる）ことを示して下さい．

$$\phi_2(r, t) = \frac{e^{i(kr-\omega t)}}{r^{1/2}}, \quad r = \sqrt{x^2 + y^2} \tag{1.65}$$

(d) 前問の 2 次元球面波がエネルギー保存則を満たすことを説明して下さい．

9 (a) 下図を参考にしてホイヘンスの原理から屈折の法則 (1.64) 式を導いて下さい．

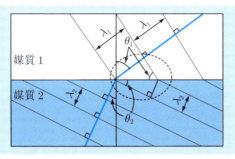

(b) 水を入れた桶の底が浮き上がって見える理由を説明して下さい．

第2章

熱　力　学

　エネルギーは様々な形態をとります．本章で扱う**熱力学**ではエネルギーの形態の変換，受け渡しを支配する基本的な法則と，それによりもたらされる物理的ふるまいについて考えます．特に熱エネルギーが力学的エネルギー等に変換される場合やその逆を中心的に扱います．その典型例は内燃機関（エンジン）等の熱機関で，熱機関の効率には理論限界があるということも学びます．

■ 2.1　熱力学と熱平衡

2.1.1　熱力学とは

　熱力学の特徴は様々な物質のふるまいを，**巨視的（マクロ）**視点の法則とその帰結によって理解できることです．**微視的（ミクロ）**視点は必要ありません．巨視的な視点では原子・分子の集まりである物体のふるまいを考え，微視的な視点では物体をそれを構成する原子・分子レベルで考えます．よって，熱力学では物質が原子から構成されているという情報は使いません．一方，**統計物理学**（第3章参照）では微視的な視点から熱力学の基本法則が生じる仕組みも理解します．熱力学は一般性を持ち，同時に抽象的です．それゆえに美しくもあり，一方，慣れないとわかりにくい面もあるでしょう．具体例を用いて説明しますが，わかりにくい場合は，統計物理学の章を読んでからもう一度振り返ると，具体的なイメージを持ちやすいかも知れません．難しそうに見えるかも知れませんが，熱力学は，その第1法則と第2法則の持つ意味を理解することが中心で，考えようによっては簡単です．以下でこのような熱力学の基本法則の意味と，それから導かれる様々な性質を説明します．

　熱力学においては，熱力学の基本法則は仮定であって導くものではありません．これは力学でニュートンの法則を仮定し，それを元に物体の運動を理解するのと同じです．理論的に導いた結果と実験結果を比較し，ニュートンの法則が正しいことはあらゆる場面で確かめられています．同様に，熱力学の基本法則も数百年に渡っ

て，そして現在も，検証可能な範囲で正しいことは高い精度で実証され続けています．さらに，統計物理学的な考え方から，なぜ熱力学の基本法則が成り立つのかも理解できます．

　熱力学で扱う物質や物体には液体，固体，気体，それらの混合等，あらゆるものが含まれ，熱力学法則はそれら全てで成り立ちます．複雑なものであっても，生物であっても，地球上の物体でなくても，あらゆるものにおいて熱力学法則が成り立っているのです．

2.1.2　エネルギー

　エネルギーは次にあげるように様々な形態をとります．

■**運動エネルギー**　物体の持つエネルギーの運動による部分で，速度 v で運動する質量 m の物体が持つ運動エネルギーは下式です（$|v| = v$ と表しました）．

$$\frac{1}{2}mv^2 \tag{2.1}$$

■**位置エネルギー**　物体の位置だけに依存するエネルギーを位置エネルギー（ポテンシャルエネルギー）と呼びます．たとえば重力の下では，高い位置にある物体はより多くの重力の位置エネルギーを持ちます．電場中の電荷の持つ電気的な位置エネルギーは位置に依存します．

■**熱**　熱もエネルギーの一形態で，**熱エネルギー**，**熱量**とも呼びます．**熱容量**は物体を単位温度（たとえば 1℃）上昇させるのに必要なエネルギーです．熱容量 C を持つ物体の温度を ΔT 上昇させるのに必要なエネルギーは $C\Delta T$ です．均一な物質では，単位質量あたりの熱容量を**比熱**（あるいは**比熱容量**）と呼び，物質 1 モルあたりの熱容量を**モル熱容量**（あるいは**モル比熱**）と呼びます．比熱はモル熱容量を 1 モルあたりの質量で割った量です．物質の比熱を表 2.1 に例示しました．

表 2.1　物質の定圧比熱（C_p）の例（1 気圧，20℃）.

物質	金	シリコン	リチウム	水	エタノール	空気
C_p [J/(g·K)]	0.129	0.71	3.49	4.18	2.40	1.01

　エネルギーに関して重要なのは，エネルギーは保存されること（2.2 節参照），そして形態を変えられることです．たとえば，重力下で物体が落下すると物体の重力による位置エネルギーの一部が運動エネルギーに変わります．また，同じエネル

46 第 2 章 熱 力 学

ギーを違う形態で見直せる場合もあります．たとえば，熱は微視的には運動エネル
ギーとみなせます（第 3 章参照）．

例題 常温の水 100 g の温度を 2 K 上昇させるために必要なエネルギーは有効数字 2 桁でい
くらでしょうか．

解 表 2.1 の水の比熱を用い，$100\,\text{g} \times 2\,\text{K} \times 4.2\,\text{J}/(\text{g} \cdot \text{K}) = 840\,\text{J}$（水の比熱，$4.184\,\text{J}/(\text{g} \cdot \text{K})$
をカロリーとも呼びます．A.1 節参照）．

2.1.3 熱 平 衡

■**系** 以下で「系」という言葉を使いますが，系とは物体の集まりのことです．様々
な物体の集まりでも，1 つの物体でも，あるいは物体の一部分をさす場合もありま
す．熱力学で扱う系は巨視的なものです．考えている状況に応じて，どの部分を系
とみなすかを選びます．1 つの系をいくつかの系とみなすこともできます．固体，
液体，気体，そしてそれらが混在している場合も含みます．系の外の世界は**外界**と
呼び，外界とエネルギーも物質も受け渡しが無い系を**孤立系**と呼びます．

■**熱平衡** 系に外から何も操作をせずに十分時間がたてば，巨視的には外界との物
質，エネルギーの出入りが無くなり，系は変化しない状態になります．このような
状態を**熱平衡状態**と呼びます．たとえば十分時間がたった孤立系は熱平衡状態にあ
ります．また，2 つの物体を接触させると一般には熱の移動が物体間で生じ，十分
時間がたつと熱の移動が無くなり，熱平衡状態になります．本書では特にことわり
が無い限り，熱平衡状態を単に**平衡状態**とも呼びます．

─────────── 熱力学第 0 法則 ───────────
物体 A と B が接触して熱平衡状態にあり，物体 B と C も接触して熱平衡状
態にある場合に，物体 A と C も接触させると熱平衡状態にある．

上の**熱力学第 0 法則**により，熱平衡にある物体の**温度**を矛盾無く定義できます（温
度の定量的な定義はのちに説明します）．熱平衡状態にある複数の物体の温度は等
しく，それぞれの物体内の温度も均一になります（物体内を仮想的に複数の系に分
けても，それらの系は熱平衡状態にあります）．

■**状態量** 熱平衡状態では，系の状態を巨視的な量で特徴付けることができます．
このような量を**状態量**，あるいは**状態変数**と呼びます．質量，体積，エネルギー，
圧力，温度などは全て状態量です．質量，体積，エネルギーなど物質の量に比例す
る状態変数を**示量的**，圧力，温度のように同じ状態の物質の量に依存しない状態変

数を**示強的**，と形容します．熱力学では系を巨視的な視点から分析し，状態量同士
の関係を得ます．

　状態量は一般に変化しますが，状態量があいまいさ無く定義し続けられるのは熱
平衡状態を保ち続けている状況であり，熱平衡状態ではない**非平衡状態**では一般に
状態量にあいまいさが残ります．たとえば，温度も非平衡状態では一般には一意的
には定義できません．また，状態を急激に変化させると変化している間は状態量が
定義できない場合もあります．この場合も，変化後に十分時間がたてば，また熱平
衡状態になり状態量が定義できます．

　非平衡状態であっても状態量が定義できる場合もあります．たとえば，温度一定
の下で定常的に水が流れる現象は，流れ（変化）があるので非平衡状態ですが，温
度も流れに関する状態量も定義できます．非平衡状態を扱う物理学を**非平衡物理
学**と呼びます（第 4 章参照）．

■熱力学と理想化　　高温と低温の物体を接触させた場合は，高温の物体から低温の
物体へ熱エネルギーが移動し，両者はいずれ同温になります（熱エネルギーの流れ
については 4.3 節でも考えます）．コップ内の熱い飲み物に冷水を入れた場合の例
を考えます．コップ内の液体は，コップ内の液体内で熱の受け渡しがあり，さらに，
コップと熱を受け渡しし，冷めて温度が（概ね）一様になります．さらに，現実に
は，コップ外の外界との熱エネルギーの受け渡しもあり，コップと液体がほぼ温度
一定になった後にもさらに温度が変化するかも知れません．液体内でも温度が一様
ではなく，対流が生じるかも知れません．この例からもわかるように，熱力学では，
理想化や近似的な考え方が必要となります．飲み物がコップとの熱の受け渡しで冷
める時間のスケールが，コップ外との熱エネルギーの受け渡しの時間スケールより
短ければ，近似的にコップの外は考えなくて良いかも知れません．状況によっては，
外界との熱エネルギーの受け渡しこそが重要な場合もあるでしょう．一般に，十分
時間が経過すれば熱平衡状態に達するといっても，厳密には無限に時間が必要かも
知れません．求める状態量の精度，熱平衡状態への近さによって「十分な時間」も
変わってきます．現実の世界に熱力学を適用する際には，状況に応じて適度な理想
化，近似あるいは，問題の切り分けが必要になります．他分野でも同様な面はあり，
たとえば力学では摩擦が無視できる場合も，逆に重要となる場面もあります．熱力
学では，こういった面で特に初めは問題設定の仕方を難しく感じるかも知れません．

■絶対温度　　国際単位系（SI）では**絶対温度**（単位 K）が温度の単位で（A.1 節参照），
以下では温度には絶対温度を原則として用います．**セルシウス温度** t（セ氏温度，単

位は°C) は $t\,[°\mathrm{C}] = (t+273.15)\,[\mathrm{K}]$ で定義されるので，絶対零度 $0\,\mathrm{K} = -273.15\,°\mathrm{C}$ です（絶対温度の意味については 3.6.2 項参照）．

2.2 熱力学第 1 法則

熱力学第 1 法則は，図 2.1 に示したように実質的にはエネルギーの保存則で，通常以下のように表現します．

--- 熱力学第 1 法則 ---
$$\Delta E = E_\mathrm{B} - E_\mathrm{A} = Q + W \tag{2.2}$$

この式は，状態 A の系に外界から熱 Q と仕事 W を加え状態 B となるとき，系の持つエネルギーは与えた熱と仕事のエネルギーの分増加することを意味します[1]．系の持つエネルギー（系の**内部エネルギー**）を E_A，E_B，変化分を ΔE と表しました．上の変化は，外界に熱 $-Q$ を与えて，系が外界に仕事 $-W$ をしたのともちろん同値です．熱を力学的エネルギーに変換するものを**熱機関**と呼びます．熱力学第 1 法則は，様々な状況において高い精度で検証されていて，反例は知られていません．

熱力学第 1 法則について，重要な 2 点を強調します．まず，第 1 法則は熱も含めてのエネルギー保存を意味することです．たとえば，力学的エネルギーだけで保存している物体の衝突（弾性衝突）も考えられます．熱力学では，熱も含め，エネルギー形態の変化を考慮してもエネルギーが保存する点が重要です．たとえば，物体が非弾性衝突をすれば，力学的エネルギーだけではエネルギーは保存せず，一般に熱や音も発生します．熱力学第 1 法則はそれら全てを含めればエネルギーは保存することを意味します．もう 1 点は，系のエネルギーだけを見れば，エネルギーは変

図 2.1　熱力学第 1 法則の模式図：状態 A にある系が外界より熱 Q と仕事 W を受け取り，系の内部エネルギーは E_A から E_B に変化する．

---

[1] W を $-W$ と逆符号で定義する場合もあります．伝統的には熱を力学的な仕事に変換する熱機関を想定していたからです．本書ではエネルギーの受け渡しの方向をそろえました．

化することです．外界のエネルギーも含めてエネルギー受け渡し前後で同じと解釈もできますが，この場合は「外界」にどこまで含めるのかの注意が必要です．

■ 2.3 理想気体

2.3.1 理想気体とは

理想気体とは気体の本質的な特徴を捉えた，ふるまいが単純な気体で，次の**状態方程式**（あるいは**状態式**）を満たします．

$$pV = nRT, \quad R = 8.31\,\mathrm{J/(mol \cdot K)} \tag{2.3}$$

p, V, n, T はそれぞれ気体の**圧力**，**体積**，**モル数**，絶対温度を表し，R を**気体定数**と呼びます．ここでは理想気体を巨視的に扱い，のちに 3.4.3 項で状態方程式を微視的に導きます．上式のような状態量間の関係式を状態方程式と呼びます．熱力学法則の意味を理解するためには物質の具体例が必要で，理想気体の例を多く用います．n モルの理想気体は状態量 2 つ（p, V, T のうち 2 つ）でその状態を完璧に特定できるのが重要な特徴です．理想気体は多くの場面で実際の気体をかなり正確に記述します．それに含まれない性質や理想気体からのずれについても以下で考えます（2.8.2 項，章末問題 8 参照）．熱力学法則は，理想気体に限らずあらゆる物質において成り立つことは忘れないで下さい．

■**理想気体と温度の定義**　温度を定量的に定義していませんでしたが，(2.3) 式は温度を定義するとも考えられます．すなわち，物体の温度は，一定量（n モル）の理想気体を物体に接触させて熱平衡にある場合の理想気体の圧力 p，体積 V を用いて，$T = pV/(nR)$ と定義できます．この定義には，熱平衡にあることと，力学的な状態量である気体のモル数，体積，圧力しか必要ありません．

例題　100 kPa, 25.0°C の下での理想気体 1 モルの体積を求めて下さい．

解　(2.3) 式より次のように求まります．

$$V = \frac{nRT}{p} = \frac{1\,\mathrm{mol} \times 8.31\,\mathrm{J/(mol \cdot K)} \times 298\,\mathrm{K}}{10^5\,\mathrm{Pa}} = 2.48 \times 10^{-3}\,\mathrm{m^3} = 24.8\,\mathrm{L}$$

気体の体積は L（リットル）表示する場合も多いので，L 表示も含めました[2]．　□

---

[2] 100 kPa, 25.0°C の環境を **SATP**（standard ambient temperature and pressure, **標準環境温度と圧力**），100 kPa, 0°C を **STP**（standard temperature and pressure, **標準温度と圧力**, 理想気体 1 モルの体積 22.7 L）と呼びます．SATP における状態を**標準状態**と多くの場合呼びます．1 気圧 0°C（理想気体 1 モルの体積 22.4 L）を STP と定義していた時代もあります．

2.3.2 気体と仕事

圧力 p の気体を，動かせる断面積 A の蓋を持つ容器（ピストン）に入れ，その蓋を微小量 dx 移動したとします．その際，蓋にかかる力は pA なので，気体が外界にした仕事は $pA\,dx = p\,dV$ です（図 2.2 (a) 参照）．ここで，気体の体積の微小変化を dV と書きました．体積が V から V' に変化した際に気体が外界にした仕事は，微小な仕事を足し合わせた次式です．

$$（気体が外界にする仕事）= \int_V^{V'} p\,dV \tag{2.4}$$

単純な積ではなく積分を用いたのは，体積が変化すると一般に圧力も変化するからです．仕事は圧力と体積の関係のグラフの（符号付き）面積に対応し，(2.4) 式の積分表示は仕事が正負の両方の場合に正しいです（図 2.2 (b) 参照）．$V' > V$ であれば膨張して正の仕事を外界にし，逆に，$V' < V$ であれば圧縮されて外界が正の仕事を気体にしています．上の議論からわかるように，仕事の考え方と (2.4) 式は理想気体に限らず一般の気体，液体，固体で成り立ちます．気体の重要な特徴は，液体や固体に比較して容易に膨張や圧縮ができることです．本書では，仕事をわかりやすく具体的に扱うために，仕事が圧力と体積変化の積で表せる場合，特に容易に膨張・圧縮できる気体を主に扱います．仕事が他の状態量で表される場合にも同様の議論が適用できます（章末問題 6 参照）．

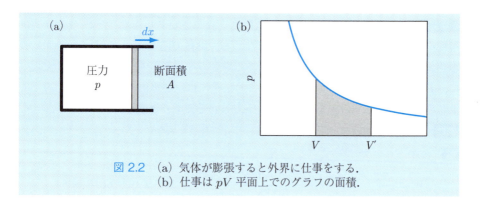

図 2.2　(a) 気体が膨張すると外界に仕事をする．
　　　　(b) 仕事は pV 平面上でのグラフの面積．

■ 2.4 熱力学における様々な過程と熱機関

2.4.1 準静的過程と可逆性, 様々な過程

　物体に状態変化（状態量の変化）をもたらす作業を**過程**と呼びます. 熱力学で用いる過程について**表 2.2**にまとめます.「等温変化」のように, 過程と呼ばず変化と呼ぶ場合もあります.

表 2.2　熱力学で用いる特徴的な過程.

名称	過程の特徴
等温過程	温度を一定に保った過程
定積過程（等積過程）	体積を一定に保った過程
定圧過程（等圧過程）	圧力を一定に保った過程
断熱過程	外界とのエネルギーの出入りが0の過程

　準静的過程は, 変化中はほぼ平衡状態を保った状態で非常にゆっくりと状態に変化をもたらすことです. 準静的過程は理想化した過程で, 熱力学では便利な概念です. たとえば, 準静的に膨張させる断熱過程を考えてみましょう（**図 2.2**（a）参照）. ピストン内部と外部で圧力も温度も同じとします（熱平衡状態）. 断熱して（外界とのエネルギーの出入りを0にして）, わずかに外界の圧力を下げれば, わずかに膨張します. このわずかな差を保ちつつ, 膨張させます. この差が0の極限が準静的断熱膨張です. この極限では有限な膨張に無限の時間を要します. 一方, 準静的な等温膨張は, 断熱するかわりに, 一定温度の熱浴と熱平衡を保ちつつゆっくりと膨張させます. **熱浴**とは, 系と熱を受け渡しするもので, 熱浴は考えている対象よりはるかに大きいと考えるので, 熱浴の温度は系との熱の受け渡しによって変化しません. また, 準静的に物体に熱を供給するには, 物体と熱浴を熱平衡状態にし, 温度を同じにします. わずかに熱浴の温度を上げれば, わずかに物体の温度も上がります. これを続けて, 物体の温度を上げます. よって, 温度差0である極限の準静的過程では, 熱浴の温度は常に物体の温度と同じとみなせます.

　一般の過程で系と外界の両方が変化しますが, その時間を逆転した過程を**逆過程**と呼びます. 逆過程では系と外界の両方が元の状態に戻ります. 逆過程が実行可能な場合は**可逆**, 不可能な場合は**不可逆**といいます. 準静的過程では, つり合いが取れた状態より系と外界でわずかにずらしているので, たとえば, 外界の圧力をわずかに下げれば膨張, 上げれば圧縮, など, どちら側にでも系を変化させることが

できます．よって，準静的過程は可逆です．以下では準静的過程と可逆過程を同義に用います．直観的には，準静的過程が可逆であるのは無駄や摩擦が無いためだとも捉えられます．

2.4.2　理想気体と定積，定圧，断熱過程

上の概念を理想気体に適用し，その性質を導いてみましょう．その際，過程は全て準静的であるとします．

■**定積過程**　体積を一定に保って温度変化させると，外界は理想気体に仕事をしません．よって，n モルの理想気体を温度 T から T' に変化させた場合の内部エネルギーの変化量 ΔE とし，熱力学第 1 法則，(2.2) 式より次式を得ます．

$$\Delta E = Q$$
$$= nC_V(T' - T) \tag{2.5}$$

ここで，1 モルあたりの定積熱容量を C_V と表しました．**定積熱容量**は，体積一定に保った場合の熱容量です．熱容量が温度に依存しないのは理想気体の重要な特色で，3.4.3 項で説明します（(2.13) 式も参照）．

■**定圧過程**　温度を T から T'，体積を V から V' に変化させる定圧過程を考えます．この場合は外界は気体に仕事をします（2.3.2 項参照）．よって，熱力学第 1 法則，(2.2) 式より次式を得ます．

$$\Delta E = Q + W$$
$$= nC_p(T' - T) - p(V' - V) \tag{2.6}$$

C_p は理想気体 1 モルあたりの**定圧熱容量**，圧力一定に保った場合の熱容量です．理想気体の重要な性質は，内部エネルギーが温度のみに依存し，圧力，体積には依存しないことです（2.7.2 項末参照）．よって，内部エネルギー変化は定積過程と同じ (2.5) 式で表せます．(2.6) 式左辺に (2.5) 式，右辺に状態方程式，(2.3) 式を用いて次式を得ます．

$$nC_V(T' - T) = nC_p(T' - T) - nR(T' - T) \tag{2.7}$$

これより次の理想気体の性質を得ます．

$$C_p = C_V + R \tag{2.8}$$

■**断熱過程** 断熱過程における圧力 p と体積 V の関係を導きます．理想気体の内部エネルギー，温度，体積の微小変化をそれぞれ dE, dT, dV と表し，$Q=0$ なので熱力学の第1法則，(2.2), (2.5) 式より次式を得ます．

$$dE = -p\,dV = -\frac{nRT}{V}dV = nC_V\,dT \tag{2.9}$$

理想気体の状態方程式，(2.3) 式と理想気体の内部エネルギーが温度のみに依存すること，(2.5) 式を用いました．上式の 3, 4 つ目の表現が等しいことを用いて積分し，下式を得ます（微小量を足しあわせると積分になります）．

$$\frac{C_V}{T}dT + \frac{R}{V}dV = 0 \quad\Rightarrow\quad \int\frac{dT}{T} + \frac{R}{C_V}\int\frac{dV}{V} = 0$$

不定積分 $\int\dfrac{dx}{x} = \log x$（B.5 節参照）を用いて，次の関係式を得ます．

$$\log T + \frac{R}{C_V}\log V = 定数 \quad\Leftrightarrow\quad TV^{R/C_V} = 定数 \tag{2.10}$$

比熱比 γ は次式で定義される量です．

$$\gamma = \frac{C_p}{C_V} \tag{2.11}$$

(2.8) 式より $R/C_V = \gamma - 1$ なので，以下のようにまとめられます．

> 断熱過程 $TV^{\gamma-1} = 定数,\quad pV^\gamma = 定数,\quad p^{1-\gamma}T^\gamma = 定数$ (2.12)

上の 2, 3 式目は理想気体の状態方程式を用いて 1 式目より導けます．等温過程と断熱過程における p, V の関係を図 2.3 に示しました．(2.12) 式から断熱圧縮では温度が上昇することがわかります（日常経験からも知っているはずです）．よって気

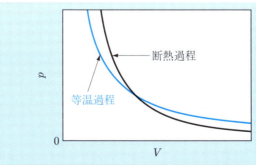

図 2.3 等温過程と断熱過程における圧力 p と体積 V の関係の例．

54　　　　　　　　　　　第 2 章　熱　力　学

体を圧縮する場合，断熱過程の方が等温過程よりも温度上昇分だけ圧力が高くなります．これは図 2.3 からも確認できます．

> **例題**　(2.12) 式の 2, 3 式目を導いて下さい．

> **解**　理想気体の状態方程式，(2.3) 式と (2.12) 式の 1 式目より

$$TV^{\gamma-1} = \frac{pV}{nR}V^{\gamma-1} = 定数 \quad \Rightarrow \quad pV^\gamma = 定数$$

同様に (2.3) 式と (2.12) 式の 1 式目より

$$TV^{\gamma-1} = T\left(\frac{nRT}{p}\right)^{\gamma-1} = 定数 \quad \Rightarrow \quad p^{1-\gamma}T^\gamma = 定数 \qquad \square$$

■理想気体の熱容量　C_V, C_p の関係，(2.8) 式は熱力学より定まりますが，C_V, C_p の具体的な値は熱力学だけでは定まりません．理想気体のモル熱容量を以下にまとめますが，3.4.3 項で説明するように，値は微視的視点より求まります．

$$単原子分子気体：\quad C_V = \frac{3}{2}R, \quad \gamma = \frac{5}{3}$$

$$2原子分子気体：\quad C_V = \frac{5}{2}R, \quad \gamma = \frac{7}{5} \tag{2.13}$$

2.4.3　熱　機　関

　熱を力学的エネルギーに変換する系を**熱機関**と呼びます．内燃機関（エンジン）がその典型例です．熱は温度の高い物体から低い物体に移動するので（論理については 2.5 節で考えます），一般に図 2.4 (a) のような仕組みを持ちます．**熱機関の効率 η** は仕事をする物質に与えた熱 Q_h に対して得た仕事 $|W|$ の比で，図 2.4 (a) の変数を用いて下式のように表せます．

$$\eta = \frac{|W|}{Q_h} = 1 - \frac{Q_\ell}{Q_h} \tag{2.14}$$

温度が低い物体に移った熱の回収は困難なので（2.5 節参照），これが効率の適切な定義です．具体的に，オットーサイクルとカルノーサイクルの例を使って，熱機関の性質を調べてみます．**サイクル（循環過程）**とは，系の状態が元の状態に戻り，繰返し作動できる過程です．オットーサイクルとカルノーサイクルは準静的過程のみで構成されるので可逆サイクルです．逆過程では，外界にする仕事は外界からされる仕事になり，熱の放出は熱の吸収になります．

■オットーサイクル　オットーサイクルは理想気体を用いた次の過程の組み合わせです．

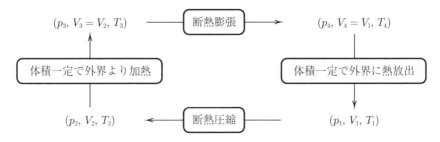

体積と圧力の関係を図 2.4 (b) に示しました．それぞれの過程での熱，仕事の出入りを求めます．

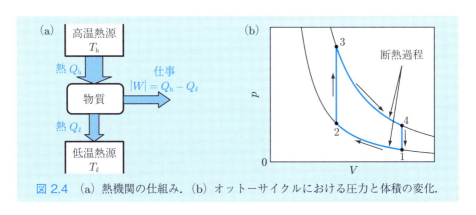

図 2.4 (a) 熱機関の仕組み．(b) オットーサイクルにおける圧力と体積の変化．

過程 1 → 2 $Q_{12} = 0$ で，熱力学第 1 法則 (2.2) 式と (2.5) 式より

$$W_{12} = \Delta E_{12} = C_V(T_2 - T_1) > 0 \tag{2.15}$$

ここでは，E_{12} のように，下の添字で過程を表示しています．

過程 2 → 3 体積一定なので $W_{23} = 0$，C_V の定義より，

$$Q_{23} = C_V(T_3 - T_2) > 0 \tag{2.16}$$

過程 3 → 4 過程 1 → 2 と同様に，$Q_{34} = 0$, $W_{34} = C_V(T_4 - T_3) < 0$．
過程 4 → 1 過程 2 → 3 と同様に，$W_{41} = 0$, $Q_{41} = C_V(T_1 - T_4) < 0$．

サイクル全体でのエネルギーの出入りは，理想気体の内部エネルギーのサイクルを通じての変化に対応し，理想気体の内部エネルギーは温度のみに依存するので 0 です．次のように直接確認もできます．

$$Q_{12} + W_{12} + Q_{23} + W_{23} + Q_{34} + W_{34} + Q_{41} + W_{41} = W_{12} + Q_{23} + W_{34} + Q_{41} = 0$$

理想気体が外部にした仕事の合計は，(2.4) 式の説明より，符号付きの面積の和なので，グラフでサイクルが囲む領域（図 2.4 (b) の太線内）の面積に等しいです．この性質は，一般のサイクルについて成立します（下の例題参照）．

外界に仕事をしているので $W_{12} + W_{34} < 0$ であることに注意し，オットーサイクルの効率 η_O は以下のように求まります．

$$\eta_O = \frac{|W_{12} + W_{34}|}{Q_{23}} = 1 - \frac{T_4 - T_1}{T_3 - T_2}$$
$$= 1 - \left(\frac{V_2}{V_1}\right)^{\gamma-1} = 1 - \frac{T_1}{T_2} = 1 - \frac{T_4}{T_3} \quad (2.17)$$

ここでは，$V_2 = V_3, V_4 = V_1$ であることに注意して，(2.12) 式より $T_1 = T_2(V_2/V_1)^{\gamma-1}, T_4 = T_3(V_2/V_1)^{\gamma-1}$ であることを用いました．オットーサイクルの効率は圧縮比 V_2/V_1，あるいは膨張/圧縮前後の絶対温度の比 $T_1/T_2 = T_4/T_3$ で定まることがわかります．

■**オットーサイクルとガソリンエンジンのサイクル**　オットーサイクルは自動車などのガソリンエンジンのサイクルを単純化したモデルとみなせます．ガソリンエンジンでは，ピストンが動いて圧縮し，そこで燃料を爆発させ，熱を加え，膨張させて仕事をし，放熱してまた圧縮からサイクルが始まります．圧縮/膨張過程は急激なので，外界との熱交換が少なく，断熱過程で近似されています．また，爆発は一瞬で熱を加え，その後膨張を始めるので，定積過程で近似されています．現実には，ここでは取り扱わなかった排気，燃料と外気の吸入過程が加わります．

例題　図 2.5 (a) のサイクル $1 \to 2 \to 3 \to 4 \to 1$ ($p_1 = p_2, p_3 = p_4, V_2 = V_3, V_4 = V_1$) を持つ熱機関が外界にする仕事を求めて下さい．

解

$$\int_{V_1}^{V_2} p\, dV + \int_{V_3}^{V_4} p\, dV = p_1(V_2 - V_1) + p_3(V_4 - V_3) = (p_3 - p_1)(V_1 - V_2)$$

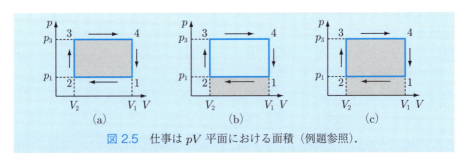

図 2.5　仕事は pV 平面における面積（例題参照）．

仕事は符号付き面積の和（図 2.5 参照，(a) = (b) + (c)）で，サイクルが囲む面積（図 2.5 (a)）となることがわかります．一般のサイクルも同様に積分して囲む面積が外界にする仕事であることがわかります．あるいは，V 方向に細分化して足し合わせれば，個々の部分はこの例題に帰着します． □

■**カルノーサイクル**　カルノーサイクルは次のような理想気体の過程の組み合わせです．圧力 p と体積 V の変化を図 2.6 に示しました．

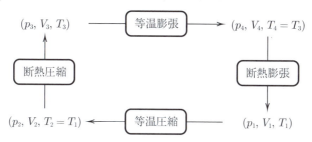

オットーサイクルの場合と同様に，過程ごとの熱，仕事を求めます．

過程 1 → 2　等温圧縮であり，理想気体が外界にした仕事は (2.4) 式に理想気体の状態方程式，(2.3) 式を用い（符号に注意），次式を得ます．

$$W_{12} = -\int_{V_1}^{V_2} p\,dV = -nRT_1 \int_{V_1}^{V_2} \frac{dV}{V} = -nRT_1 \log \frac{V_2}{V_1} > 0 \tag{2.18}$$

理想気体の内部エネルギーは p, V によらないので，$\Delta E_{12} = 0$ で，熱力学第 1 法則より $Q_{12} = -W_{12} < 0$．

過程 2 → 3　断熱圧縮過程なので，$Q_{23} = 0$．よって，熱力学第 1 法則と理想気体の内部エネルギーの性質，(2.5) 式より $\Delta E_{23} = W_{23} = C_V(T_3 - T_2) = C_V(T_3 - T_1) > 0$．

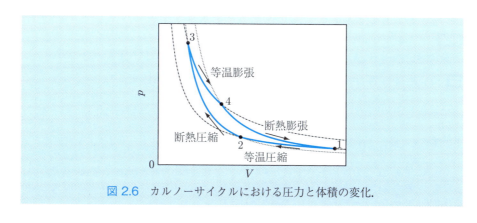

図 2.6　カルノーサイクルにおける圧力と体積の変化．

58　　　　　　　　　　第 2 章　熱　力　学

過程 3 → 4　過程 1 → 2 と同様に，

$$W_{34} = -nRT_3 \log \frac{V_4}{V_3} = -Q_{34} < 0 \tag{2.19}$$

過程 4 → 1　過程 2 → 3 と同様に，$Q_{41} = 0$, $W_{41} = C_V(T_1 - T_4) = C_V(T_1 - T_3)$ < 0.

　サイクル全体でのエネルギー出入り（熱と仕事両方の合計）は，オットーサイクルと同様に 0 です．サイクルを通じて理想気体が外界にした仕事は，上の結果より（$W_{23} + W_{41} = 0$ に注意），次式です．

$$-(W_{12} + W_{23} + W_{34} + W_{41}) = -nRT_1 \log \frac{V_2}{V_1} - nRT_3 \log \frac{V_4}{V_3} \tag{2.20}$$

この場合も，理想気体が外界にした仕事の合計は pV 平面のグラフでサイクルで囲まれた領域（図 2.6 の青線内領域）の面積です．外界から熱を加えているのは過程 3 → 4 だけで，カルノーサイクルの効率は次式です．

$$\eta_{\mathrm{C}} = -\frac{W_{12} + W_{23} + W_{34} + W_{41}}{Q_{34}} = \frac{T_1 \log (V_2/V_1) + T_3 \log (V_4/V_3)}{T_3 \log (V_4/V_3)}$$

過程 2 → 3, 4 → 1 は断熱過程なので (2.12) 式より，$T_2 = T_1$, $T_4 = T_3$ に留意して，次式を得ます．

$$\frac{V_3}{V_2} = \frac{V_4}{V_1} = \left(\frac{T_2}{T_3}\right)^{1/(\gamma-1)} \Rightarrow \frac{V_4}{V_3} = \frac{V_1}{V_2} \Rightarrow \log \frac{V_4}{V_3} = -\log \frac{V_2}{V_1} \tag{2.21}$$

これを用いて，カルノーサイクルの効率は以下のように求まります．

$$\eta_{\mathrm{C}} = 1 - \frac{T_1}{T_3} = 1 - \frac{T_\ell}{T_{\mathrm{h}}} \tag{2.22}$$

ここでは，わかりやすいように低い熱源[3]の温度を $T_\ell(= T_1)$，高い方を $T_{\mathrm{h}}(= T_3)$ としました．カルノーサイクルの効率は 2 つの熱源の温度だけから定まります．

例題　n モルの理想気体で与えられた $T_\ell, T_{\mathrm{h}}, Q_\ell$ を持つカルノーサイクルを構成できることを示し，$V_{2,3,4}$ と V_1 の関係を求めて下さい（図 2.6 参照）．上と同じ変数を用います．

解　$T_1 = T_2 = T_\ell, T_3 = T_4 = T_{\mathrm{h}}, Q_\ell = -Q_{12}$ と (2.18), (2.21) 式より

$$V_2 = V_1 e^{-Q_\ell/(nRT_\ell)}, \ V_3 = V_1 \left(\frac{T_\ell}{T_{\mathrm{h}}}\right)^{1/(\gamma-1)} \times \ e^{-Q_\ell/(nRT_\ell)}, \ V_4 = V_1 \left(\frac{T_\ell}{T_{\mathrm{h}}}\right)^{1/(\gamma-1)}$$

上の関係式を満たす体積にすれば，任意の $T_\ell, T_{\mathrm{h}}, Q_\ell$ を持つカルノーサイクルを構成できま

---

[3]**熱源**は考えている対象と熱を受け渡しするもので，**熱浴**と似た概念ですが，厳密には考えている対象との熱の受け渡しで温度が変化する可能性があります．本書では，熱源の温度が変化する場合は考慮しません．よって実質的には熱浴と同じです．

す.上式と $Q_\ell/Q_h = T_\ell/T_h$（(2.26) 式参照）を用い,任意の T_ℓ, T_h, Q_h を持つカルノーサイクルも構成できます.この性質と上の逆サイクルは 2.6.2 項で用います. □

2.4.4 一般の熱機関の効率

熱機関では熱（の一部）を仕事に変換します.逆に,図 2.7 (a) に示したように仕事を用いて低温から高温の物体に熱を移動する機関を**ヒートポンプ**と呼びます.可逆な熱機関を逆方向に稼働するとヒートポンプを得ます.冷蔵庫や冷房機はヒートポンプの例です.外界の温度の方が高いのに,中の温度を下げる（熱を高温側に移動する）からです.冷蔵庫や冷房機の「中」と「外」を逆転すれば,ヒートポンプは寒い外界から熱を暖かい内部に移動する暖房機になります.

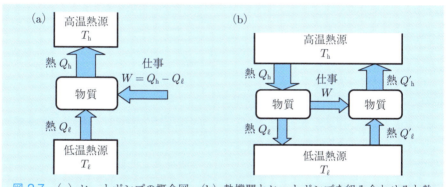

図 2.7 (a) ヒートポンプの概念図.(b) 熱機関とヒートポンプを組み合わせると熱源間で熱を移動する機関となる.熱力学第 1 法則より $W = Q_h - Q_\ell = Q'_h - Q'_\ell$. $W, Q_h, Q_\ell, Q'_h, Q'_\ell$ が全て正となるように変数を表示.

2 つの同じ一定温度の熱源間で以下のように機能する熱機関 A（カルノーサイクルとは限りません）とヒートポンプ B を考えます.

A **熱機関**：系は高温熱源より Q_h をもらい,低温熱源に Q_ℓ を渡し,外界に仕事 W をする.

B **ヒートポンプ**：系は,外界より仕事 W をされて,低温熱源より Q'_ℓ をもらい,高温熱源に Q'_h を渡す.

両者を仕事 W が同じになるようにして組み合わせると,高温熱源（温度 T_h）と低温熱源（温度 T_ℓ）間で熱を移動するだけの機関を得ます（図 2.7 (b) 参照）.ここでは,煩雑さを避けるために $Q_{h,\ell}, Q'_{h,\ell}, W, W'$ は全て正となる符号を選びました.エネルギー保存則（熱力学第 1 法則）より以下の関係があります.

第 2 章　熱　力　学

$$W = Q_h - Q_\ell = Q'_h - Q'_\ell \tag{2.23}$$

高温熱源より低温熱源に移動するエネルギーは $Q_h - Q'_h = Q_\ell - Q'_\ell$ です（(2.23) 式参照）．日常経験からもわかるように，低温物体から高温物体に熱が移動するだけの現象はありません（**クラウジウスの原理**）．熱力学ではこの性質は基本的な仮定で，**熱力学第 2 法則**と呼び，次節でより詳しく扱います．これより $Q_h \geq Q'_h$ となり，熱機関の効率 η に関して以下の関係式を得ます．

$$\eta = \frac{W}{Q_h} \leq \frac{W}{Q'_h} \tag{2.24}$$

ここまで用いるヒートポンプを特定していませんでした．カルノーサイクルは 2 つの一定温度の熱源のみとやりとりをする可逆な熱機関なので，その逆運転を上の議論でのヒートポンプに用いることができます．W/Q'_h はカルノーサイクルの効率となり，次式を得ます．

$$\eta \leq \eta_C = 1 - \frac{T_\ell}{T_h} \tag{2.25}$$

(2.25) 式は一般の熱機関で成り立ちます．よって，2 つの熱源間で働くあらゆる熱機関の効率はカルノーサイクルの効率以下です．

　熱効率の上限，(2.25) 式と (2.24) 式より別のことも示せます．任意の可逆サイクルを考えます．理想気体を使っているとは限りません．可逆サイクルを逆運転してヒートポンプ B とし，カルノーサイクルを熱機関 A とし図 2.7 (b) のように組み合わせます．同じ議論により，$W/Q'_h \geq \eta_C$ を得ます（(2.24) 式参照）．よって，W/Q'_h はこの任意の可逆サイクルの効率で，この効率はカルノーサイクルの効率以下かつ以上，つまり等しくなります．これは次のようにまとめられます．

カルノーの原理

一定温度の高温熱源（温度 T_h）より熱 Q_h を受け取り，一定温度の低温熱源（温度 T_ℓ）に熱 Q_ℓ を渡し，仕事 W を外界にする熱機関の効率は次の効率 η_C 以下である．

$$\eta_C = 1 - \frac{T_\ell}{T_h} = \frac{W}{Q_h} = 1 - \frac{Q_\ell}{Q_h} \tag{2.26}$$

全ての可逆サイクルの熱機関は効率 η_C を持つ．

---

2 つの熱源間で稼働するあらゆる可逆サイクルでは，熱源に受け渡す熱と熱源の温度の間に $Q_\ell/Q_h = T_\ell/T_h$ の関係があります．

　複雑な仕組みの熱機関であっても，気体を使わない熱機関であっても，一定温度の熱源 2 つを使うあらゆる熱機関がカルノーの原理を満たすことが上の議論からわ

かります．たとえば熱を全て仕事に変え，それ以外の影響を外界に残さない熱機関はありません．現実には摩擦もあり，理想的状況は達成できないので，この最高効率は達成できません．超えることは不可能です．これは，あらゆる熱機関にあてはまり，内燃機関，火力発電，原子力発電などの効率の理論限界なので，実用上も重要です．熱機関の効率の理論限界は，高温と低温の熱源の温度比だけに依存します．内燃機関，火力発電所などは冷却に常温の空気，川の水等を使うので，これらの効率限界を上げるためには高温の熱源が必要です．温度比が小さい熱機関の効率は悪いです．現実には，可逆サイクルでもなく，摩擦もあるので効率は理論限界をかなり下回ります．自動車の内燃機関内部は 800°C 程度まで上がると言われています．効率の理論限界は外気 15°C として $\eta_C = 1 - 288/1073 = 0.73$ ですが，現実には良くて 0.3 程度と言われています．カルノーの原理の効率限界は熱機関一般に有効ですが，他の仕組みには制限を課しません．たとえば，重力エネルギーを電気エネルギーに変換（水力発電），電気エネルギーをモーターの運動エネルギーに変換，光エネルギーを電気エネルギーに変換する効率に熱力学的な制約はありません．

　上では熱機関の効率の理論限界をカルノーサイクルを用いて導きましたが，オットーサイクルを用いて導けないのでしょうか．オットーサイクルには，体積を一定に保ち，外界（熱源）と熱の受け渡しをする過程があります（図 2.4 (b)）．準静的過程なので，系の温度が変化する際，熱の受け渡しをする熱源の温度も同じ連続的な変化をします．よって，可逆な熱機関ですが熱源の温度は 2 つではありません．

■**ヒートポンプの性質**　一般の熱機関とヒートポンプの組み合わせについての (2.24) 式から一般のヒートポンプの性能について考察します．(2.24) 式より $W \geq \eta Q'_h$ があらゆる熱機関について成り立ち，特に最大効率の可逆サイクルの効率 η_C について成り立ちます．よって，高温熱源に Q'_h を与える（暖房）には $\eta_C Q'_h$ 以上の仕事を要し，可逆なヒートポンプでは $W = \eta_C Q'_h$ です．同様に，$Q'_h = Q'_\ell + W$（(2.23) 式参照）と (2.24) 式より $W \geq Q'_\ell/(1/\eta - 1)$ を導けます．これもあらゆる熱機関について成り立ち，$W \geq Q'_\ell/(1/\eta_C - 1)$ を得ます．低温熱源から Q_ℓ を取り除く（冷房）にはこれ以上の仕事が必要で，可逆なヒートポンプの場合はこの最低の仕事で取り除けます．ヒートポンプに条件を課していないので，あらゆるヒートポンプの理論限界を導いたことになります．この限界を見ると，ヒートポンプは温度差が小さいほど，より少ない仕事で同量の熱を移動でき，同温であれば仕事は必要ありません．これは直観的に納得できるでしょう．

例題 外気温が 5°C で室内温度が 15°C とします．暖房のために室内に熱 Q を加えるとして，ヒートポンプでは最低でいくらのエネルギーが必要ですか．

解 カルノーサイクルの場合が最低で，$\eta = 1 - 278/288 = 0.035$．よって，$W = 0.035 \times Q$ が必要です．つまり直接熱を加えるのに比べて，3.5% のエネルギーしか必要ありません．残り 97.5% は外からの熱の移動でまかなえるのです．ヒートポンプの魅力は原理的には明らかでしょう．　　　　　　　　　　　　　　　　　　　　　　　　　　　　　　□

■**熱力学温度** カルノーの原理を用いても温度が定義できます．2 つの熱源間で働く可逆サイクルを作り，2 つの熱源でそれぞれ熱の出入り Q_ℓ, Q_h を測ります．$Q_\ell/Q_h = T_\ell/T_h$ なので（カルノーの原理の下のコメント参照），これを用いて 2 つの熱源の絶対温度の比が定義できます．温度の値自体を決めるのは単位の問題で，特定の温度 1 つ，たとえば水の 3 重点の温度を 273.16 K，とすれば定まります[4]．可逆サイクルを用いた**温度の定義**（熱力学温度と呼ぶこともあります）は，可逆サイクルを理想気体で実現できるので，前述の理想気体による温度の定義と値は同じです．

■ 2.5 熱力学第 2 法則

熱力学第 2 法則にはいくつか同等な表現があり，その典型的な表現 (I)–(III) を以下でより詳しく説明します．

熱力学第 2 法則の 3 つの同等な表現

(I)　熱が低温の物体から高温の物体に移り，それ以外に変化をもたらさないことはありえない（**クラウジウスの原理**）．

(II)　一定温度の熱源からの熱を取り，それを全て仕事に変換するだけの過程は存在しない（**ケルビンの原理**）．

(III)　孤立系のエントロピーは，増大するか変化しない過程しかない（**エントロピー増大の法則**）．

表現 (I) は，経験的には「当たり前」の法則でしょう．熱力学の枠組みではこれは原理で，成り立つと仮定します．異なる温度の物体を接触させた場合に，高温の物体から低温の物体に熱は移りますが，その逆過程はありえません．しかし，熱力学第 1 法則だけではエネルギー保存と矛盾しなければこの逆過程も許されます．一方，熱力学第 2 法則の表現 (I) は，この逆過程が存在しないことを意味します．こ

---
[4]これは現在の国際単位系の基準です．3 重点については 2.8 節で説明します．

れより第1法則と第2法則は独立な法則であることは明らかです．熱の移動，物質の拡散，生物の成長など，日常的に出会う現象のほとんどは不可逆性を持っています．力学の基本法則や熱力学第0, 1法則は時間の方向性を全く含んでいません．時間の方向性，つまり不可逆性は基本的に熱力学第2法則に最終的には帰着します．実際にどのような現象が生じるかは熱力学だけでは特定できませんが，熱力学の法則が常に成り立っていることは強力な制約になります．

(II) は効率1の熱機関は存在しないことを意味します（絶対温度0より大きい温度を考えています）．これは，前節で(I)が成り立てば効率は最高でも可逆サイクルの効率(2.22)式であることを示したので，(I)から(II)を導けます．逆に(II)から(I)を導くにはその対偶，熱が低温から高温の物体に移るだけの過程が存在すれば，熱を全て仕事に変換するだけの過程が存在することを示せば十分です．低温から高温の物体に熱を $Q_\ell (>0)$ 移すだけの過程があったとしましょう．これと，高温物体から Q_h を受け取って，熱 Q_ℓ を低温物体に渡し，仕事 $W = Q_h - Q_\ell > 0$ をする熱機関と組み合わせると，熱源から熱 $Q_h - Q_\ell$ を受け取り，仕事 $W = Q_h - Q_\ell$ に変換するだけの熱機関となります（図2.8参照）．よって，(I) と (II) は同等であることが示せました．表現 (III) は次節でエントロピーを定義してから説明します．

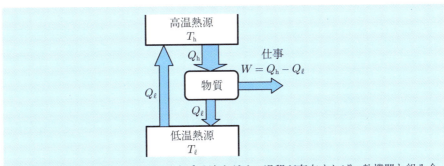

図2.8 低温から高温の熱源に熱を受け渡すだけの過程が存在すれば，熱機関と組み合わせて熱を100%仕事に変換できる．これは熱力学第2法則で禁止されている．

2.6 エントロピー

2.6.1 エントロピーとは

系のエントロピー（S と表記します）は系の状態量で，系が温度 T の熱源と熱平衡を保ちつつ，熱 ΔQ を吸収した際に，以下のように ΔS 変化する量として定義

します．

$$\Delta S = \frac{\Delta Q}{T} \quad (可逆過程) \tag{2.27}$$

熱平衡を保ち続けた準静的過程なので可逆過程であることを上式では強調しました．逆過程では $\Delta Q < 0$ で，やはり上式は成り立ちます．定義からわかるように，エントロピーは，温度と同様に，熱平衡の状態になければ一意的には定義できません．エントロピーは系の**乱雑度**を表す状態量です．エントロピーが，なぜ日常経験における乱雑度に見合う概念なのかは 2.6.5 項では具体例で考え，また統計物理学では微視的な視点からも考えます（3.3.2 項参照）．

エントロピーが状態量であることは，まず確認すべき重要な点です．系が始状態から終状態に変化する可逆過程は一般に複数あります．エントロピーがその過程によらずに，系の状態だけで定まる量でなければ状態量として定義できません（図 2.9 参照）．上式ではエントロピー S の変化分しか定義していませんが，1 つの状態で定義すれば，系のあらゆる状態のエントロピーが上の可逆過程での変化分を用いて定義できます．エネルギーと同様に，エントロピーも変化によって生じる差が重要であり，絶対的な値が物理的な意味を持つ場合は少ないです（これについては 2.6.6 項でさらに考えます）．本節では，まず具体例を通じてエントロピーの意味を理解してから，より一般的な場合を扱います．

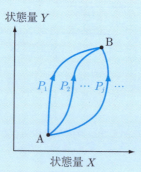

図 2.9 系の状態 A から状態 B への変化をもたらす可逆過程は複数存在する $(P_j, j = 1, 2, \cdots)$．それぞれの過程で $\Delta Q/T$ を足し合わせた $\sum_{P_j}(\Delta Q/T)$ は，過程 P_j にはよらないのでエントロピーが状態量として定義できる．

例題 体積 V, 温度 T, n モルの理想気体を考えます. 以下の準静的過程でのエントロピー変化を求めて下さい.
(1) 断熱過程で体積を V' に変化させる.
(2) 等温過程で体積を V' に変化させる.
(3) 体積 V のまま温度を T' に変化させる.

解 (1) 断熱過程なので, 気体に与える熱 $\Delta Q = 0$, よって (2.27) 式より $\Delta S = 0$.
(2) 熱力学第 1 法則と理想気体の状態方程式を用いて ((2.18) 式参照)

$$\Delta S = \sum \frac{\Delta Q}{T} = -\sum \frac{\Delta W}{T} = \int_V^{V'} \frac{nR}{V} dV = nR \log \frac{V'}{V}$$

$V < V'$ であれば $\Delta S > 0$, $V > V'$ であれば $\Delta S < 0$.
(3) $\Delta S = \sum \dfrac{\Delta Q}{T} = C_V \int_T^{T'} \dfrac{dT}{T} = C_V \log \dfrac{T'}{T}$ □

カルノーサイクルの例 1 エントロピーが状態量であるには, 任意の 2 つの状態間の全ての可逆過程で $\sum(\Delta Q/T)$ が等しい必要があります. **カルノーサイクル** (2.4.3 項および図 2.10 (a) 参照) で, 状態 $1 \to 2 \to 3$ と $1 \to 4 \to 3$ の 2 つの過程を考えましょう. $1 \to 4 \to 3$ は過程 $3 \to 4 \to 1$ の逆過程です. どちらの過程でも系は状態 $1(V_1, T_1)$ から状態 $3(V_3, T_3)$ に変化します. カルノーサイクルは全て可逆な過程で構成されているので, 2 過程とも可逆です. それぞれについて, $\Delta Q/T$ を求めてみましょう.

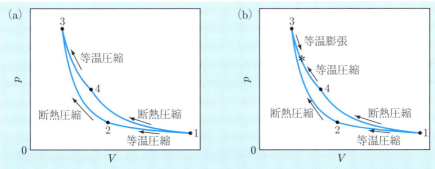

図 2.10 (a) カルノーサイクルにおいて状態 1 から状態 3 に変化する 2 過程, $1 \to 2 \to 3$ と $1 \to 4 \to 3$. (b) カルノーサイクルにおいて状態 1 から状態 $*$ に変化する 2 過程, $1 \to 2 \to 3 \to *$ と $1 \to 4 \to *$.

過程 $1 \to 2 \to 3$ 過程 $1 \to 2$ では一定温度 T_1 なので, (2.18) 式より

$$\sum_{過程 1 \to 2} \frac{\Delta Q}{T} = \frac{Q_{12}}{T_1} = nR \log \frac{V_2}{V_1} \tag{2.28}$$

66　　　　　　　　　　　　第 2 章　熱　力　学

を得ます．過程 $2 \to 3$ は断熱過程で $\Delta Q = 0$ です．

過程 $1 \to 4 \to 3$　過程 $1 \to 4$ は断熱過程で $\Delta Q = 0$．過程 $4 \to 3$ については (2.19) 式より次式を得ます（$3 \to 4$ の逆過程であることに注意）．

$$\sum_{\text{過程 } 4 \to 3} \frac{\Delta Q}{T} = \frac{-Q_{34}}{T_3} = -nR \log \frac{V_4}{V_3} = nR \log \frac{V_2}{V_1} \tag{2.29}$$

最後の等式で (2.21) 式で求めた体積比を使いました．これで，$1 \to 2 \to 3$，$1 \to 4 \to 3$ の 2 過程での $\sum (\Delta Q / T)$ が等しいことを示せました．

■**過程と逆過程**　上の計算にも現れた，次の重要な一般的な関係式を指摘します．任意の**可逆過程** P で，逆過程 $\overline{P}$ では熱の出入りの方向が逆転するので，次式が任意の**可逆過程**について成り立ちます．

$$\sum_{\overline{P}} \frac{\Delta Q}{T} = -\sum_{P} \frac{\Delta Q}{T} \tag{2.30}$$

カルノーサイクルの例 2　上の例では状態 1 から状態 3 に変化する異なる可逆過程で $\sum (\Delta Q / T)$ が等しいことを確かめました．今度は，状態 3, 4 間にある任意の状態 $*$ をとり，状態 1 から状態 $*$ までの 2 つの可逆過程，$1 \to 2 \to 3 \to *$ と $1 \to 4 \to *$（図 2.10 (b)）について確認します（V_* は状態 $*$ での体積）．

過程 $1 \to 2 \to 3 \to *$　過程 $2 \to 3$ が断熱過程（$\Delta Q = 0$）で寄与しないことに注意して (2.28) 式と同様に下式が求まります（(2.18) 式参照）．

$$\sum_{\text{過程 } 1 \to 2 \to 3 \to *} \frac{\Delta Q}{T} = \frac{Q_{12}}{T_1} + \frac{Q_{3*}}{T_3} = -nR \log \frac{V_2}{V_1} - nR \log \frac{V_*}{V_3} \tag{2.31}$$

過程 $1 \to 4 \to *$　過程 $1 \to 4$ が断熱過程（$\Delta Q = 0$）で寄与しないので

$$\sum_{\text{過程 } 4 \to *} \frac{\Delta Q}{T} = \frac{Q_{4*}}{T_3} = nR \log \frac{V_*}{V_4} \tag{2.32}$$

体積比の関係 (2.21) 式を用い，2 つの過程における $\sum (\Delta Q / T)$ が等しいことを以下のように示せます．

$$\sum_{\text{過程 } 1 \to 2 \to 3 \to *} \frac{\Delta Q}{T} - \sum_{\text{過程 } 4 \to *} \frac{\Delta Q}{T} = -nR \log \frac{V_2}{V_1} - nR \log \frac{V_4}{V_3} = 0$$

■**カルノーサイクルと任意の 2 状態間の可逆過程**　上の議論から既に明らかかも知れませんが，この議論は容易にカルノーサイクルの任意の 2 状態間の過程に拡張で

きます. 2 状態 A, B を選び, その間を, 上の 2 例と同様にカルノーサイクルの一部 P_1 と逆カルノーサイクルの一部 P_2 の過程でつなぎます. それぞれの過程での $\sum (\Delta Q/T)$ の差を求めると, (2.30) 式を用いて次の式を得ます ($\overline{P_2}$ は過程 P_2 の逆過程).

$$\sum_{P_1} \frac{\Delta Q}{T} - \sum_{P_2} \frac{\Delta Q}{T} = \sum_{P_1} \frac{\Delta Q}{T} + \sum_{\overline{P_2}} \frac{\Delta Q}{T} = \sum_{カルノーサイクル} \frac{\Delta Q}{T} \tag{2.33}$$

2 過程の始点と終点は共通なので, 片方の過程を逆転して足し合わせると, ちょうど始点に戻ってくるサイクルになります. カルノーサイクル全体での和, $\sum_{カルノーサイクル} (\Delta Q/T) = 0$ は既に (2.28), (2.29) 式で示しました. よって, カルノーサイクル上の任意の 2 状態間の異なる可逆過程における $\sum (\Delta Q/T)$ は等しいです.

例題 オットーサイクル上の任意の 2 状態間を結ぶ 2 つの過程で $\sum (\Delta Q/T)$ が等しいことを示して下さい.

解 (2.33) 式の議論より, $\sum_{オットーサイクル} (\Delta Q/T) = 0$ を示せば十分です. 過程 $1 \to 2$, $3 \to 4$ は断熱過程なので, $\Delta Q/T = 0$. 体積一定で温度 dT 上昇させるのに必要な熱は $C_V\,dT$ で, 温度が一定ではないことに注意して次式を得ます.

$$\sum_{過程\ 2\to3} \frac{\Delta Q}{T} = \int_{T_2}^{T_3} \frac{C_V\,dT}{T} = C_V \log \frac{T_3}{T_2} \tag{2.34}$$

同様に過程 $4 \to 1$ の寄与 $C_V \log (T_1/T_4)$ を得ます. よって, (2.17) 式を用いて

$$\sum_{オットーサイクル} \frac{\Delta Q}{T} = C_V \log \frac{T_3}{T_2} + C_V \log \frac{T_1}{T_4} = C_V \log \frac{T_3 T_1}{T_2 T_4} = 0 \qquad \square$$

■**一般の系のエントロピーの考え方** 上の具体例から一般の系でエントロピーが状態量である仕組みが見えてきます. エントロピーが状態量として定義できるには, 既に述べたように (2.27) 式が 2 状態間の任意の可逆過程で等しいことが必要十分条件です. 状態 A, B 間の 2 つの可逆過程 P_1, P_2 を考え, $\overline{P_2}$ を P_2 の逆過程とします. カルノーサイクルの (2.33) 式と同様に, P_1, P_2 における $\sum (\Delta Q/T)$ が等しいことは, $P_1 + \overline{P_2}$ (過程 P_1, そして過程 $\overline{P_2}$ を行う) 上での総和 $\sum (\Delta Q/T)$ が 0 であることと同等です (図 2.11 参照).

$$\sum_{P_1} \frac{\Delta Q}{T} = \sum_{P_2} \frac{\Delta Q}{T} \quad \Leftrightarrow \quad \sum_{P_1} \frac{\Delta Q}{T} + \sum_{\overline{P_2}} \frac{\Delta Q}{T} = \sum_{P_1 + \overline{P_2}} \frac{\Delta Q}{T} = 0 \tag{2.35}$$

可逆過程 P_1, P_2 は始点と終点を共有しているので, $P_1 + \overline{P_2}$ は必ず可逆サイクルとなります. よって, 任意の可逆サイクル上で $\sum (\Delta Q/T) = 0$ であればエントロピーは状態量です. カルノーサイクルとオットーサイクルについてはこれを上で示

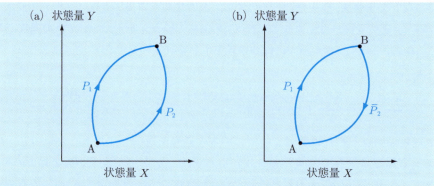

図 2.11 (a) 系の状態 A から B への変化をもたらす可逆過程 P_1, P_2 上での $\Delta Q/T$ の総和が過程 P_1, P_2 によらないこと，(b) $\sum_{P_1}(\Delta Q/T) = \sum_{P_2}(\Delta Q/T)$ は，サイクル $P_1 + \overline{P_2}$ 上の和 $\sum_{P_1+\overline{P_2}}(\Delta Q/T) = 0$ となることと同等．状態量 X, Y 空間（理想気体であれば V, p）内の過程を示した．一般には状態量は 2 個とは限らない．

しました．次項で一般に示します．

2.6.2 エントロピーは状態量[†]

　任意の可逆サイクル上で総和 $\sum(\Delta Q/T) = 0$ で，エントロピーが状態量であることを示します．これは熱力学第 2 法則のエントロピーを用いた表現に自然につながります．可逆サイクルに限らず，任意のサイクルは，複数個の一定温度の熱源と熱を受け渡しして仕事をするサイクルと考えられます．サイクルには気体を使う必要は無く，状態量も体積や圧力とは限りません．連続的に異なる温度の熱源（例：オットーサイクル）は，多くの熱源で近似し，その数を増やして極限的に表現します．図 2.12 に示したように，各熱源の温度を $T_1, T_2, \cdots, T_j, \cdots$ とし，温度 T_j の熱源はサイクルに熱 Q_j を渡すものとします（熱源がサイクルより Q' 吸収する場合には $Q = -Q'$ 渡していると表記）．熱源の個数は明示していません．サイクルの定義から 1 周する前後で内部エネルギーは同じであり，この系が外界にする仕事は熱力学第 1 法則より $\sum_j Q_j$ です．たとえば，図 2.4 (a) の熱機関は $T_1 = T_h, T_2 = T_\ell, Q_1 = Q_h, Q_2 = -Q_\ell$ の場合に対応し，図 2.7 (a) のヒートポンプは $T_1 = T_h, T_2 = T_\ell, Q_1 = -Q_h, Q_2 = Q_\ell$ の場合に対応します．

　上のサイクルの温度 T_j の熱源それぞれに，Q_j を渡すカルノーサイクル $C_j, j = 1, 2, \cdots$ をつなぎます（図 2.13 参照）．これらのカルノーサイクルのもう 1 つの熱源の温度は共通で T_0 とします（T_0 はどの T_j とも等しくないという以外は任意）．カルノーサイクル C_j は温度 T_0 の熱源より熱 Q_j^C を受け取り，温度 T_j の熱源に熱 Q_j を渡し，外界に仕事をします．外界への仕事が負の場合は，ヒートポンプになります．T_0 と T_j の大小関係と Q_j の正負によって C_j は熱機関かヒートポンプになりますが，これが実現できることは 2.4.3 項の例題で示しました．元のサイクルとカルノーサイクルを合わせて，全体とし

2.6 エントロピー

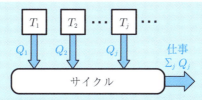

図 2.12 任意の数の熱源（温度 T_j）から熱 Q_j を受け取り，仕事をするサイクル（$Q_j < 0$ の場合は $-Q_j$ を熱源に渡す）．サイクルは可逆とは限らない．厳密にはサイクルという言葉は熱源との受け渡しも含むが，仕事する部分をサイクルと表示．

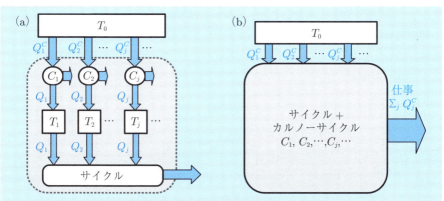

図 2.13 (a) 元のサイクルの温度 T_j の熱源それぞれに，Q_j を渡し，もう 1 つの熱源の温度が T_0 のカルノーサイクル C_j をつなげる．(b) 全体（(a) の破線内）は，温度 T_0 の熱源より得た $\sum_j Q_j^C$ を外界への仕事に変換する熱機関．

ては温度 T_0 の 1 つの熱源より熱 $\sum_j Q_j^C$ を受け取り，外界に仕事（熱力学第 1 法則より同じ $\sum_j Q_j^C$）をするサイクルです（図 2.13 (b)）．カルノーサイクルの性質，(2.26) 式より，$Q_j/Q_j^C = T_j/T_0$ なので次の式を得ます（$Q_j < 0$ の場合にも，$Q_j^C < 0$ となり，$(-Q_j^C)/(-Q_j) = T_0/T_j$ が (2.26) 式より成り立っています）．

$$(外界にする仕事) = (温度 T_0 の熱源より得た熱) = \sum_j Q_j^C = T_0 \sum_j \frac{Q_j}{T_j} \qquad (2.36)$$

仕事が 0 より大きいと熱を全て仕事に変換するサイクルとなり，熱力学第 2 法則 (II)（ケルビンの原理）と矛盾します．よって，任意のサイクル（可逆とは限らない）で上の値は 0 以下の必要があります．

$$\sum_j \frac{Q_j}{T_j} \leq 0 \qquad (2.37)$$

この不等式（**クラウジウスの不等式**）は元のサイクルの性質に対する制約であり，導入したカルノーサイクル $C_1, C_2, \cdots, C_j, \cdots$ に全くよりません．

70　　　　　　　　　　　第 2 章 熱 力 学

カルノーサイクル，$C_1, C_2, \cdots, C_j, \cdots$ は可逆なので，元のサイクルが可逆ならば，図 2.13 全体が可逆サイクルになります．逆運転すると，全体の符号が逆になるので，同じ議論で 1 つの熱源より，$-\sum_j (Q_j/T_j)$ を得てそれを全て外界への仕事に変換する熱機関ができます．仕事が 0 より大きいと熱力学第 2 法則の表現 (II) に反するので，$-\sum_j (Q_j/T_j) \leq 0$ を得ます．上の (2.37) 式と合わせて，元のサイクルが可逆な場合は $\sum_j (Q_j/T_j) = 0$，不可逆な場合は $\sum_j (Q_j/T_j) < 0$ です．特に，任意の可逆サイクルにおいて $\sum_j (Q_j/T_j) = 0$ であることを示せました．これは前項で強調したエントロピーが状態量として定義できる条件なので，エントロピーが状態量であることを一般に示せました．

2.6.3　理想気体のエントロピー

理想気体のエントロピーを求めてみましょう．微小な可逆変化（d で微小変化分を表します）を考えます．熱力学第 1 法則，(2.2) 式とエントロピーの定義，(2.27) 式より次式を得ます．

$$dE = dQ - p\,dV, \ dQ = T\,dS \quad \Rightarrow \quad dS = \frac{dE}{T} + \frac{p\,dV}{T} \tag{2.38}$$

E, T, S, p, V はそれぞれ理想気体の内部エネルギー，温度，エントロピー，圧力，体積を表します．n モルの理想気体を考え，状態は温度と体積で特定します．可逆過程で T_0, V_0 の初期状態より任意の T, V の状態に変化させ，エントロピー変化を求めます．まず，定積過程で温度 T に変化させます．$\Delta V = 0$ なので，エントロピー変化は次式です．

$$S(T, V_0) - S(T_0, V_0) = \int_{T_0}^{T} \frac{nC_V}{T}\,dT = nC_V \log \frac{T}{T_0} \tag{2.39}$$

微小変化の足しあわせを積分にし，C_V が温度に依存しないことを使いました（2.4.2 項参照）．次に，等温変化で，体積を V まで膨張させます．

$$S(T, V) - S(T, V_0) = \int_{V_0}^{V} \frac{p}{T}\,dV = \int_{V_0}^{V} \frac{nR}{V}\,dV = nR \log \frac{V}{V_0} \tag{2.40}$$

理想気体の状態方程式，(2.3) 式を用いました．上の 2 式を合わせて次式を得ます．

$$S(T, V) - S(T_0, V_0) = n \left(C_V \log \frac{T}{T_0} + R \log \frac{V}{V_0} \right) \tag{2.41}$$

$$= n \left(C_p \log \frac{T}{T_0} - R \log \frac{p}{p_0} \right)$$

2 つ目の等式を導く際に，理想気体の状態方程式，(2.3) 式と熱容量の関係式，(2.8) 式を用いました．$S(T, V)$ は次のようにも表せます．

$$S = n\left(C_V \log T + R \log V\right) + \text{定数} = n\left(C_p \log T - R \log p\right) + \text{定数}' \qquad (2.42)$$

定数と定数′は状態量 p, V, T によらない量を表し，値は異なります．この定数部分は統計物理学では定まります（3.4.3 項参照）．エントロピーは状態量なので，どの可逆過程で変化させても同じ結果になることを用い，上では具体的な過程を選んで簡単に導けたことに注意しましょう（例題参照）．

例題 断熱過程と定積過程を用いて理想気体を T_0, V_0 より T, V の状態に準静的に変化させた場合にエントロピー変化を求め，上の結果と一致することを示して下さい．

解 T_0, V_0 ── 断熱過程 ── T', V ── 定積過程 ── T, V とします．断熱過程ではエントロピー変化は無いので，(2.39) 式より $S(T, V) - S(T_0, V_0) = nC_V \log\left(T/T'\right)$．断熱変化の性質，(2.12) 式と γ の定義，(2.11) 式より次式を得ます．

$$\log \frac{T}{T'} = \log \frac{T}{T_0}\frac{T_0}{T'} = \log \frac{T}{T_0} + (\gamma - 1) \log \frac{V}{V_0} = \log \frac{T}{T_0} + \frac{C_p - C_V}{C_V} \log \frac{V}{V_0}$$

$C_p - C_V = R$ より，エントロピー変化が (2.41) 式と一致することがわかります． □

例題 理想気体のエントロピーの式 (2.42) 式より，理想気体の断熱過程における関係式，(2.12) 式を導いて下さい．

解 断熱過程での熱の出入りは定義より 0 なので，可逆過程ではエントロピーは変化しません．(2.42) 式を用いて次式を得ます．

$$C_V \log T + R \log V = \text{定数} \quad \Leftrightarrow \quad T^{C_V} V^R = \text{定数}$$

$$C_p \log T - R \log p = \text{定数} \quad \Leftrightarrow \quad T^{C_p} p^{-R} = \text{定数}$$

γ の定義，(2.11) 式と (2.8) 式を用いれば (2.12) 式を導けます． □

2.6.4 熱力学第 2 法則のエントロピーを用いた表現

本項で熱力学第 2 法則の (III) が (I), (II) と同値であることを示します．系の状態 A, B のエントロピー S_A, S_B には次の関係があります．

$$S_B - S_A = \sum_{P_{AB}^{\text{rev}}} \frac{\Delta Q}{T} \qquad (P_{AB}^{\text{rev}} \text{は可逆過程}) \qquad (2.43)$$

P_{AB}^{rev} は状態 A から B への可逆過程です（(2.27) 式参照）．状態 A から B に変化させる任意の過程（可逆とは限りません）P を考えます．P に状態 B から A への可逆過程 P_{BA}^{rev} を付け加えると，サイクル $P + P_{BA}^{\text{rev}}$ を得ます（図 2.14 参照）．一般サイクルの性質，(2.37) 式を用いて，次の関係を得ます．

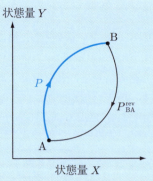

図 2.14 系の状態 A から B に変化させる過程 P（可逆とは限らない，青線）に可逆過程 P_{BA}^{rev} を加えたサイクル．

$$\sum_{P}\frac{\Delta Q}{T} + \sum_{P_{BA}^{rev}}\frac{\Delta Q}{T} = \sum_{P+P_{BA}^{rev}}\frac{\Delta Q}{T} \leq 0 \tag{2.44}$$

エントロピーの定義, (2.43) 式より $-\sum_{P_{BA}^{rev}}(\Delta Q/T) = \sum_{P_{AB}^{rev}}(\Delta Q/T) = S_B - S_A$ であることと上式より次式を得ます（$P_{BA}^{rev}, P_{AB}^{rev}$ では符号が逆なことに注意）．P が可逆過程の場合はサイクル全体が可逆で，2.6.2 項の議論より等号が成り立ち，等号が成り立つのは P が可逆な場合のみです．

$$\sum_{P}\frac{\Delta Q}{T} \leq S_B - S_A \quad \text{（等号は可逆過程の場合）} \tag{2.45}$$

孤立系では，過程 P で外界との熱の出入り $\Delta Q = 0$ なので次の熱力学第 2 法則の表現 (III) を得ます．

$$S_B - S_A \geq 0 \quad \text{（孤立系，等号は可逆過程の場合）} \tag{2.46}$$

$S_{A,B}$ が状態量であることと，孤立系でエントロピーが増加した場合は逆過程は孤立系では達成できないことに注意しましょう（以下の例題参照）．2.6.2 項の議論では熱力学第 2 法則 (II) を仮定したので，表現 (II) から (III) が導けました．孤立系の中には一般に複数の物体があり，変化にともない一般にそれぞれの物体のエントロピーは増えたり，減ったりしますが，全体のエントロピーは初期値以上になります．可逆な場合は，逆過程に同じ議論を適用して $S_A \geq S_B$ を得るので，エントロピーが変化しないことは明らかです．変化した場合は一方向しか (2.46) 式が成り立たないので，可逆ではありません．

逆に (III) から (I) を導くために，仮に熱力学第 2 法則の表現 (I) に反して，低温

（温度 T_1）の物体より高温（温度 T_2）の物体に微小量の熱 ΔQ を移すだけの現象があるとします．そうすると，物体 1, 2 のエントロピー変化はそれぞれ $-\Delta Q/T_1$, $\Delta Q/T_2$ で全体のエントロピー変化は次式です．

$$\Delta S = -\frac{\Delta Q}{T_1} + \frac{\Delta Q}{T_2} = \Delta Q \frac{T_1 - T_2}{T_1 T_2} < 0 \tag{2.47}$$

これは孤立系なので，表現 (III) のエントロピー増大の法則に反します．よってこの対偶として，(III) が成り立てば (I) が成り立ちます．これで 2.5 節にあげた熱力学第 2 法則の 3 つの表現が全て同等なことが示せました．上で ΔQ を微小量としたのは，熱を受け渡しすると物体の温度は変化しますが，熱が微小量であれば温度変化も微小であり，エントロピー変化に与える影響は微小量について 2 次の効果で無視できるからです．微小量の熱を移動できなければ，その積み重ねである，より多くの熱も移動できません．

なお，(2.47) 式で高温から低温の物体に熱が移動すれば，$\Delta S > 0$ でエントロピーは増加します．等温の極限（$T_1 \to T_2$）では熱移動しても $\Delta S \to 0$ で，可逆過程の極限です．これがこの系の**準静的過程**です．

例題 理想気体を真空中で断熱膨張させる過程を図 2.14 の過程 AB とした際の図のサイクル全体を説明して下さい．

解 真空中で膨張させても仕事はしないので，熱力学第 1 法則よりエネルギーは変化せず，過程 AB は等温過程です．可逆過程 $P_{\mathrm{BA}}^{\mathrm{rev}}$ は (2.40) 式で説明した，等温で体積を変化させる可逆過程（収縮なのでその逆過程）で，断熱過程ではなくエントロピー変化をともないます．エントロピーは状態量なので過程 AB もエントロピー変化をともないます．断熱膨張なのにエントロピーが変化するのは可逆過程ではないからです． □

■**簡単な具体例 1** 次の例を考えます（図 2.15 (a)）．温度に依存しない同じ熱容量 C を持つ 2 つの物体 1, 2 がそれぞれ一様な温度 T_1, T_2 にあるとします．2 物体とそれ以外との熱の出入りは無視できるとします．2 物体を接触させて十分時間がたつと，2 つの物体は同じ温度 T_3 になります．この過程におけるエントロピー変化を求めてみましょう．$C(T_1 - T_3)$ の熱が物体 1 から 2 に流れ（負であれば流れ

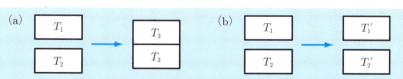

図 2.15 (a) 熱容量 C を持つ温度 T_1, T_2 の 2 物体を接触させると，両方同じ温度 T_3 になる．(b) 同じ 2 物体の温度がそれぞれ $T_1 \to T_1', T_2 \to T_2'$ に変化する場合．

74   第 2 章 熱 力 学

る方向が逆），物体 2 についても同様です．エネルギー保存より，次の T_3 と T_1, T_2 の関係を導けます．

$$C(T_1 - T_3) + C(T_2 - T_3) = 0 \quad \Rightarrow \quad T_3 = \frac{T_1 + T_2}{2} \tag{2.48}$$

熱容量が同じなので，平均温度になることは直観的にも明らかです．物体 1 のエントロピー変化は次式であり，物体 2 についても同様です．

$$\Delta S_1 = \sum_{T_1 \to T_3} \frac{\Delta Q_1}{T} = \int_{T_1}^{T_3} \frac{C\, dT}{T} = C \log \frac{T_3}{T_1} \tag{2.49}$$

両物体のエントロピー変化を加え，全体のエントロピー変化を得ます．

$$\Delta S_{12} = C \log \frac{T_3}{T_1} + C \log \frac{T_3}{T_2} = C \log \frac{T_3^2}{T_1 T_2} = C \log \frac{(T_1 + T_2)^2}{4 T_1 T_2} \tag{2.50}$$

$(T_1 + T_2)^2 - 4T_1 T_2 = (T_1 - T_2)^2 \geq 0$ なので，$(T_1 + T_2)^2 \geq 4T_1 T_2$ で[5]，$\Delta S_{12} \geq 0$ を得ます．等号が成り立つのは $T_1 = T_2$ の場合のみです．

この場合のエントロピー変化について，次の点を理解しましょう．

- この 2 物体の系は孤立系であり，エントロピー増大の法則（熱力学第 2 法則の表現 (III)）を満たしています．

- 系全体のエントロピーは増大していますが，低温物体のエントロピーは増大し，高温物体のエントロピーは減少しています（(2.49) 式参照）．孤立系のエントロピーが増大しても，系内にエントロピーが増大する部分と減少する部分の両方がある例です．

- $T_1 \neq T_2$ の場合には，逆過程は熱力学第 2 法則に反するので生じえません．逆過程が現実にはありえないことは直観的にもわかるでしょう．$T_1 = T_2$ の場合には実質的に変化は無いので「逆過程」もありえます．直観と熱力学第 2 法則の帰結は合致しています．

- $T_1 \neq T_2$ の場合には可逆過程ではないのになぜエントロピーが計算できるのか不思議に思うかも知れません．強調してきたように，エントロピーは状態量であり，途中の過程には依存しません．よって，エントロピー変化は考えている過程と初期状態と終状態が同じである任意の可逆過程上で求められます．それぞれの物体について熱源とエネルギーを準静的過程で受け渡しして温度変化させた場合に (2.49) 式のようにエントロピー変化を求められます．準静的過程では，物体も熱源も同温度で，物体が得た熱は熱源が失った熱でもあるので，

―――――――――――――――――
[5]実質的に，相加平均が相乗平均以上であるという性質です．

物体と熱源のエントロピー変化の合計は 0 で可逆性と整合性があることに注意
しましょう.

- 上の例は熱容量しか指定していないので,物質が,気体,液体,固体,混合物,
  何でも成り立ちます. また,両物体は熱容量が同じであっても同じ物質である
  必要はありません.

- 計算を簡単にするために 2 物体の熱容量が同じとしましたが,熱容量が異な
  る場合にも,同温度になる過程ではエントロピー変化が非負であり,0 になる
  のは両物体の温度が初めから等しい場合に限ることが示せます. 示してみて下
  さい.

例題 温度 20°C と 100°C の 2 つの銅 1 kg の塊を接触させて同温度になったとします. エ
ントロピー変化を求めて下さい. 銅の原子量は 64 で,熱容量は 1 モルあたり,25 J/(K·mol)
です. 2 物体外との熱の出入りと熱容量の温度変化は無視します.

解 銅の塊は 60°C = 333 K になるので (2.50) 式より,

$$\Delta S = 25 \,\mathrm{J/(K \cdot mol)} \times \frac{1\,\mathrm{kg}}{64\,\mathrm{g/mol}} \times \log\left(\frac{333^2}{293 \times 373}\right) = 5.7\,\mathrm{J/K} \qquad \square$$

■**簡単な具体例 2** 上の 2 物体の孤立系で,2 物体の温度が,$(T_1, T_2) \to (T_1', T_2')$
に変化する場合(図 2.15 (b))を考えます. たとえば,2 物体を一定時間接触させ
てから離した場合などが考えられます. エントロピーは状態量なので,初めと最後
の状態が熱平衡にあることがエントロピーを一意的に求めるには必要ですが,途中
過程には依存しません. 十分時間経過し,温度は各物体内で一様であるとします.
エネルギー保存則は次式です.

$$C(T_1' - T_1) + C(T_2' - T_2) = 0 \tag{2.51}$$

上の具体例 1 と同様の計算で次のエントロピー変化を得ます.

$$\Delta S = C \log \frac{T_1'}{T_1} + C \log \frac{T_2'}{T_2} = C \log \frac{T_1' T_2'}{T_1 T_2} \tag{2.52}$$

$r = T_1'/T_1, \, \xi = T_2/T_1$ とし,(2.51) 式を用いて書き換え,次式を得ます.

$$\frac{T_2'}{T_1} = 1 + \xi - r, \quad \Delta S = C \log\left[\frac{r(1 + \xi - r)}{\xi}\right] \tag{2.53}$$

熱力学第 2 法則に従って温度がどう変化するのか考えてみましょう. $T_2 > T_1$
($\xi > 1$)とすると,$\Delta S > 0$ の条件は次式です.

$$\Delta S > 0 \quad \Leftrightarrow \quad \frac{r(1 + \xi - r)}{\xi} > 1 \quad \Leftrightarrow \quad (r - \xi)(r - 1) < 0 \tag{2.54}$$

これより $1 < r < \xi$ で，次のように $T_2' < T_2$ も示せます．

$$\frac{T_2'}{T_2} - 1 = \frac{1+\xi-r}{\xi} - 1 = \frac{1-r}{\xi} < 0 \tag{2.55}$$

よって，エントロピー増加は $T_1 < T_1' \leq T_2' < T_2$，すなわち，2物体の温度が近付くことを意味します．直観的にも納得できるでしょう．ここで，エントロピーが変化しない条件も確認しておきます．$\Delta S = 0$ は $r = 1$ か $r = \xi$ を意味します．これは $T_1' = T_1, T_2' = T_2$ の場合で，実質変化が無い場合のみです．

さらに，系全体のエントロピーを最大にする条件を求めます．

$$\frac{d}{dr}\Delta S = 0 \quad \Leftrightarrow \quad \frac{1}{r} - \frac{1}{1-r+\xi} = 0 \quad \Leftrightarrow \quad r = \frac{1+\xi}{2} \tag{2.56}$$

これは $T_1' = T_2'$ の場合です．エントロピー最大になるのは両物体の温度が等しくなった場合で，直観どおりでしょう．等温になる前に2物体を離せばエントロピーが最大にならないことがわかります．系内で熱が自由に移動できないと，エントロピーの最大値は達成されません．

2.6.5 エントロピーと乱雑度

今までの具体例を用い，エントロピーが乱雑度に対応する概念とみなせる理由を考えてみます．前項の具体例1では異なる温度の物体を接触させ，同温度にさせました（図2.16 (b)）．また，理想気体を一定温度下で体積 $V \to 2V$ に膨張させるとエントロピーは増加します（(2.40) 式参照）．図2.16 (a) のように体積 $2V$ の箱を半分で仕切り，片側に気体を入れ，仕切りを取って拡散させたと考えても良いです．繰返しになりますが，エントロピーは状態量なので途中過程には依存しません．

これらの過程によってエントロピーは増加しましたが，なぜ「**乱雑度**」が増したとみなせるのでしょうか．乱雑度が低い状態は整理された状態です．たとえば，本が床にばらまかれているより本棚に整理されている方が乱雑度が低いです．赤と白のボールを箱に入れる際，左半分に赤ボールを入れて，右半分に白ボールを入れた方が全部混ざっているより，整理されています．図2.16 (a) の気体の例では，初めは箱の片側に気体が「整理されて」置かれている状態，違う温度の物体の場合に

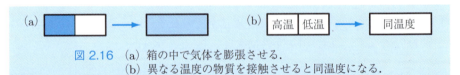

図2.16 (a) 箱の中で気体を膨張させる．
(b) 異なる温度の物質を接触させると同温度になる．

は，片側に高温の状態，もう片側に低温の状態を「整理して」分けた状態とみなせます．よって，過程後の一様な状態は「混ざり合ってしまった」，より乱雑な状態と考えられます．このような見方で，エントロピーと直観的な乱雑度を結び付けられます．

2.6.6 熱力学第 3 法則とエントロピー

熱力学第 3 法則は以下のとおりです．

―――― 熱力学第 3 法則 ――――
系のエントロピーは絶対温度 0 の極限で有限な値に収束する．

熱力学第 3 法則は第 1, 2 法則と同様に，仮定であり熱力学内で導けるものではありません．この一定値を 0 と定義することも可能ですが，後の微視的なエントロピーの定義（3.3.2 項参照）とずれが生じる場合があるので，本書ではそうしません．なお，理想気体のエントロピーは絶対零度で有限ではありませんが（2.6.3 項参照），絶対零度で気体の系は実在しません．これは理想気体の模型としての限界を反映しています．

2.6.7 永久機関

永久機関は第 1 種永久機関と第 2 種永久機関に分類できます．第 1 種永久機関は，熱力学第 1 法則を破って仕事をする機関です．エネルギー保存則である第 1 法則を破れれば，エネルギーを生み出し続け，永久に仕事をし続ける「永久機関」を作れます．夢のような機関ですが，熱力学第 1 法則は，第 1 種永久機関の存在をその仕組みにかかわらず否定します．

第 2 種永久機関は熱力学第 1 法則は満たしながらも第 2 法則を破って仕事をする機関です．たとえば，熱を 100% 仕事に変換できるとしましょう．これは熱力学第 1 法則は破りませんが，第 2 法則を破ります．夏に暑い部屋の熱の一部を仕事に変えて発電し，照明やコンピュータを稼働できれば，部屋は涼しくなるし，いい事ずくめです．エネルギー問題も解決できます！これも夢のような機関ですが，文字通り夢に過ぎません．熱力学法則は，中身の仕組み等を全く考慮せずともこのような永久機関を作るのは不可能なことを教えてくれます．歴史的には永久機関を作ろうとする努力は熱力学の発展に寄与しました．

永久機関は仕事をすることを前提にしています．仕事をしなくて良いのであれば，摩擦が無い世界では，原理的には作動し続けるものはいくらでも考えられます．た

第 2 章 熱 力 学

とえば，車輪は摩擦が無ければ回り続けます．現実には摩擦が無い世界は日常生活にはありません．それに非常に近いのが超伝導，超流動などの現象です．超伝導する物体の抵抗は厳密に 0 なので，それだけで回路を作れば永久に電流が流れ続けます．

■ 2.7 自由エネルギー

2.7.1 自由エネルギーの考え方

　熱力学第 2 法則により，エネルギー保存則を満たしていても熱を全て仕事に変換することはできません．2 つの熱源がある熱機関の最高効率である (2.26) 式も導きました．以下では系がどれだけ外界に仕事をできるのかを一般に考えます．これは実用性の観点からも重要な問題です．熱力学第 1 法則を微小量ずつの変化に適用すると，次式となります（(2.2) 式参照）．

$$\Delta E = \Delta Q + \Delta W \tag{2.57}$$

ここで，$\Delta Q, \Delta W$ は外界が系に与える熱と仕事でした．どれだけ仕事ができるかは，等温，定圧，定積，等の条件に依存することを意識する必要があります．

■ヘルムホルツ自由エネルギー　温度一定の状況を考えます．等温過程 P により，系が状態 A から B に温度 T の下で変化するとします．一般には外界とエネルギーを受け渡しするので孤立系ではありません．温度一定なので (2.45) 式より，P で系が受け取る熱 $\sum_P \Delta Q$ について次の不等式を得ます．

$$\sum_P \Delta Q \le T(S_B - S_A) \tag{2.58}$$

S_A, S_B はそれぞれ状態 A, B のエントロピーです．熱力学第 1 法則 (2.57) 式を用いて上式より次式を得ます．

$$T(S_B - S_A) \ge \sum_P \Delta Q = \sum_P (\Delta E - \Delta W) = E_B - E_A - W \tag{2.59}$$

これを整理すると次式となります（外界にする仕事の符号に注意）．

$$(\text{外界にする仕事}) = -W \le E_A - E_B + T(S_B - S_A) = F_A - F_B \tag{2.60}$$

ここで，系の状態量である**自由エネルギー**（あるいは，**ヘルムホルツ自由エネルギー**）F を導入しました．

$$F = E - TS \tag{2.61}$$

(2.60) 式は，系の自由エネルギーの減少分だけ仕事ができることを意味します．特に，一定温度を保ちながら外界と仕事のやりとりが無い場合には，(2.60) 式は $F_A - F_B \geq 0$ となり，自由エネルギー F が減少する方向にしか変化しません．この状況下で放っておいて，系内のエネルギーのやりとりが許されていれば自由エネルギー最低状態に落ち着き，これが安定状態です．特殊な例として，熱の出入りが無くエントロピーの変化が無い力学系では，(2.60) 式は外界への仕事は単に内部エネルギーの減少分，という既に学んだことを意味します．これを（温度一定下で）熱の出入りがある場合に拡張したのが (2.60) 式です．

例題 温度一定の下で容器に理想気体を入れると，容器いっぱいに広がった方が自由エネルギーが低いことを示して下さい．

解 (2.42) 式より，占める体積が大きいほどエントロピーが大きくなり，内部エネルギー E は温度のみに依存するため変わらないので，自由エネルギー $F = E - TS$ が小さくなります．安定状態では容器いっぱいに気体が広がるのは直観的には当然です． □

■ギブス自由エネルギー 一定温度下で外界との仕事のやりとりが無い場合には，ヘルムホルツ自由エネルギー F が最低の場合に安定であることが上でわかりました．現実には，温度と圧力が一定の下で仕事を含む変化が生じる現象も多くあります．(2.60) 式は次のように書き直せます．

$$-W = p(V_B - V_A) \leq E_A - E_B + T(S_B - S_A) \quad \Leftrightarrow \quad G_A - G_B \geq 0 \tag{2.62}$$

(2.60) 式の場合と同様に，次の**ギブス自由エネルギー** G を導入しました．

$$G = F + pV = E - TS + pV \tag{2.63}$$

等温定圧変化ではギブス自由エネルギーは減少します．よって，温度，圧力一定の下ではギブス自由エネルギーが最低の状態が安定状態です．

2.7.2 自由エネルギーと独立な状態量

内部エネルギー E，ヘルムホルツ自由エネルギー F，ギブス自由エネルギー G の関係を整理しておきます．具体的な関係を導くために，これらは独立な2個の状態量の関数とします．たとえば，一定量の気体や液体の温度 T，圧力 p，体積 V のうち1個は他の2個より定まることに注意しましょう（p, T, V の間に**状態方程式**があるからです）．

熱力学第1法則，(2.2) 式とエントロピーの定義，(2.27) 式を使って系の微小変

80　　　　　　　　　　第 2 章　熱　力　学

化について次の関係式が導けます.

$$dE = T\,dS - p\,dV \tag{2.64}$$

系に与える微小な仕事を $-p\,dV$ で表せるとしました. 状態量間の関係式なので途中過程によらず成り立ちます.

独立な状態量を S, V に選ぶと, 上の (2.64) 式と偏微分の性質 (B.4.1 項, (B.9) 式参照) より, 次の関係式を得ます.

$$\left(\frac{\partial E}{\partial S}\right)_V = T, \qquad \left(\frac{\partial E}{\partial V}\right)_S = -p \tag{2.65}$$

$\left(\frac{\partial E}{\partial S}\right)_V$ は V を一定にした下での E の S についての微分を意味します. 下の添字 (この場合は V) は一定に保った状態量を明示します.

同様に, ヘルムホルツ自由エネルギーの変化も求めてみます. 自由エネルギーの定義式, (2.61) 式と上の (2.64) 式より,

$$dF = d(E - TS) = -S\,dT - p\,dV \tag{2.66}$$

を得ます. なお, 次の関係式を用い, 微小量について 2 次の項は無視しました.

$$\begin{aligned}
d(TS) &= (T + dT)(S + dS) - TS \\
&= dT S + S\,dT + dS\,dT
\end{aligned} \tag{2.67}$$

T, V を独立な状態量とみなすと, (2.65) 式と同様に, (2.66) 式より次の偏微分の関係式を得ます (章末問題 5 参照).

$$\left(\frac{\partial F}{\partial T}\right)_V = -S, \qquad \left(\frac{\partial F}{\partial V}\right)_T = -p \tag{2.68}$$

E には独立な状態量 S, V を選び, F には T, V を選びました. それぞれのエネルギーにこの独立な状態量の組み合わせが適しているからです. たとえば, T, V 一定の下では F が最低の状態が安定であることを前項で学びました. S, V 一定の下では, つまり, 熱も仕事も系外と受け渡しをしない状況では, E が最低の状態は安定です. また, 前項では, T, p 一定の下ではギブス自由エネルギー G が最低である状態は安定であることを示しました. よって, G は T, p を独立変数に選ぶのが自然です. これは, ギブス自由エネルギーの定義式 (2.63) 式と上の (2.66) 式から得られる次の式からも確認できます.

$$dG = d(F + pV) = -S\,dT + V\,dp \tag{2.69}$$

2.7 自由エネルギー 81

これより次の関係式を得ます.

$$\left(\frac{\partial G}{\partial T}\right)_p = -S, \qquad \left(\frac{\partial G}{\partial p}\right)_T = V \tag{2.70}$$

独立な状態量に S, p を選ぶと，自然に対応する物理量は $H = E + pV$ で，H をエンタルピーと呼びます．自由エネルギーと同様に，微小変化を考えると次の関係式を得ます.

$$dH = d(E + pV) = T\,dS + V\,dp \tag{2.71}$$

$$\left(\frac{\partial H}{\partial S}\right)_p = T, \qquad \left(\frac{\partial H}{\partial p}\right)_S = V \tag{2.72}$$

E, F, G, H に対応する独立な状態量と関係式は A.4 節にまとめました.

■**熱力学の関係式** 仕事が体積変化で生じる系について，以降で用いる重要な熱力学の関係式を導きます．より一般的な関係式（マクスウェルの関係式）は A.4 節にまとめます．(2.64) 式は下式に書き換えられます.

$$dS = \frac{1}{T}\,dE + \frac{p}{T}\,dV \tag{2.73}$$

(2.65) 式と同じ手法で，以下でも用いる次の重要な関係式を得ます.

$$\left(\frac{\partial S}{\partial E}\right)_V = \frac{1}{T}, \quad \left(\frac{\partial S}{\partial V}\right)_E = \frac{p}{T} \tag{2.74}$$

(2.73) 式で内部エネルギー E を T, V の関数とみなすと，以下の関係式を導けます.

$$dE = \left(\frac{\partial E}{\partial V}\right)_T dV + \left(\frac{\partial E}{\partial T}\right)_V dT \tag{2.75}$$

これを，(2.73) 式の dE に代入して，次式を得ます.

$$dS = \frac{1}{T}\left(\frac{\partial E}{\partial T}\right)_V dT + \left[\frac{1}{T}\left(\frac{\partial E}{\partial V}\right)_T + \frac{p}{T}\right] dV \tag{2.76}$$

これは以下の関係式を意味します.

$$\left(\frac{\partial S}{\partial T}\right)_V = \frac{1}{T}\left(\frac{\partial E}{\partial T}\right)_V, \quad \left(\frac{\partial S}{\partial V}\right)_T = \frac{1}{T}\left(\frac{\partial E}{\partial V}\right)_T + \frac{p}{T} \tag{2.77}$$

これをもう 1 回偏微分して，次式を得ます.

$$\begin{aligned}
\frac{\partial^2 S}{\partial V \partial T} &= \frac{1}{T}\frac{\partial^2 E}{\partial V \partial T} \\
\frac{\partial^2 S}{\partial T \partial V} &= -\frac{1}{T^2}\left(\frac{\partial E}{\partial V}\right)_T + \frac{1}{T}\frac{\partial^2 E}{\partial T \partial V} - \frac{p}{T^2} + \frac{1}{T}\left(\frac{\partial p}{\partial T}\right)_V
\end{aligned} \tag{2.78}$$

上式は偏微分する順序によらないので，次の関係式を得ます．

$$\left(\frac{\partial E}{\partial V}\right)_T = T\left(\frac{\partial p}{\partial T}\right)_V - p \tag{2.79}$$

■**理想気体の内部エネルギー**　上で導いた式を用いて，2.4.2 項で指摘した，理想気体の内部エネルギー E が T のみの関数であることを示してみましょう．理想気体を少し一般化して，状態方程式が $p = f(V)T$ である物質を考えます．$f(V)$ は V のみの関数です（理想気体では $f(V) = nR/V$，n, R は定数）．(2.79) 式に代入して，状態方程式を用いると次式を得ます．

$$\left(\frac{\partial E}{\partial V}\right)_T = Tf(V) - p = 0 \tag{2.80}$$

よって，E は V に依存せず T のみの関数です．

2.8　相，相転移

2.8.1　純粋な物質と固体，液体，気体

　物質が巨視的には一様な性質を持つ状態を**相**と呼びます．純粋な物質は低温から高温になるのにともない，**固体，液体，気体**の相をとります（それぞれ，**固相，液相，気相**とも呼びます）．気体，液体は変形しやすい**流体**で，気体は圧縮しやすく，液体は圧縮しにくいです．ともに**異方性**（方向によって異なる性質）を持ちません．固体は変形も圧縮もしにくく，異方性を持ちます．固体は結晶構造を持ち，特徴的な規則性のある形を持ったり，特定の方向の面に沿って剥離しやすい性質（**へき開性**）を持ちます．結晶構造とは微視的には分子が規則性を持って並んだ状態で，この規則性が異方性に反映されています．

　物質が異なる相に変化することを**相転移**と呼びます．たとえば，H_2O では，固体が氷，液体が水，気体が水蒸気です．日常生活から，その性質である密度などの状態量がそれぞれの相で異なることを知っているでしょう．密度を表 2.3 に数例あげました．液体，固体は同程度の密度を持ち，1 気圧で気体はそれより 3 桁程度低い密度を持ちます．たとえば，氷と水は $10^3\,\mathrm{kg/m^3}$，水蒸気は 100°C，1 気圧で

表 2.3　物質の密度の例（1 気圧，20°C）．

物質	鉄	ガラス	水銀	水	空気
密度 [kg/m³]	7.87×10^3	2.9×10^3	1.35×10^4	0.998×10^3	1.21

0.6 kg/m³ 程度の密度を持ちます．温度を上げると，氷が解けて水になり，水が沸騰して水蒸気になるのが相転移です．3 相間の相転移を下にまとめます．

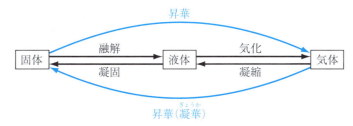

温度変化によりなぜ相転移が生じるのか，相の性質の背後にある構造はどのようなものか，といった問題は微視的な視点から理解できます（3.5 節参照）．熱力学では巨視的な視点のみから考えます．

温度，圧力などの状態量によって，どの相が安定であるかは異なります．たとえば，よく知られているように，水の沸点は圧力に依存します．温度と圧力によって H_2O のどの相が安定であるかを図 2.17 に示しました．このように，状態量によってどの相が安定であるかを示す図を**相図**と呼びます．H_2O の例で，相図と相転移の構造を理解してみましょう．固体，液体，気体の相があり，それぞれの相を分ける境界線があります．境界線上では隣り合う 2 相が共存できます．この観点からは，相の境界線は飽和圧力と温度の関係でもあります．たとえば，水は**飽和圧力**（**飽和水蒸気圧**）の水蒸気と平衡状態で共存します．沸騰現象もその例です（沸騰現象は 2.8.2 項末に説明があります）．

液体と気体の境界線には端点があり，**臨界点**と呼びます．臨界点は相の境界が無

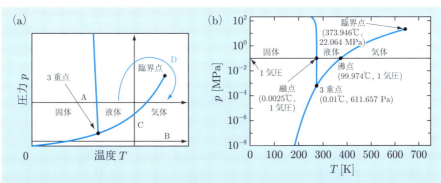

図 2.17 (a) H_2O の相図の構造の解説．(b) H_2O の相図．縦軸（圧力）は対数表示（そうしないと桁が違うのでわかりにくい）．

くなる点で，その点での温度，圧力，物質密度を**臨界温度**，**臨界圧力**，**臨界密度**，と呼びます．液体と気体の境界線は固体と液体の境界線と交わり，それより低い圧力では液体と気体の境界線は無くなり，気体と固体の境界線だけが残ります．この境界線の交点を**3重点**と呼び，この点の温度，圧力では3相が共存できます．一様な物質の相図は，一般に H_2O の相図と同様な構造を持っています．1つ異なるのは，通常の物質では，固体と液体の間の境界線の傾きが正で，H_2O では負である点です．この理由は以下の 2.8.3 項で説明します．

1気圧で温度を徐々に上げると（図 2.17 (a) 直線 A），固体は融解して水になり，水は気化して水蒸気になります．1気圧では，融点，沸点は大体 0°C，100°C ですが正確には少し異なります．3重点の圧力よりも低い圧力で温度を徐々に上げると（図 2.17 (a) 直線 B），固体から気体に相転移します．液体にはなりません．また，一定の温度で圧力を徐々に上げると（図 2.17 (a) 直線 C），気体から液体に相転移します．相図からわかるように，温度によっては，圧力を上げると気体から固体，あるいは気体から液体に変化します．3重点の温度以下では気体から固体，さらに液体に相転移する場合もあります．CO_2（二酸化炭素）と N_2（窒素）の相図も図 2.18 に示しました．

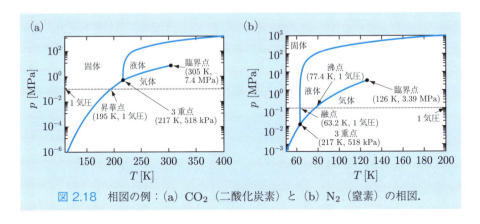

図 2.18　相図の例：(a) CO_2（二酸化炭素）と (b) N_2（窒素）の相図．

固体，液体，気体の間の相転移では，相転移温度で（温度変化がなくても）相変化にともない，密度が変化し，熱の出入りがあります．この熱を**潜熱**と呼び，転移の種類によって，**融解熱**（固体から液体），**凝固熱**（液体から固体），**気化熱**（液体から気体），**凝縮熱**（気体から液体），**昇華熱**（固体から気体，気体から固体）とも呼びます．逆過程にともなう融解熱と凝固熱，気化熱と凝縮熱はそれぞれ等しいで

す．通常は定温，定圧下での相転移にともなう熱を意味するので，熱のかわりにエンタルピーと呼ぶこともあります（例：融解エンタルピー）．いくつかの物質についての潜熱を表2.4に示しました．潜熱がともなう相転移は，1次相転移です（2.8.3項参照）．

表2.4　1気圧での物質の融解熱，気化熱（昇華と明示されている以外は液体からの気化）の例．温度の単位は °C，潜熱の単位は kJ/mol．

物質	温度	融解熱	物質	温度	気化熱
氷（H_2O）	0.0	6.01	水（H_2O）	100	40.66
エタノール	−114.5	5.02	エタノール	78.3	38.6
水銀	−38.8	2.33	水銀	356.7	58.1
金	1064	12.7	二酸化炭素（昇華）	−78.48	25.23
鉄	1535	15.1	ヘリウム	−268.9	0.084

2.8.2　液体，気体の相と臨界点

　臨界点の持つ意味を考えます．臨界圧力より高い圧力の下では，液体と気体の境界線はなく，液体，気体間で連続的に変化します．よって，どの温度，圧力までが液体でどこからが気体か区別できません．1気圧で水の温度を変化させると，液体と気体の間で相転移があり，明らかに性質も異なります．よって，液体，気体を異なる相と捉えるのは間違いなく便利な概念です．しかし，1気圧の水の状態から連続的に温度と圧力を変化させて相転移を経由せずに連続的に1気圧の水蒸気に変化させることもできます（図2.17（a）曲線 D）．どこまでが液体で，どこからが気体かはあいまいです．前項で液体と気体の差を説明しましたが，厳密な意味での差はなく程度の問題とも言えます．一方，固体は異方性を持つので，液体，気体と厳密な意味で差があります．相図でも，固体と他の相との境界線には途切れがありません．

　気体を密封した容器に入れ，温度を一定に保ちながらゆっくりと圧縮すると，圧力は上昇します（図2.19参照）．臨界温度より高い温度で圧縮すると，気体から液体に連続的に変化します．臨界温度未満では，一定圧力に達すると一部が凝縮し，気体と液体が共存した**飽和蒸気圧**での平衡状態（図2.17, 2.18の相図では相の境界線上）になります．さらに圧縮すると，大量の気体が少しの液体に変化するので，圧力は飽和蒸気圧のままで全体の体積は減ります．圧縮し続けると，全て液体になり，さらに圧縮すると圧力が増加します．体積，圧力の関係を図2.20に示しました．

　上の状態変化の特徴は，理想気体の状態方程式を比較的単純に一般化した次の**ファンデルワールスの状態方程式**が捉えています．

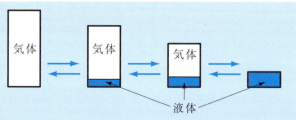

図 2.19 臨界温度より低い一定温度で，気体を可逆的に圧縮すると，気体と液体が共存した状態を経て，液体に変化する（左から右へ）．逆に，液体を膨張させると液体と気体が共存した状態を経て，気体に変化する（右から左へ）．

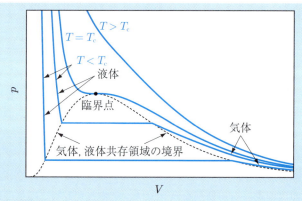

図 2.20 一定温度 T の下での体積 V と圧力 p の関係．$T > T_c$（T_c：臨界温度）では相転移は無い．$T < T_c$ では，圧力を上げると気体は，気体と液体が共存する状態を経て液体に変化．共存状態では気体と液体の割合で体積が変化し，圧力は変化しない（図 2.19 参照）．

$$\left(p + \frac{a}{V_1^2}\right)(V_1 - b) = RT \tag{2.81}$$

V_1 は物質 1 モルの体積，p は圧力，T は温度です．まず 1 モルについての状態方程式をここでは書きました．体積 V は示量的，p は示強的なので，n モルの物質のファンデルワールスの状態方程式は次式です．

$$\left(p + \frac{n^2 a}{V^2}\right)(V - nb) = nRT \tag{2.82}$$

微視的には，a は分子間引力，b は分子の大きさの影響を反映しています（章末問題 8 参照）．

状態方程式によると高い温度では p は V の単調減少関数ですが，一定温度以下

では極値を持ちます（図 2.21 参照）．臨界温度 T_c はこの境目の温度です．臨界温度以下では圧縮しても圧力が下がる（他領域と傾きが逆）領域があり，不思議に見えるかも知れません．一定温度でゆっくりと圧縮した際に，飽和圧力よりも高くなるまで気体状態のままで，少し「行き過ぎた」状態（**過飽和状態**）になってから，液体に変化する状況を反映していると理解できます．

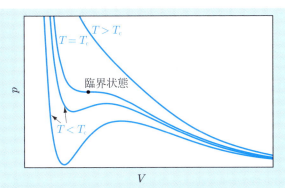

図 2.21 ファンデルワールス状態方程式を満たす物質の温度一定の下での体積 V と圧力 p との関係．$T > T_c$ では，p は V について単調減少関数．$T < T_c$ では，極値を 2 点持つ．

図 2.20 の気体，液体の共存する領域を図 2.21 と比較すると，矛盾するように見えるかも知れません．この差は，ファンデルワールス状態方程式は物質の一様な状態を記述し，図 2.20 は非一様な状態（液体と気体が共存）を記述するので生じます．図 2.20 と図 2.21 の差が生じる領域では，ファンデルワールスの状態方程式で記述される一様な状態は準安定で，わずかな刺激でも液体と気体が共存した安定状態になります．

　状態方程式を満たしながらの変化も平衡状態を保ちつつの変化で，可逆変化です．温度一定に保ちつつ一様な状態で液体から気体に変化させ，液体と気体が共存した状態で元の液体の状態に戻る可逆サイクルを考えてみましょう（図 2.22 のサイクル $1 \to 2 \to 3 \to 4 \to 5 \to 6 \to 3 \to 7 \to 1$）．可逆なのでサイクル全体でのエントロピー変化は 0 で，温度一定なので，熱の出入りも 0 です（(2.27) 式参照）．サイクルは元の状態に戻るので内部エネルギー変化も 0 なので，熱力学第 1 法則，(2.2) 式より仕事も 0 です．よって，図 2.22 でサイクルの囲む（符号付き）面積の和が 0，つまり直線部の上の面積と下の面積が等しいです．これを**マクスウェルの規則**と呼びます．この条件から気体と液体が共存する状態の圧力と温度の関係が求

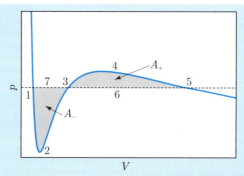

図 2.22 ファンデルワールス状態方程式を満たす物質の，一定温度下で気体と液体の共存する圧力 p（飽和蒸気圧）は状態方程式と圧力一定の直線の囲む面積 $A_+ = A_-$ の条件（マクスウェルの規則）により定まる．

まります．ファンデルワールスの状態方程式は，液体と気体の相転移を記述する理論模型の 1 つです．理想気体の状態方程式, (2.3) 式では相転移は記述できません．ファンデルワールスの状態方程式は理想気体の状態方程式の単純な一般化ですが，相転移や臨界点の存在とふるまいが理解でき，パラメーターの意味も明確なので有用です．実際の物質の性質を近似的に計算することにも活用されています．いくつかの物質のパラメーターの値を表 2.5 にあげました．

表 2.5 ファンデルワールスの状態方程式のパラメーター a, b の例．臨界温度，圧力を T_c, p_c と表すと，$a = 27R^2T_c^2/(64p_c), b = RT_c/(8p_c)$ の関係がある（例題参照）．

物質	$a\,[\mathrm{Pa \cdot m^6/mol^2}]$	$b\,[10^{-6}\,\mathrm{m^3/mol}]$
窒素	0.137	38.7
酸素	0.138	31.9
H_2O	0.537	30.5
二酸化炭素	0.366	42.9
エタノール	1.26	87.1

ここで**沸騰**現象を説明します．沸騰は液体表面だけからではなく，液体内からも気化する現象です（日常経験からわかるでしょう）．気化現象は液体内部でも常時生じていて小さな泡ができています．小さな泡の内部の圧力は液体と気体の平衡状態で飽和水蒸気圧になります．外圧がそれより大きければ，液体内の小さな泡はすぐにつぶれてしまいます．外圧が飽和水蒸気圧以下であれば，泡が成長できるので沸騰します．温度を上げれば飽和水蒸気圧が上がり，外気圧に等しくなれば沸騰し

ます．また，一定温度でも，圧力を飽和水蒸気圧まで下げれば沸騰します（2.8.3 項参照）．

例題 ファンデルワールスの状態方程式についての関係式，$a = 27(RT_c)^2/(64p_c)$，$b = RT_c/(8p_c)$ を示して下さい（T_c, p_c は臨界温度，臨界圧力）．

解 ファンデルワールスの状態方程式 (2.81) 式は V_1 についての 3 次式，$(pV_1^2 + a)(V_1 - b) - RTV_1^2 = 0$ に書き直せます．よって V_1 の解は 3 つあり，図 2.21 からわかるように，$T < T_c$ では 3 つの解は実数です．$T \to T_c$ の極限で 3 つの解は一致するので，臨界点での状態方程式は次の 3 重解を持つ式になります．

$$(p_c V_1^2 + a)(V_1 - b) - RT_c V_1^2 = p_c (V_1 - V_c)^3$$

係数を比べ，関係式，$V_c = 3b$，$p_c = a/(27b^2)$，$RT_c = 8a/(27b)$ を得ます．これより求める関係式を導けます． □

2.8.3 相転移と自由エネルギー

温度，圧力が一定の下で物質が安定する条件はギブス自由エネルギーが最小であることです（2.7.1 項参照）．よって，ある相が安定なのは，その相のギブス自由エネルギーがその温度，圧力で最小である場合です．相転移点では，どちらの相にもなりうるので，同質量の物質のギブス自由エネルギーは両方の相で最小で，等しい必要があります．

1 種類の物質は 2 変数（たとえば圧力と温度）で状態が指定されます．そこで，2 相が共存する上の条件が 1 つあり（たとえば $G_{気体} = G_{液体}$），条件に解があれば自由度は $2 - 1 = 1$ 個残ります．**自由度**は連続的に変化させられる状態量の数です．よって，図 2.18 で見られるように，2 相が共存できる状態の集合は曲線です．同様に，3 相が共存できる条件は，条件がもう 1 つ増えるので $2 - 2 = 0$（2 変数で方程式 2 個）で点となり，これを **3 重点**と呼びます．表 2.6 に例をあげました．より一般には，複数の物質のいくつかの相が共存する状態の自由度も，状態量の数から条件の数を引いて求まります．

例題 ドライアイスは二酸化炭素の固体です．なぜ，通常は液体にならずに気体になるのでしょうか．

解 表 2.6，図 2.18 からわかるように，3 重点の圧力は 1 気圧より高いため，1 気圧では温度を上げると昇華します． □

■**クラウジウス–クラペイロンの式** 図 2.17，2.18 からもわかるように，相転移する温度と圧力には関係があります．それと他の物理量との関係を導いてみましょ

第 2 章　熱　力　学

表 2.6　3 重点の温度（絶対温度とセ氏温度）と圧力の例.

物質名	3 重点の温度 [K]	[°C]	圧力 [kPa]
水素	13.80	−259.35	7.04
酸素	54.36	−218.79	0.146
窒素	63.2	−210	12.5
H_2O（水，氷，水蒸気）	273.16	0.01	0.612
二酸化炭素	216.6	−56.6	518
炭素	4762	4489	10300

う．一定質量の物質の 2 相のギブス自由エネルギーを $G_1(p,T), G_2(p,T)$ とすると，相転移点では等しいです．相の境界線上で温度，圧力を微小量変化させると，等しくあり続けなければならないので，次の関係式を得ます．

$$\Delta G_1 = \Delta G_2 \tag{2.83}$$

独立変数を T, p にとり，G_1 を展開すると，次式が得られます．

$$\Delta G_1(T,p) = \left(\frac{\partial G_1}{\partial T}\right)_p \Delta T + \left(\frac{\partial G_1}{\partial p}\right)_T \Delta p = -S_1 \Delta T + V_1 \Delta p \tag{2.84}$$

2 つ目の等号では (2.70) 式の自由エネルギーの偏微分を用いました．G_2 も同様に展開して，(2.83) 式に代入して次式を得ます．

$$(V_2 - V_1)\Delta p - (S_2 - S_1)\Delta T = 0 \tag{2.85}$$

温度 T，圧力 p の下で，$V_{1,2}$ は相 1, 2 の体積，$S_{1,2}$ は相 1, 2 のエントロピーです．相の境界線上の変化を考え，$\Delta p, \Delta T \to 0$ の極限で次式を得ます．

$$\frac{dp}{dT} = \frac{S_2 - S_1}{V_2 - V_1} = \frac{L}{T(V_2 - V_1)} \tag{2.86}$$

$L = T(S_2 - S_1)$ は相 1 より相 2 に一定温度で変化する際に放出されるエネルギー（あるいは相 2 から相 1 に変化するのに必要なエネルギー）で**潜熱**です（(2.27) 式参照）．潜熱も体積も示量的な状態量で，質量に比例するので，右辺の比は左辺と同様に示強的です．相転移点の温度と圧力の関係が，潜熱と体積変化を用いて熱力学から導けるのです．上の式を**クラウジウス–クラペイロンの式**と呼びます．

例題　相図（例：図 2.17, 2.18）では，1 気圧近辺では固体–液体間の境界線の方が，液体–気体間の境界線よりも，はるかに傾きが大きいです．理由を考えて下さい．

解　通常，固体と液体の間の密度の差の方が，液体と気体の密度の差より数桁小さく，潜熱の差はそこまでありません．よって，クラウジウス–クラペイロンの式より，その境界線の傾きは大きくなります．　　　　　　　　　　　　　　　　　　　　　　　　　□

2.8 相，相転移

■ クラウジウス–クラペイロンの式と H_2O 1気圧の下で氷，水，水蒸気の例を用いてクラウジウス–クラペイロンの式が持つ物理的意味を考えてみましょう．まず沸騰して気化する場合を考えます．H_2O の分子量は 18.0 で，100°C（= 373 K）で水蒸気の密度は 0.598 kg/m³，気化熱は 40.66 kJ/mol です（表 2.4 参照）．同質量の水蒸気の体積は水の体積の 2,000 倍程度あるので，ここでは水の体積は無視します．これを (2.86) 式に代入し，次の結果を得ます．

$$\frac{dp}{dT} = \frac{40.66 \times 10^3 \text{ J/mol}}{373 \text{ K} \cdot 18.0 \times 10^{-3} \text{ kg/mol}/(0.598 \text{ kg/m}^3)} \tag{2.87}$$
$$= 3.56 \times 10^3 \text{ Pa/K} = 0.0352 \text{ atm/K} \qquad （水 \leftrightarrow 水蒸気）$$

値が正であることは沸点の温度が上がれば，それに対応する圧力が上がることを意味します．同じことですが，圧力が下がれば，沸点が下がると言ったほうがわかりやすいかも知れません．標高の高いところでは沸点が下がるというのは経験的にもよく知られています．たとえば，標高 1,000 m 地点の気圧は 9.0×10^4 Pa なので，沸点は上式より以下のように求まります．

$$\frac{9.0 \times 10^4 \text{ Pa} - 10.1 \times 10^4 \text{ Pa}}{\Delta T} = 3.56 \times 10^3 \text{ Pa/K} \quad \Rightarrow \quad \Delta T = -3.2 \text{ K}$$

よって，沸点は 100.0°C − 3.2°C = 96.8°C となります．

同様に，氷が解けて水になる状況も考えてみます．1 気圧 0°C での水と氷の密度より，1 モルの体積差が次式のように求まります．

$$18.0 \text{ g/mol} \left(\frac{1}{1.000 \text{ g/cm}^3} - \frac{1}{0.917 \text{ g/cm}^3} \right) = -1.63 \times 10^{-6} \text{ m}^3/\text{mol} \tag{2.88}$$

融解熱は 6.01 kJ/mol なので，クラウジウス–クラペイロンの式より，

$$\frac{dp}{dT} = \frac{6.01 \times 10^3 \text{ J/mol}}{273 \text{ K} \cdot (-1.63 \times 10^{-6} \text{ m}^3/\text{mol})} \tag{2.89}$$
$$= -1.35 \times 10^7 \text{ Pa/K} = -133 \text{ atm/K} \qquad （氷 \leftrightarrow 水）$$

dp/dT が負の理由は，式からわかるように同質量の体積は水が氷より小さいからです．これは水の例外的な性質で，ほとんどの物質では，固体の方が液体よりも体積が小さく，相図の固体–液体間境界線で dp/dT は正になります．

■ クラウジウス–クラペイロンの式の直観的理解 圧力を上げれば，物質は小さくなろうとするでしょう．水と水蒸気の境目で圧力を上げれば，体積がより小さい水になろうとするはずで，沸点は上がり，水蒸気になりにくくなります．水と氷の場

92　　　　　　　　　　　第 2 章　熱　力　学

合も，水の方が体積が小さいので，十分に圧力をかければ融解点は下がって，氷が溶けます（章末問題 9 参照）．さらに，体積差が大きい程，相転移温度は変化しやすく，潜熱が大きいほど変化しにくい，という性質もこの論理から直観的に理解しやすいでしょう．このように直観的に理解ができれば，符号を間違えることはありません．

クラウジウス–クラペイロンの式は**ルシャトリエの法則**の例です．

―――――― **ルシャトリエの法則** ――――――
平衡状態に変化をもたらすと，変化の影響を小さくする方向に平衡は移動する．

クラウジウス–クラペイロンの式の場合は，圧力を増す（変化をもたらす）と，体積が小さくなって圧力を減らす方向に平衡が移動します．クラウジウス–クラペイロンの式は単にルシャトリエの法則の例というだけではなく，熱力学で導ける定量的な関係式であることに留意しましょう．

■気体と液体間の相転移温度と圧力の関係　同質量の液体（ℓ）と気体（g）の体積比は通常非常に小さいので，クラウジウス–クラペイロンの式，(2.86) 式で液体の体積を近似的に無視でき，次式を得ます．

$$\frac{dp}{dT} = \frac{L_{\ell g}}{TV_g} \tag{2.90}$$

液体 1 モルの気化熱を $L_{\ell g}$ と表しました．気体を理想気体とみなすと状態方程式 (2.3) 式を用いて，次式を得ます．

$$\frac{dp}{dT} = \frac{p}{T^2}\frac{L_{\ell g}}{R} \quad \Rightarrow \quad \int \frac{dp}{p} = \int \frac{dT}{T^2}\frac{L_{\ell g}}{R} \tag{2.91}$$

$L_{\ell g}$ が温度に依存しないとすると，次の関係式を得ます[6]．p_∞ は圧力 $p \to \infty$ の極限での下式の p の値です．

$$\log p = -\frac{L_{\ell g}}{RT} + 定数 \quad \Rightarrow \quad p = p_\infty e^{-L_{\ell g}/RT} \tag{2.92}$$

これは，相転移温度と圧力の関係式，あるいは飽和圧力と温度の関係式で，多くの場合に現実の物質を良く近似します．図 2.23 に (2.92) 式を水と水蒸気の境界に適用した例を示しています．この理論式を導くために，気化熱が温度に依存しないことと水蒸気が理想気体で近似できることを仮定しましたが，温度，圧力のかなり広範囲で良い近似となっていることがわかります．

――――――――――
[6]積分が難しく感じる場合には，結果を微分して微分方程式（この場合はクラウジウス–クラペイロンの式，(2.91) 式）を満たすことを確認しましょう．

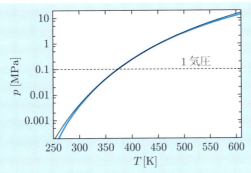

図 2.23 相図の水と水蒸気の境界線（青線）と，理論曲線 (2.92) 式（黒線）の比較（1気圧での沸点を基準とした）．1 気圧を破線で表示．グラフ両端で不一致が見えるが，全般的に一致は良い．

■**相転移の次数** エントロピー S と体積 V は自由エネルギー G の 1 次の偏微分係数で（(2.70) 式参照），上の H_2O の例では臨界点では不連続でした．このような場合を **1 次相転移**と呼びます．相転移に潜熱がともなったり，体積変化がある場合は 1 次相転移です．自由エネルギーの n 次偏微分係数が不連続で，より低い次数の偏微分係数が全て連続な相転移を **n 次相転移**と呼びます．既に述べたように相境界上で 2 相の G は等しいので 0 次相転移はありません．

2.8.4 化学ポテンシャル

温度 T，体積 V 一定で平衡状態にある系を A, B の 2 個に分け，A, B 間では粒子が移動でき，全体の粒子数は保存されているとします．たとえば，溶液中の溶媒の粒子だけが通り抜けられる半透膜で遮られている場合が例です（図 2.24 参照）．後述するように，流体中の分子にも適用できます．全体，A, B のヘルムホルツ自由エネルギーを F, F_A, F_B とし，$F = F_A + F_B$ です．T, V が一定の下では A, B の粒子数しか変化できないので，A, B の粒子数を $N_{A,B}$ とし，F の変化は下式です．

$$\begin{aligned} dF &= \left(\frac{\partial F_A}{\partial N_A}\right)_{T,V} dN_A + \left(\frac{\partial F_B}{\partial N_B}\right)_{T,V} dN_B \\ &= \left[\left(\frac{\partial F_A}{\partial N_A}\right)_{T,V} - \left(\frac{\partial F_B}{\partial N_B}\right)_{T,V}\right] dN_A \end{aligned} \quad (2.93)$$

$N_A + N_B$ が一定であるため $dN_A + dN_B = 0$ であることを用いました．整数 N について微分するのは違和感があるかも知れませんが，近似的に整数を連続的にみなしています．統計物理学では N が大きい場合を扱うので，差 ± 1 は割合として小

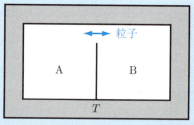

図 2.24 体積, 温度一定の下で粒子が A, B 間を移動できる系.

さく, 良い近似です. 化学ポテンシャル μ を次式で定義します.

$$\mu = \left(\frac{\partial F}{\partial N}\right)_{T,V} \tag{2.94}$$

A, B の化学ポテンシャルを μ_A, μ_B と表記し, 定義より次式を得ます.

$$dF = (\mu_A - \mu_B) dN_A \tag{2.95}$$

平衡状態では F が最小で, 1 次変化 $dF = 0$ なので, $\mu_A = \mu_B$ が成り立ちます. つまり, 平衡状態では化学ポテンシャルが等しくなります. μ が温度と体積一定の下での 1 粒子あたりの自由エネルギーに対応するので, 平衡状態でなければ, 粒子は μ が大きい方から小さい方に移動します.

■**化学ポテンシャルとギブス自由エネルギー** F, V, N は示量性, T は示強性を持つ物理量なので, 系をコピーして α 個つなげると, 自由エネルギーも α 倍されます. これは $F(T, \alpha V, \alpha N) = \alpha F(T, V, N)$ が成り立つことを意味します. この両辺を α について微分して $\alpha = 1$ とし, 下式を得ます.

$$\left.\frac{\partial F(T, \alpha V, \alpha N)}{\partial \alpha}\right|_{\alpha=1} = \left(\frac{\partial F}{\partial V}\right)_{T,N} V + \left(\frac{\partial F}{\partial N}\right)_{T,V} N \tag{2.96}$$

$$= -pV + \mu N \tag{2.97}$$

$$= \left.\frac{\partial [\alpha F(T, V, N)]}{\partial \alpha}\right|_{\alpha=1} \tag{2.98}$$

$$= F(T, V, N)$$

(2.68) 式と化学ポテンシャルの定義 (2.94) 式を用いました. 上式と G の定義より μ は粒子 1 個あたりの**ギブス自由エネルギー**であることがわかります ((2.63) 式参照).

第 2 章　章末問題　　　**95**

$$G = F + pV = \mu N \tag{2.99}$$

よって，上では相転移の議論にギブス自由エネルギーを用いましたが，これは化学ポテンシャルを用いるのと同等です．たとえば，(2.83) 式は相転移点では両方の相における化学ポテンシャルが等しいことを意味します．本書では粒子 1 種類の場合を扱いますが，複数種類の場合は，μN のかわりに $\sum_\alpha \mu_\alpha N_\alpha$ を使えば同様に扱えます．

■■■■■■■■■■■■■ **第 2 章　章末問題** ■■■■■■■■■■■■■

解答例はサポートページに掲載しています．

■ 1　最新のガス発電所の効率は 60% 程度です．必要な高温熱源の温度はいくら以上でしょうか．

■ 2　室内の温度が 30°C で冷凍庫内の温度が −10°C とします．冷凍庫内から熱を取り除くのに必要な最低の仕事は 1 J あたりいくらですか．

■ 3　(a)　0°C の氷を溶かして 0°C の水にすると，エントロピー変化は 1 kg につきいくらですか．

　　　(b)　20°C の水を 80°C まで変化させた場合のエントロピー変化は 1 kg につきいくらですか．熱容量の温度変化は無視できます．

■ 4　外界と物質やエネルギーの受け渡しをしない物体と液体の系を考えます．系内はエネルギーだけを受け渡しし，体積変化は無視できるとし，十分時間がたって熱平衡状態にあるとします．物体と液体を A, B と呼び，それぞれのエネルギーを E_A, E_B，エントロピーを S_A, S_B とします．

　　　(a)　次の条件を示して下さい．

$$\frac{\partial S_A}{\partial E_A} = \frac{\partial S_B}{\partial E_B}$$

　　　(b)　これは A, B の温度について何を示唆しますか．

■ 5　独立変数の変換（たとえば $V, T \to p, T$）の性質を導きます（2.7.2 項参照）．自由度は 2（独立変数は 2 個）とします．

　　　(a)　A を独立変数 B, C の関数とみなした場合，同様に B を A, C の関数とみなした場合の微小変化は下式です．

$$dA = \left(\frac{\partial A}{\partial B}\right)_C dB + \left(\frac{\partial A}{\partial C}\right)_B dC, \quad dB = \left(\frac{\partial B}{\partial A}\right)_C dA + \left(\frac{\partial B}{\partial C}\right)_A dC$$

　　　この 2 式より，次の 2 式を導いて下さい．

$$\left(\frac{\partial A}{\partial B}\right)_C = \left(\frac{\partial B}{\partial A}\right)_C^{-1}, \quad \left(\frac{\partial A}{\partial B}\right)_C \left(\frac{\partial B}{\partial C}\right)_A \left(\frac{\partial C}{\partial A}\right)_B = -1$$

(b) A を B, C, C を B, D の関数とみなし，(a) と同様に次式を導いて下さい．

$$\left(\frac{\partial A}{\partial B}\right)_D = \left(\frac{\partial A}{\partial B}\right)_C + \left(\frac{\partial A}{\partial C}\right)_B \left(\frac{\partial C}{\partial B}\right)_D$$

(c) 独立変数に注意し，上の関係を用いて $G(p, T) = F(V, T) + pV$ と (2.68) 式より (2.70) 式の 2 式を導いて下さい．

■ **6** ゴム等の伸び縮みする物体の熱力学を考えます．

(a) 長さ $d\ell$ 伸ばすと引き戻す力 f が働くとして，内部エネルギー E とヘルムホルツ自由エネルギー F の微小変化を温度やエントロピーの変化も考慮して求めて下さい（2.7.2 項参照）．

(b) ゴムを伸ばした状態から解放し，急激に縮むと温度が下がることを示して下さい．

(c) $(\partial F/\partial T)_\ell, (\partial F/\partial \ell)_T$ を求めて下さい．

(d) 次の 2 式を示して下さい．

$$\left(\frac{\partial S}{\partial \ell}\right)_T = -\left(\frac{\partial f}{\partial T}\right)_\ell, \quad \left(\frac{\partial E}{\partial \ell}\right)_T = f - T\left(\frac{\partial f}{\partial T}\right)_\ell$$

■ **7** 0.01 気圧，1 気圧，100 気圧で 100 K と 300 K での H_2O，二酸化炭素，窒素の状態を求めて下さい．

■ **8** (a) 水の分子量と密度より，水分子 1 個の体積と大きさ（1 方向の長さ）を概算して下さい．

(b) ファンデルワールスの状態方程式のパラメーター（表 2.5）より水分子の体積を概算し，前問の結果と比較して下さい．

(c) 水蒸気がファンデルワールスの状態方程式を満たすとして，室温，1 気圧で理想気体との相対的なずれのオーダーを概算して下さい．

■ **9** スケーティングでは，刃の圧力によって氷が溶けて滑れると従来言われてきました．これが現実的か検証して下さい．

第3章

統計物理学

物質は原子が構成していて，原子のふるまいを組み合わせたものが物質のふるまいとして現れます．巨視的な物質を構成する原子，分子の数は非常に多く，たとえばコップ一杯の水には 10^{25} 個程度の分子があります．個々の分子のふるまいを求めるのは実質不可能ですが，通常は**微視的**な個々の分子のふるまいには興味が無く，物質の**巨視的**なふるまいに興味があります．微視的，巨視的な視点の橋渡しをするのが統計物理学です．本章では，微視的な自由度がどのような統計的な性質を持っていて，どのようにそれを用いて巨視的な物理量を求めるのかを説明します．微視的自由度として原子，分子を扱いますが，考え方は他の粒子にも適用できます．

■ 3.1　統計と大きな数

自由度の多い系では統計精度が高く，物理量は正確に決まるはずであることは直観的に納得できるでしょう．コイントスの例で，統計の性質を確かめてみましょう．コイントスでは確率 $1/2$ で表裏が出ます．表であれば 1，裏であれば -1 をとる変数 x を考え，平均値 $\langle x \rangle$ の性質を調べます．

N 回コイントスした場合に $\langle x \rangle$ がある値をとる確率（確率分布）を求めます．k 回表が出る確率 $P(k)$ と k，そして $\langle x \rangle$ との関係式は次のとおりです．

$$P(k) = \binom{N}{k} \frac{1}{2^N} = \frac{N!}{2^N (N-k)! \, k!}, \quad \langle x \rangle = 2k - N \tag{3.1}$$

N 回コイントスをした場合の x の平均値 $\langle x \rangle$ は 0 とは限りません．N を大きくした場合の $\langle x \rangle$，また N 回のコイントスを何回も繰り返した場合の $\langle x \rangle$ の平均値は 0 に近づきます．図 3.1 に $\langle x \rangle$ の確率分布を示しました．N が大きくなると，分布の幅が狭まり，$\langle x \rangle$ が 0 より離れた値をとる確率が小さくなります．分布幅は標準偏差（B.11 節参照）で特徴付けられ，そこから離れた値をとる確率は指数関数的に小さくなります．この例での標準偏差は以下で求めるように $1/\sqrt{N}$ です．表 3.1 に $|\langle x \rangle| \geqq 0.01$ をとる確率をいくつかの N について示しました．巨視的な物

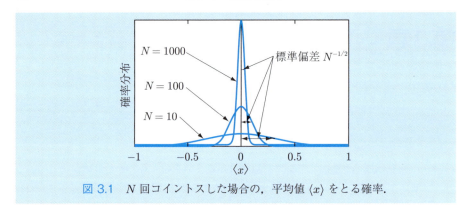

図 3.1　N 回コイントスした場合の，平均値 $\langle x \rangle$ をとる確率．

表 3.1　試行回数 N の場合に平均から 0.01 以上ずれた値をとる確率．

N	100	10000	10^8	10^{20}
$|\langle x \rangle| > 0.01$ である確率	0.92	0.32	1.5×10^{-23}	$10^{-2 \times 10^{15}}$

質で N が 10^{20} のように大きい場合には，統計平均から実質ずれないことがわかるでしょう．表 3.1 の例では，平均値が 0 から 0.01 以上離れる確率は 10 の累乗のさらに累乗分の 1 というとてつもなく小さい確率であることがわかります．以降の例でも見られる，巨視的な物理量が平均値から少しずれる確率の典型的なふるまいです．エネルギー，温度といった巨視的な物理量は平均値（示強的な場合），あるいは平均値の粒子数倍（示量的な場合）です．明確な値を持つと考えて良い理由がわかるでしょう．

例題
(1)　1g の水に含まれる分子の数を概算して下さい．
(2)　1W の可視光の 1 秒あたりの光子数を求めて下さい．

解　(1)　水 1 モルの質量は 18g（A.2 節参照）．よって，$1/18 \times 6 \times 10^{23} \sim 3 \times 10^{22}$ 個．日常スケールでの原子，分子の数のオーダーが実感できます．

(2)　光子 1 個あたりのエネルギーはプランク定数 h，振動数 ν として $h\nu = hc/\lambda$（c：真空中光速，λ：波長）．可視光の波長を 500 nm として，

$$\frac{1\,\text{W} \cdot 500 \times 10^{-9}\,\text{m}}{7 \times 10^{-34}\,\text{J} \cdot \text{s} \cdot 3 \times 10^8\,\text{m/s}} \sim 3 \times 10^{18}\,/\text{s}$$

日常スケールの系では粒子数が多いことが上の概算からわかるはずです．　□

■統計的な性質の導出[†]　(3.1) 式の確率 $P(k)$ を N が大きい場合にスターリングの公式（(B.68) 式参照）を用いて近似します．

$$\log P(k) \simeq N \log \frac{N}{2} - \frac{N}{2}(1+\overline{x}) \log \left[\frac{N}{2}(1+\overline{x}) \right]$$
$$- \frac{N}{2}(1-\overline{x}) \log \left[\frac{N}{2}(1-\overline{x}) \right] \qquad (3.2)$$

見やすくするために $\langle x \rangle$ を $\overline{x}$ と表し，大きい数を扱いやすいので対数を用いました．N が大きく，$\overline{x}$ が小さいとして $\overline{x}$ の 2 次まで展開し，N に比例する次の支配的ふるまいを得ます（B.4.3 項参照）．

$$\log P(k) \simeq -\frac{N\overline{x}^2}{2} \quad \Leftrightarrow \quad P(k) \sim e^{-N\overline{x}^2/2} \qquad (3.3)$$

これより，正の数 x_0 に対して $|\langle x \rangle| > x_0$ である確率は，$e^{-Nx_0^2/2}$ のようにふるまい，N が大きければ非常に小さくなることもわかります．上の (3.3) 式は標準偏差 $1/\sqrt{N}$ を持つ正規分布です（B.11 節参照）．無作為抽出した N 個の標本の平均値が N が十分大きい場合には正規分布に従い，その分布の幅が $1/\sqrt{N}$ に比例するのは，重要な一般的な性質です．

■ 3.2 孤立系とミクロカノニカル分布

ここでは，外界とはエネルギー，粒子を一切受け渡ししない粒子の集合である**孤立系**について考えます．孤立系内の粒子は互いに衝突などの相互作用をし，エネルギーを受け渡ししながら運動をしています．エネルギー保存則より孤立系の全エネルギーは一定で変化しません．N 個の粒子の座標，運動量を $\boldsymbol{r}_j, \boldsymbol{p}_j \ (j = 1, 2, \cdots, N)$ で表すと，時刻 t_1 での各粒子の位置と運動量，$\{\boldsymbol{r}_j(t_1), \boldsymbol{p}_j(t_1)\}$ がその時点での系の微視的な**状態**を指定します．全粒子の位置と運動量のとりうる空間を**位相空間**と呼びます．各粒子の位置，運動量，エネルギーは変化し続けます．より一般的にはスピン等の，位置と運動量以外の自由度も考慮します．次の**等重率の原理**に従う統計的性質を持つ分布を**ミクロカノニカル分布**と呼びます．

> ミクロカノニカル分布：微視的な個々の状態をとりうる確率は同じ

ミクロカノニカル分布においては，全ての状態について単純平均をすれば平均が求まります．以下では孤立系はミクロカノニカル分布を持つとします．個々の粒子が運動することにより様々な状態をとり，これらの状態の一部を優先する理由は無いので，直観的には自然な仮定です．

■アンサンブル平均，時間平均とエルゴード性[†]　　上では，物理量を求める際に可能な全ての状態についての期待値を求めました．これを**アンサンブル平均**と呼びます．何回も同じ実験をして得た結果の平均値としてイメージできます．物理量を測定し続けた際の**時間平均**も考えられ，概念的には異なります．この 2 つの平均値は同じになるのでしょう

か. 直観的には同じになりそうです.

アンサンブル平均と時間平均が一致する性質を**エルゴード性**と呼び, この性質を持つ系をエルゴード的と呼びます. 非常に多くの粒子が勝手に運動し, 系は様々な状態をとっていきます. 時間平均では, これらの状態を用いて平均をとります. 時間平均をとる時間が十分長ければ時間平均とエネルギー一定の下での全状態での平均が同じになるのは, 直観的には理解できると思います. より詳しくは, 系の変化で, 様々な状態に平均的に同じ時間滞在し, それらが全体の十分な割合を占めることを意味します. 「状態」は量子力学的で離散的な概念です. 古典力学で連続的に考える場合は, 運動できる空間の十分多くの領域に到達し, 同空間体積内で平均的に同時間を過ごすと考えることができます. 現実には長い時間, 粒子数のどちらも無限ではなく, 程度の問題はありますが, 「たちが悪くない」系は, 適切な初期条件下でエルゴード的とみなせます. 直観的には正しくても, 単純な物理系以外でエルゴード性を厳密に示すことは困難で, 現在も研究されている問題です. 以下で扱う系はエルゴード的だと仮定します. この条件下で現実世界と整合性のある物理量を得られます.

■ 3.3 エネルギー交換, 温度, エントロピー ■

3.3.1 温度とエネルギー ■

統計物理学の基本的な考え方を説明します. イメージしにくい部分がある場合は, その後の例も読んでからもう一度見返してみることを勧めます. 前節では孤立系を扱いましたが, 孤立系をエネルギーを受け渡しする 2 つの系に分けて考えてみましょう. 熱の受け渡しはエネルギーの受け渡しです. このような系の例として, 水の中の金属の塊, 部屋の中の物体, などを思いつきます. 2 つの系を A, A′ と呼び, それぞれのエネルギーを E, E' としましょう. 全体は孤立系なので, $E + E' = E_{\text{total}}$ で, E_{total} は一定です. A がエネルギー E を持つ状態数を $W(E)$, A′ がエネルギー E' を持つ状態数を $W'(E')$ とします[1]. 一般に系 A, A′ は異なる性質を持つので, W, W' は異なる関数です. 熱平衡の下で A がエネルギー E を持つ確率 $P(E)$ は, 系全体の全ての状態を同じ確率 (等重率の原理) でとりうるので状態数に比例し, 次式です.

$$P(E) = CW(E)W'(E_{\text{total}} - E) \tag{3.4}$$

C は E によらない定数です. A′ がエネルギー $E_{\text{total}} - E$ を持つことを使いました. 巨視的な系では自由度が多く, $P(E)$ はある E の値で非常に大きな値をとり, そ

---

[1]量子力学的な考えを用いて, 系は離散的な状態をとるとします.

3.3 エネルギー交換，温度，エントロピー

の値と異なる値をとる確率は非常に小さくなるので（3.1 節参照），熱平衡化では確率が最大となるエネルギーを実質的に持ちます．状態数は正なので，対数をとって確率が最大になる条件を求めます．

$$\frac{\partial \log P(E)}{\partial E} = \frac{\partial \log W(E)}{\partial E} - \frac{\partial \log W'(E')}{\partial E'} = 0, \quad E' = E_{\text{total}} - E \tag{3.5}$$

$E' = E_{\text{total}} - E$ なので $\partial \log W'/\partial E = -\partial \log W'/\partial E'$ となることを用いました．以下のように β, β' を定義すると，上の条件は $\beta = \beta'$ となります．

$$\beta = \frac{\partial \log W(E)}{\partial E}, \quad \beta' = \frac{\partial \log W'(E')}{\partial E'} \tag{3.6}$$

統計物理学では，**絶対温度 T** を次式で定義します．

$$k_{\text{B}} T = \frac{1}{\beta}, \qquad k_{\text{B}} = 1.38 \times 10^{-23} \, \text{J/K} \qquad (k_{\text{B}} : \text{ボルツマン定数}) \tag{3.7}$$

同様に，A' については $k_{\text{B}} T' = 1/\beta'$ が成り立ちます．よって，上の条件 (3.5) 式は熱平衡下ではエネルギーを受け渡しする系，A, A' の絶対温度が等しいこと，$T = T'$ を意味します．この結論は熱力学と同じです（第 2 章章末問題 4 参照）．ここで定義した「絶対温度」が熱力学で定義した絶対温度と一致することは 3.4.3 項で説明します．

巨視的な系のエネルギーが増加すると状態数も増加し，減る場合は通常は考えにくいです（章末問題 1 参照）．これは，(3.6), (3.7) 式より絶対温度が正（$T > 0$）であることを意味します．

温度が異なる系 A, A' を接触させた場合を考えます．エネルギーの受け渡しがあり，時間がたつと系 A, A' が熱平衡状態となります．熱平衡状態になると条件 (3.5) 式を満たすので，それ以上 E, E' は変化しません．よって，A, A' の温度が等しいこととエネルギーの受け渡し量が 0 であることは等価です．さらに，A をもう 1 つの系 A'' と接触させた場合を考えましょう．同様な議論により，もしも A, A'' 間でエネルギーの受け渡し量が 0 の場合は A, A'' の温度が等しく，A', A'' の温度も等しいことになります．これにより，A と A'，A と A'' がともに熱平衡にある場合には，A' と A'' も熱平衡にあり，**熱力学第 0 法則**が成り立ちます（2.1.3 項参照）．

既に説明したように，系の状態数，そしてその対数値はあるエネルギーで最大値をとります．そのためには，$\log W(E)$ は上に凸な関数である必要があります．この条件は，次のように表せて，一般に成り立ちます．

$$\frac{\partial^2 \log W(E)}{\partial E^2} = \frac{\partial \beta}{\partial E} < 0 \quad \Leftrightarrow \quad \frac{\partial T}{\partial E} > 0 \tag{3.8}$$

102　　　　　　　　　　第 3 章　統計物理学

これは，系 A のエネルギーが増加すれば系 A の温度が上昇することを意味します．熱平衡では A と A′ の温度は一致します．系 A′ の温度の方が高かった場合に系 A の温度が上昇して熱平衡に達します．その際，上式より系 A のエネルギーが増えているので，系 A′ より系 A にエネルギーが流れています．これで温度が高い系から温度が低い系にエネルギーが流れることがわかります．直観的には当然でしょう．

3.3.2　エントロピーの定義

　統計物理学では系のエントロピー S を次のボルツマンの関係式で定義します．W は状態数です．

$$S = k_{\mathrm{B}} \log W \tag{3.9}$$

これが熱力学で用いたエントロピーと一致することは以下で示します．ボルツマンの関係式ではエントロピーの大小が状態数の多い少ないを意味します．どの状態も等確率でとれるので，熱力学第 2 法則（エントロピー増大の法則）は，系はより微視的な状態数が多い巨視的状態に移行することとして直観的には理解できます．そして，上の熱平衡で成り立つ条件，(3.5) 式は A, A′ を合わせた系全体のエントロピーが最大値を持つ条件そのものです．絶対温度とエントロピーの定義 (3.6), (3.7), (3.9) 式より次式を得ます．

$$\frac{1}{T} = \frac{\partial S}{\partial E} \tag{3.10}$$

よって，絶対温度とエントロピーの定義は熱力学の関係式を満たしていることがわかります（(2.74) 式参照，ここではエネルギー受け渡し以外に仕事をすることは考慮していないので，体積一定の場合に対応）．

　統計物理学でのエントロピー変化を考えてみましょう．系 A がわずかのエネルギー，ΔQ を得た場合の熱平衡下での状態数の変化は次式です．

$$\log W(E + \Delta Q) - \log W(E) = \frac{\partial \log W(E)}{\partial E} \Delta Q = \beta \Delta Q \tag{3.11}$$

エントロピーと絶対温度の定義，(3.9) 式と (3.6), (3.7) 式を用いて次のエントロピーの変化式に書き換えられます（熱平衡下なので準静的過程に対応）．

$$\Delta S = \frac{\Delta Q}{T} \tag{3.12}$$

これは熱力学で定義したエントロピー変化（2.6.1 項参照）と一致し，熱力学ではエントロピーの積分定数部分（変化ではない部分）は有限なことしか特定しなかったので，エントロピーは統計物理学と熱力学で一致します（2.6.6 項参照）．

■ 3.4 カノニカル分布

3.4.1 カノニカル分布とは

　系 A が A′ に比べてはるかに小さくて，A′ が熱浴とみなせる場合を考えます．大量の水の中にある小さな金属の塊のように，A が A′ に比較して小さい巨視的な物質である場合も，A が原子 1 個であるような，微視的な系である場合も考えられます．A がエネルギー E_j を持つ 1 つの状態にある確率 $P(E_j)$ は状態数 $W'(E_{\text{total}} - E_j)$ に比例します．A の 1 つの状態を考慮しているので，A′ の状態数だけを数えています．E_j は E_{total} に比べてはるかに小さいので，対数をとって E_j について展開し，次式を得ます．

$$\log W'(E_{\text{total}} - E_j) = \log W'(E_{\text{total}}) - \frac{\partial \log W'(E_{\text{total}})}{\partial E'} E_j$$
$$= \log W'(E_{\text{total}}) - \beta E_j \tag{3.13}$$

ここで，β の定義，(3.6) 式を用い，E_j について 1 次より高次の項は無視しました（記号の煩雑さを避け，ここでは β' を β と記述しました）．上式より $P(E_j)$ の E_j への依存性が次のように求まります．

$$P(E_j) = C e^{-\beta E_j} \tag{3.14}$$

C は E_j に依存しない定数です．一般に A は巨視的とは限らず，A の温度が定義できるかはわからないので，A の温度は用いていません（β は熱浴 A′ の温度の逆数であることに注意）．熱平衡の状況で，系 A がエネルギー E を持つ 1 つの状態にいる確率は次式です．

カノニカル分布

$$P(E_j) = \frac{e^{-\beta E_j}}{\sum_j e^{-\beta E_j}} = \frac{e^{-\beta E_j}}{Z}, \quad \beta = \frac{1}{k_{\text{B}} T} \tag{3.15}$$

$\sum_j$ は A の状態全てについての和です．上式では確率の和が 1 になるように (3.14) 式の定数 C を決めただけです．上の分布，(3.15) 式は**カノニカル分布**（あるいは**ボルツマン分布**）と呼ばれ（図 3.2 参照），必然的に多くの物理的状況で現れます．ここで統計物理学で便利な**状態和**，Z を導入しました．

$$Z = \sum_j e^{-\beta E_j} \tag{3.16}$$

熱平衡にあるので，温度は系全体 A + A′ で一定としています．系の物理量はこの

分布を用いた**平均値**です（統計物理学における平均値は**期待値**を意味します）．たとえば，系 A のエネルギーは次式です．

$$E = \frac{\sum_j E_j e^{-\beta E_j}}{Z} \tag{3.17}$$

一般に巨視的な物理量は平均値なので，以下では平均の記号（$\langle \cdots \rangle$）を煩雑さを避けるために省きます．連続的な場合には和は積分になります．カノニカル分布では簡単に導ける次の便利な関係式が成り立ちます．

$$E = -\frac{\partial}{\partial \beta} \log Z = k_\mathrm{B} T^2 \frac{\partial}{\partial T} \log Z \tag{3.18}$$

カノニカル分布について直観的に考えてみます．A の 1 つの状態を考えると，状態数は A' の状態数で決まり，これは A' の状態数が多いほど多くなり，A' のエネルギーが大きい，つまり A のエネルギー E_j が小さいほど大きくなります．特定のエネルギー値にピークがあるわけではなく，確率はエネルギーが大きくなると指数関数的に単調減少します（図 3.2 参照）．

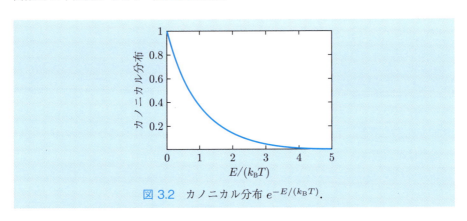

図 3.2 カノニカル分布 $e^{-E/(k_\mathrm{B}T)}$．

3.4.2 カノニカル分布とエントロピー

■**エネルギー値が 1 つの場合** 系がとりうる全ての状態が同じエネルギー E_j にある場合のエントロピーをまず考えましょう．1 つの状態をとる確率 $P(E_j)$ は，等重率の原理により次式です．

$$P(E_j) = \frac{1}{W(E_j)} \tag{3.19}$$

よって，エントロピー（(3.9) 式参照）は次式に書き換えられます．

$$S = k_\mathrm{B} \log W(E_j) = -k_\mathrm{B} \log P(E_j) \tag{3.20}$$

分配関数は，以下のとおりです．

$$Z = W(E_j)e^{-\beta E_j} \tag{3.21}$$

両辺の対数をとり，次式を得ます．

$$\log Z = \log W(E_j) - \beta E_j = \frac{1}{k_{\mathrm{B}}}S - \frac{1}{k_{\mathrm{B}}T}E_j \tag{3.22}$$

この場合の系のエネルギーは E_j なので次の分配関数とヘルムホルツ自由エネルギー F の関係式を得ます（(2.61) 式参照）．

$$-k_{\mathrm{B}}T \log Z = E - TS = F \tag{3.23}$$

■**一般の場合**　系が様々なエネルギー E_j をとる一般の場合はエントロピーは平均値となります（(3.20) 式参照）．

$$S = -k_{\mathrm{B}} \langle \log P(E_j) \rangle = -k_{\mathrm{B}} \sum_j P(E_j) \log P(E_j) \tag{3.24}$$

カノニカル分布の $P(E_j)$，(3.15) 式を用いて次式を得ます．

$$S = -k_{\mathrm{B}} \sum_j P(E_j)(-\beta E_j - \log Z) = k_{\mathrm{B}}(\beta E + \log Z) \tag{3.25}$$

系のエネルギーが平均値であること，$E = \sum_j P(E_j)E_j$ を使いました（(3.17) 式参照）．(3.23) 式と同様に，分配関数と自由エネルギーの関係を得ます．

$$-k_{\mathrm{B}}T \log Z = E - TS = F \tag{3.26}$$

　一般に，分配関数 Z が T, V の関数として求まれば F も求まり，熱力学の関係式，(2.68) 式より S, p も求まります．つまり熱力学を用いて，巨視的な物理量を求めることができるようになります．Z はどのように計算できるのでしょうか．Z は，原理的には統計物理学を用いて微視的な自由度から計算できます．以下では，簡単な系の例を見ていきます．まず，理想気体で上の関係式の意味を確認します．

3.4.3　カノニカル分布と理想気体

　熱平衡にある自由粒子（力を受けず自由に運動している粒子．図 3.3 参照）の性質を調べてみましょう．以下でわかるように，これが**理想気体**です．1 種類の質量 m を持つ分子 N 個が運動している場合の分配関数を求めます．自由粒子なので，系のエネルギー E は各粒子の運動エネルギーの和です．

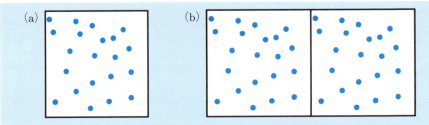

図 3.3 (a) 理想気体：分子が自由に運動．(b) 同じ状態の理想気体 2 つを合わせた場合．

$$E = \sum_{j=1}^{N} \frac{\bm{p}_j^2}{2m} \tag{3.27}$$

以下では 3 次元空間で自由に運動しているとしています．$\bm{p}_j$ は粒子 j の（3 次元）運動量ベクトルです．これを，(3.16) 式に代入します[2]．

$$Z = C \int \prod_{j=1}^{N} d^3\bm{r}_j \prod_{j=1}^{N} d^3\bm{p}_j \, e^{-\sum_{j=1}^{N} \beta \bm{p}_j^2/(2m)} \tag{3.28}$$

熱平衡状態にあるので，カノニカル分布に従っています．全状態についての和なので，各分子の位置 $\bm{r}_j$，運動量 $\bm{p}_j$ について積分しています．

係数 C を求めるには 2 つの重要な概念が必要です．1 つは，1 状態に対応する位相空間体積，$\Delta \bm{r}_j \Delta \bm{p}_j$ です．もう 1 つは，N 個の**同種粒子**で区別できないので，$N!$ で割る必要があることです．**量子力学**より 1 状態の占める体積は 1 次元で $\Delta x \, \Delta p = h$（h：プランク定数）です（章末問題 2 参照）．不確定性原理 $\Delta x \Delta p \geq \hbar/2$ より（$\hbar = h/(2\pi)$），1 状態がプランク定数オーダーの体積を占めることは納得がいくでしょう．上の 2 つの性質を考慮して $C = 1/(N! h^{3N})$ です．以下の様々な物理量の関係は h^{-3N} の意味を把握していなくても理解できます．各粒子について積分は同じになるので，次式を得ます．

$$Z = \frac{V^N}{N!} \left(\int \frac{d^3\bm{p}}{h^3} e^{-\beta \bm{p}^2/(2m)} \right)^N = \frac{V^N}{N!} \left(\frac{2\pi m k_\mathrm{B} T}{h^2} \right)^{3N/2} \tag{3.29}$$

被積分関数は $\bm{r}$ によらず，$\bm{r}$ 積分は体積 V になり，$\bm{p}$ 積分にはガウス積分の性質 (B.29) 式と $\beta = 1/(k_\mathrm{B} T)$ を用いました．N 粒子の分配関数は 1 粒子の分配関数 Z_1 を用いて，次のように表せます．

---

[2] $\int d^3 \bm{r}_j$ はそれぞれの座標についての積分，$\int dx_j dy_j dz_j$ を表します（B.5 節参照）．

3.4 カノニカル分布

$$Z = \frac{Z_1^N}{N!}, \quad Z_1 = V\left(\frac{2\pi m k_B T}{h^2}\right)^{3/2} \tag{3.30}$$

(3.18) 式を用いて，エネルギーは次のように求まります．

$$E = \frac{3}{2}N k_B T \tag{3.31}$$

(3.23) 式を用いて，自由エネルギーは次のように求まります．

$$F = -k_B T\left\{N \log\left[V\left(\frac{2\pi m k_B T}{h^2}\right)^{3/2}\right] - \log N!\right\} \tag{3.32}$$

スターリングの公式，(B.68) 式を用い，整理して次式を得ます．

$$F = N k_B T\left(\log\frac{N}{V} - \frac{3}{2}\log\frac{2\pi m k_B T}{h^2} - 1\right) \tag{3.33}$$

この式と熱力学の関係式，(2.68) 式を用いて，理想気体の状態方程式を導けます．

$$p = -\left(\frac{\partial F}{\partial V}\right)_{T,N} = \frac{N k_B T}{V} \tag{3.34}$$

これで，カノニカル分布をしている自由粒子が理想気体に他ならないことを確認できました．モル数は $n = N/N_A$ なので，次の関係式を得ます．

$$R = N_A k_B \tag{3.35}$$

さらに，$\beta = 1/(k_B T)$ で定義した統計物理学の T は熱力学の**温度**と一致することが理想気体の公式から確認できます．理想気体の温度が一致しただけと思うかも知れませんが，熱平衡状態にある物質の温度は一致します．原理的には理想気体を温度計として用いてあらゆる物質の温度を測定できるので，温度の概念は統計物理学と熱力学では一般に一致しています．統計物理学的に圧力 p を直接導くこともできます（章末問題 6 参照）．

ギブス自由エネルギー G は F より求まります（(2.63), (2.99) 式参照）．

$$G = N\mu = F + pV = N k_B T\left(\log\frac{N}{V} - \frac{3}{2}\log\frac{2\pi m k_B T}{h^2}\right) \tag{3.36}$$

化学ポテンシャル μ は密度とともに増加します．

$F = E - TS$ と上の E, F より，エントロピー S は次のように求まります．

$$S = N k_B\left(-\log\frac{N}{V} + \frac{3}{2}\log\frac{2\pi m k_B T}{h^2} + \frac{5}{2}\right) \tag{3.37}$$

108　　　　　　第 3 章　統計物理学

(3.33), (3.37) 式より次の熱力学の関係式，(2.68) 式を満たしていることが確認できます．

$$\left(\frac{\partial F}{\partial T}\right)_{V,N} = -S \tag{3.38}$$

上のエントロピーは熱力学で求めた理想気体のエントロピー，(2.41) 式と一致しています．熱力学では，エントロピーの定数部分の不定性がありますが，統計物理学的計算ではエントロピーを定数部分も含めて定義しているので（(3.9) 式参照），この不定性がありません．

いくつか重要な点を次にまとめます．

- 熱力学のエントロピーとの比較より，$C_V = 3Nk_B/2 = 3nR/2$ であることがわかります．ここでは分子の内部自由度を考慮していません（(3.31) 式参照）．単原子分子についてはこれで正しいですが，一般には回転自由度等も考慮する必要があります（例題参照）．

- 上で求めた F, E, S は示量的です．等温，同粒子数，同体積の理想気体が 2 個あると考えてみましょう（図 3.3 参照）．V, N はそれぞれ 2 倍になり，F, E, S も 2 倍になるはずです．E については明らかですが，F, S も 2 倍になるのは V/N が不変だからです．このためには (3.33) 式で $(\cdots)$ 内の V 依存性が $\log(V/N)$ であり，$\log V$ ではないことが必要です．$\log(V/N)$ の N は，F を求めた際の $N!$ からの寄与です．同種粒子が区別できないので $N!$ で割りましたが，これを考慮しないと示量性と矛盾することがわかります．同種粒子が区別できないのは厳密には**量子力学的**な性質です．

- E は分子の質量 m に依存しません（(3.31) 式参照）．xyz 方向は対等なので，1 粒子，1 方向あたり 1 自由度あると考え，次の**エネルギー等分配則**と呼ばれる性質を得ます（例題，3.6.2 項参照）．

$$1\text{自由度あたりの平均運動エネルギー} = \frac{k_B T}{2} \tag{3.39}$$

これが微視的な視点からの**温度**の意味です．このような原子，分子の有限温度での運動を一般に**熱運動**と呼びます．

- 理想気体に見られる次の分子の速度分布を**マクスウェル–ボルツマン分布**と呼びます．

$$f_M(\boldsymbol{v})\,d^3\boldsymbol{v} = \left(\frac{m}{2\pi k_B T}\right)^{3/2} e^{-m(v_x + v_y + v_z)^2/(2k_B T)}\,d^3\boldsymbol{v} \tag{3.40}$$

図 3.4 からわかるように，速度ベクトル $\boldsymbol{v}$ の分布としては，0 で最大値をとる

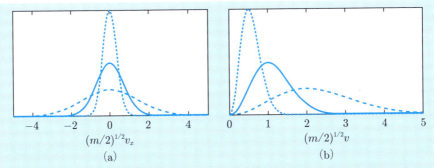

図 3.4 マクスウェル–ボルツマン分布:(a) 1 方向 v_x についての分布.(b) 3 次元での速さ v の分布.ともに 3 つの温度 $k_\mathrm{B}T = 1/4$(点線),1(実線),4(破線)について表示.

確率分布になります.3 次元空間での速さ $v = |\boldsymbol{v}|$ についての分布は,角度積分,$\int_\text{角度} d\boldsymbol{v} = 4\pi v^2\, dv$ を実行して得られ(B.8 節参照),$v \neq 0$ で最大値を持つ次の分布になります.

$$f_{\mathrm{M}'}(v)\,dv = 4\pi \left(\frac{m}{2\pi k_\mathrm{B}T}\right)^{3/2} e^{-mv^2/(2k_\mathrm{B}T)} v^2\, dv \tag{3.41}$$

例題 同一原子で構成される **2 原子分子**の理想気体で回転自由度を考慮し,エネルギー E と温度 T の関係を求めて下さい.

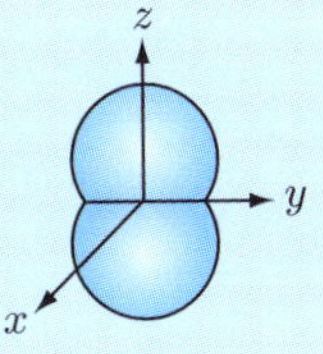

解 図 3.5 に示した 2 原子分子の回転自由度を考慮すると,x, y 軸についての回転は変化をもたらします.一方,z 軸については回転対称性があり,回転は変化をもたらさないので意味はありません(これも厳密には量子力学的な性質です).x, y 軸についての角度変数を ϕ_x, ϕ_y とすると回転運動エネルギーのラグランジアンは下式です(ここでは $d\phi_x/dt = \dot\phi_x, d\phi_y/dt = \dot\phi_y$ と表します).

$$\mathcal{L}_\mathrm{rot} = \frac{1}{2}I\left(\dot\phi_x^2 + \dot\phi_y^2\right) \tag{3.42}$$

図 3.5 2 原子分子.

I は x, y 軸周りの慣性モーメントで,対称性から同じです.共役な運動量は $p_{\phi_x} = I\dot\phi_x, p_{\phi_y} = I\dot\phi_y$ で,対応する**ハミルトニアン**[3]は次式です.

$$\mathcal{H}_\mathrm{rot} = p_{\phi_x}\dot\phi_x + p_{\phi_y}\dot\phi_y - \mathcal{L}_\mathrm{rot} = \frac{1}{2I}\left(p_{\phi_x}^2 + p_{\phi_y}^2\right) \tag{3.43}$$

分配関数は並進と回転を考慮し,(3.28) 式と同様に計算できます.

---

[3]「系のハミルトニアン」がわかりにくい場合は,系のエネルギーと考えて下さい(力学の参考書参照).

110 第 3 章 統計物理学

$$Z = C \int \prod_{j=1}^{N} d^3 \boldsymbol{r}_j \prod_{j=1}^{N} d^3 \boldsymbol{p}_j \prod_{j=1}^{N} d\phi_{xj} \prod_{j=1}^{N} d\phi_{yj} \prod_{j=1}^{N} dp_{\phi_{xj}} \prod_{j=1}^{N} dp_{\phi_{yj}}$$

$$\exp\left(-\sum_{j=1}^{N} \frac{\beta \boldsymbol{p}_j^2}{2m} - \sum_{j=1}^{N} \frac{\beta(p_{\phi_{xj}}^2 + p_{\phi_{yj}}^2)}{2I} \right)$$

式は少し長くなりましたが，運動量に関する積分は角度方向を含めガウス積分で求まります．E を求めるには，(3.18) 式より，T の次数だけが必要です．よって，容易に次式を得ます．

$$E = \frac{5}{2} N k_{\mathrm{B}} T \tag{3.44}$$

1 分子あたり 5 自由度（並進 3 ＋ 回転 2）ある分だけ (3.31) 式と異なります．2 原子分子の定積熱容量はエネルギー E の温度微分で $C_V = 5N k_{\mathrm{B}}/2$ と求まります（**エネルギー等分配則**）．具体的に計算しましたが，E には Z の T の次数のみが必要で，これは単にガウス積分の数で定まり，自由度の数であることに気づけば，明示的に積分する必要はありません．□

3.4.4 エントロピー最大化とカノニカル分布

3.4.1 項では，系全体の状態数を最大化する分布として，熱浴と同じ温度にあるカノニカル分布を得ました．これは重要な点なので，ここでは少し異なる観点から確認します．系が様々なエネルギー E_j の状態をとり，それぞれの状態をとる確率を P_j とします（略して $P(E_j) = P_j$ としました）．エントロピーは次式となります（(3.24) 式参照）．

$$S = -k_{\mathrm{B}} \sum_j P_j \log P_j \tag{3.45}$$

S が最大になるような確率分布，$\{P_j\}$ を求めてみましょう．確率の和は 1 であり，系のエネルギー（の期待値）が E であることに留意します．

$$\sum_j P_j = 1, \qquad \sum_j P_j E_j = E \tag{3.46}$$

このように，条件（**拘束条件**）が課された変数についての最大値問題を解くには**ラグランジュの未定乗数法**が便利です（B.12 節参照）．

ラグランジュの未定乗数法では，最大化する量に未定乗数 λ, ξ をかけた拘束条件を加えた量，$\widehat{S}$ を考えます．

$$\widehat{S} = -k_{\mathrm{B}} \sum_j P_j \log P_j + \lambda \left(\sum_j P_j - 1 \right) + \xi \left(\sum_j P_j E_j - E \right) \tag{3.47}$$

P_j を独立とみなして，$\widehat{S}$ の全ての P_j についての 1 次微分係数が 0 となるのが，$\widehat{S}$

が最大値をとる条件です.

$$\frac{\partial \widehat{S}}{\partial P_j} = -k_{\mathrm{B}} \left(\log P_j + 1 \right) + \lambda + \xi E_j = 0 \tag{3.48}$$

$\{P_j\}$ に 2 つ拘束条件が課されていますが,その分 2 つの未定乗数 λ, ξ があるので,変数の数と条件の数は一致していることに注意しましょう.上式を P_j について解いて次式を得ます.

$$P_j = e^{-1+\lambda/k_{\mathrm{B}}+\xi E_j/k_{\mathrm{B}}} = A e^{-\beta E_j} \tag{3.49}$$

上では,$\beta = -\xi/k_{\mathrm{B}}$,$A = e^{-1+\lambda/k_{\mathrm{B}}}$ と定義しました.確率の和が 1 なので,分布が次のように求まります.

$$P_j = \frac{e^{-\beta E_j}}{Z}, \qquad Z = \sum_j e^{-\beta E_j} \tag{3.50}$$

β の定義が一致することを確認する必要がありますが,前項でこの分布を用いて理想気体の物理量を計算し,$\beta = 1/(k_{\mathrm{B}}T)$ を確かめています.よって,エントロピーを最大化する確率分布がカノニカル分布であることがわかります.

■ 3.5　物質の相

3.5.1　微視的な視点からの物質の相

　ここで,物質の気体,液体,固体の相(2.8 節参照)を微視的観点から手短に説明します.物質は原子とそれが結合した**分子**から構成されます.短距離では分子同士間に**分子間力**と呼ばれる引力が働きます.どの相でも,エネルギー等分配則は成り立つので 1 自由度あたりの平均の運動エネルギーは古典的には $k_{\mathrm{B}}T/2$ です.分子間力は基本理論としては電磁気力より生じています.

■気体　気体は,分子が分子間力に影響されずに自由に運動している状態です.分子は酸素(O_2),アンモニア(NH_3)等,原子が結合して構成されている場合と,ヘリウム,アルゴン等のように原子 1 個が分子の場合があります.分子 1 個あたりの平均体積が,分子自体の体積に比較して大きいので,比較的容易に圧縮できます.

■液体　液体は,分子が分子間力で引き合い,気体と比較して高密度で運動している状態です.分子 1 個あたりの平均体積が,分子自体の体積程度なので圧縮は困難です.2.8 節で説明したように,厳密には液体と気体の境はありません.微視的視

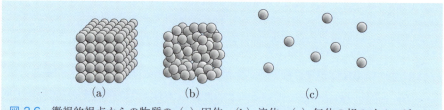

図 3.6 微視的視点からの物質の (a) 固体，(b) 液体，(c) 気体の相のイメージ．いずれの場合も有限温度で分子は運動している．

点からは，密度の差なので納得できるでしょう．

■**固体** 固体は，原子が格子状に規則性を持った配置を持つ状態です．原子が並んでいる場合（金属など），原子が分子単位で配置されている場合（氷など）と，イオンに分かれているイオン結晶（たとえば食塩）の場合があります．原子，分子やイオンは熱運動しますが，自由に移動できず，格子の各位置で振動します．

■**ガラス状態** 物質の相は基本的に上の 3 相に分類できますが，それ以外の典型例はガラス状態です．ガラスは 3 相のどの説明にも厳密にはあてはまりません．ガラスは分子から構成され，固体のように見えますが，分子の並び方に規則性が無いために結晶ではなく，固体ではありません．このように，分子が規則性を持たずに並んでいる状態を**アモルファス状態**[4]と呼びます．アモルファス状態である大きな理由は，融解状態から急速に冷却して生成されているために規則正しく整列する時間が無かったことです．

常温でガラスは，形状を保って流れず，そして弾性（5.1.3 項参照）を持つ，という意味で固体のようにふるまいます．我々の時間スケールではこのような性質を持っていて安定に見えますが，非常に長い時間スケール（宇宙の年齢スケールあるいはそれ以上）で考えると安定な物質相ではありません．

3.5.2 相転移と温度

物質は，一般に温度が低い状態から，固体，液体，気体の相をとります（2.8 節参照）．これは微視的視点からはわかりやすいです．まず，絶対温度が 0 の極限を考えると，分子の運動は限界まで小さくなり，量子力学的な不確定性の分だけ運動します．分子間力のために分子同士が平均的に近い状態になろうとし，それは規則

---

[4] 本書では，固体は原子/分子が規則性を持った配置にある物質と定義していますが，アモルファス状態も固体に含める場合があります．

性を持った状態になります。分子の並びの規則性の単位を**格子**と呼びます。日常経験でたとえると、積み木を規則正しく入れれば箱に入るのに、ランダムに詰めると入らなくなってしまうことから直観的にはわかりやすいでしょう。

温度は1自由度あたりの平均の運動エネルギーです（(3.39) 式参照）。固体相で温度を上げると、格子内で分子やイオンの振動が次第に大きくなります。あまり大きくなると、規則性を持った格子を保てなくなり、規則性が無い状態で運動するようになり、液体になります。これが**融解現象**です。

融解しても、分子間力によって、分子やイオン同士が至近距離を保っている状態が液体です。さらに温度を上げると、分子が至近距離を保てず飛んで行ってしまいます。運動エネルギーの方が引力による束縛のエネルギーより大きくなるからです。これが**気化現象**です。

このように、微視的視点からは、相転移は直観的にわかりやすいです。逆に、微視的視点を使わないと、固体、液体、気体の差の本質がわからず、相転移がなぜ起きるのかも理解しにくいです。

> **例題** 氷の昇華現象が生じる理由を説明して下さい。

> **解** 氷は固体で、水分子は格子状に並んでいます。水分子は平均的には1自由度あたり $k_{\mathrm{B}}T/2$ （T は絶対温度）の運動エネルギーを持ち、運動しています。T は融点以下なので、平均的には水分子は固体内で振動しています。しかし、運動エネルギーはカノニカル分布に従うので運動エネルギーが大きく、分子間力で引き止められない分子も一定数存在します。表面にそのような分子があれば、固体から離脱します。これが昇華現象です。温度が下がれば、大きな運動エネルギーを持つ分子の割合は当然ながら減るので、昇華は起きにくくなります。
>
> □

■ 3.6 有限温度の調和振動子と固体の物理

3.6.1 古典力学における調和振動子

■ 1 次元調和振動子 有限温度の熱平衡にある1次元調和振動子を考えます。調和振動子のハミルトニアンと運動方程式は、以下のとおりです[5]。

$$\mathcal{H} = \frac{p^2}{2m} + \frac{k}{2}x^2, \quad \frac{dx}{dt} = \frac{\partial \mathcal{H}}{\partial p} = \frac{p}{m}, \quad \frac{dp}{dt} = -\frac{\partial \mathcal{H}}{\partial x} = -kx \tag{3.51}$$

運動方程式を解いて次の一般解を得ます。

---

[5] ハミルトニアンに馴染みが無い場合は、運動方程式以降を見て下さい。

114　　　　　第 3 章　統計物理学

$$\frac{d^2x}{dt^2} = \frac{1}{m}\frac{dp}{dt} = -\frac{k}{m}x \quad \Rightarrow \quad x = A\sin[\omega(t-t_0)], \ \omega = \sqrt{\frac{k}{m}} \tag{3.52}$$

　分配関数を求めると，x, p それぞれについてのガウス積分になり，以下のように求まります．

$$Z = \int \frac{dx\,dp}{h}e^{-\beta[p^2/(2m)+kx^2/2]} = \frac{2\pi}{h\beta}\sqrt{\frac{m}{k}} = \frac{2\pi k_{\mathrm{B}}T}{h\omega} \tag{3.53}$$

平均エネルギーは (3.18) 式を用いて求められます．

$$E = -\frac{\partial \log Z}{\partial \beta} = \frac{1}{\beta} = k_{\mathrm{B}}T \tag{3.54}$$

■ **3 次元調和振動子**　温度 T の熱平衡にある 3 次元調和振動子を考えます．ハミルトニアン，運動方程式は $\boldsymbol{r}, \boldsymbol{p}$ が 3 次元座標となった以外は 1 次元の場合と同じです．

$$\mathcal{H} = \frac{\boldsymbol{p}^2}{2m} + \frac{k}{2}\boldsymbol{r}^2, \quad \frac{d\boldsymbol{r}}{dt} = \frac{\boldsymbol{p}}{m}, \quad \frac{d\boldsymbol{p}}{dt} = -k\boldsymbol{r} \tag{3.55}$$

3 次元の xyz 方向は独立に考慮でき，分配関数は (3.53) 式より求まります．

$$Z = \int \frac{d^3\boldsymbol{r}\,d^3\boldsymbol{p}}{h}e^{-\beta[\boldsymbol{p}^2/(2m)+k\boldsymbol{r}^2/2]} = \left(\frac{2\pi k_{\mathrm{B}}T}{h\omega}\right)^3 \tag{3.56}$$

よって，平均エネルギーは次のとおりです．

$$E = -\frac{\partial \log Z}{\partial \beta} = 3k_{\mathrm{B}}T \tag{3.57}$$

3.6.2　エネルギー等分配則

　熱平衡においては 1 自由度あたりの平均運動エネルギーが $k_{\mathrm{B}}T/2$ であったのに対し（3.4.3 項参照），調和振動子 1 個の平均エネルギーは $k_{\mathrm{B}}T$ でした．この差は，ポテンシャルエネルギーの分です．調和振動子の場合は，ポテンシャルエネルギーと運動エネルギーの平均が同じで $k_{\mathrm{B}}T/2$ です．理想気体では，ポテンシャルエネルギーの寄与が無く，運動エネルギーだけでした．より一般のポテンシャルエネルギーの場合にも，ポテンシャルエネルギーが運動量を含まず位置の関数である限り，運動エネルギーの平均は 1 次元あたり $k_{\mathrm{B}}T/2$ です．この性質を**エネルギー等分配則**と呼びます．さらにビリアル定理（力学の参考書参照）により，ポテンシャルエネルギー平均値は運動エネルギー平均値と同じオーダーになります（エネルギー比はポテンシャルの次数によります）．粒子自身のポテンシャル以外にも，隣の粒子との相互作用のエネルギー等もあります．いずれのエネルギーも，平均値は $k_{\mathrm{B}}T$ のオーダーになります．

3.6.3 　固体の古典論

　固体では，原子や分子が3次元空間で振動しています（3.5節参照）．固体を単純に N 個の調和振動子とみなすと，固体の内部エネルギー E と熱容量 C は次のとおりです（(3.57) 式参照）．

$$E = 3Nk_{\mathrm{B}}T = 3nRT, \quad C = 3Nk_{\mathrm{B}} = 3nR, \quad n = N/N_{\mathrm{A}} \tag{3.58}$$

固体を調和振動子の集合とみなすと系に与えたエネルギーは全て調和振動子のエネルギーになり，$C = dE/dT$ です．熱容量は物質によらず1モルあたり $3R$ になり，これを**デュロン–プティの法則**と呼びます．

　固体の熱容量の例を表 3.2 にあげました．単純な模型ですが，1割程度以内で $3R$ と一致し，良い近似であることがわかります．ずれの要因は，この模型では独立な調和振動子が原子間の相互作用を考慮していないこと，原子振動は厳密には調和振動子ではないこと，量子効果，などが考えられます．

表 3.2 　室温（15℃）での1モルあたりの熱容量 C と $3R$ との比．

物質	金	銀	銅	鉄	リン	カリウム
C [J/(K·mol)]	24.4	24.3	22.7	21.5	23.8	27.0
$C/3R$	0.98	0.97	0.91	0.86	0.95	1.08

3.6.4 　量子力学における調和振動子

■**1次元調和振動子**　量子力学的調和振動子のエネルギーは次のように量子化されています（h：プランク定数）．

$$E_n = \left(n + \frac{1}{2}\right)\hbar\omega, \qquad \omega = \sqrt{\frac{k}{m}}, \ \hbar = \frac{h}{2\pi}, \ n = 0, 1, 2, \cdots \tag{3.59}$$

よって，分配関数は，等比級数の和（B.3節参照）を用いて求まり，次式となります．

$$Z = \sum_{n=0}^{\infty} e^{-\beta\hbar\omega(n+1/2)} = \frac{e^{-\beta\hbar\omega/2}}{1 - e^{-\beta\hbar\omega}} \tag{3.60}$$

平均エネルギーは次式です．

$$E = -\frac{\partial \log Z}{\partial \beta} = \hbar\omega\left(\frac{1}{2} + \frac{1}{e^{\beta\hbar\omega} - 1}\right) \tag{3.61}$$

これから準位 n の平均が次式であることがわかります（(3.59), (3.61) 式参照）．

$$\langle n \rangle = \frac{1}{e^{\beta\hbar\omega} - 1} \tag{3.62}$$

116　　　　　　　　　　第 3 章　統計物理学

　高温では，量子力学と古典力学とは一致するはずなので，確かめてみましょう．高温で $\beta\hbar\omega \ll 1$ であれば，エネルギー準位間の差は小さくなり，古典力学の連続的なエネルギースペクトルに近づきます．$e^{-\beta\hbar\omega} \simeq 1 - \beta\hbar\omega$ を用い，高温での古典力学との一致が確認できます．

$$\beta\hbar\omega \ll 1 \ \Rightarrow\ Z \simeq \frac{1}{\beta\hbar\omega} = \frac{k_{\mathrm B}T}{\hbar\omega}, \ E \simeq \hbar\omega\left(\frac{1}{2} + \frac{1}{\beta\hbar\omega}\right) \simeq \frac{1}{\beta} = k_{\mathrm B}T \quad (3.63)$$

■**複数の調和振動子**　複数の独立な（量子力学的）1 次元調和振動子の系を同様に扱います．調和振動子に番号 j をふり，それぞれの振動数 ω_j が異なる場合を含めて考えます．

$$E_{jn} = \left(n + \frac{1}{2}\right)\hbar\omega_j, \qquad n = 0, 1, 2, \cdots \quad (3.64)$$

系のエネルギーは，全ての調和振動子のエネルギーの和になります．分配関数を 1 個の場合と同様に求めてみましょう．

$$Z = \sum_{\{n_j\}} e^{-\beta\sum_j \hbar\omega_j(n_j+1/2)} = \prod_j \sum_{n_j=0}^{\infty} e^{-\beta\hbar\omega_j(n_j+1/2)} = \prod_j Z_j \quad (3.65)$$

和 $\{n_j\}$ は全ての n_j について独立な $n_j = 0, 1, 2, \cdots$ についての和です．

$$Z_j = \frac{e^{-\beta\hbar\omega_j/2}}{1 - e^{-\beta\hbar\omega_j}} \quad (3.66)$$

Z は各調和振動子の分配関数 Z_j の積になります．自由エネルギーは，予想できるように各調和振動子の寄与の和になります．

$$F = -k_{\mathrm B}T\log Z = \sum_j \left(-k_{\mathrm B}T\log Z_j\right) \quad (3.67)$$

振動子 j のエネルギーの平均は，直接計算すると以下のとおりです．

$$E_j = \frac{\sum_{n_j=0}^{\infty} e^{-\hbar\omega_j(n_j+1/2)/(k_{\mathrm B}T)}\left(n_j + \frac{1}{2}\right)\hbar\omega}{Z}$$
$$\times \prod_{k\neq j}\sum_{n_k=0}^{\infty} e^{-\hbar\omega_k(n_k+1/2)/(k_{\mathrm B}T)} \quad (3.68)$$

調和振動子 j 以外については分母と分子が等しいので，振動子 1 個だけを考慮すればよく，次式を得ます（(3.61) 式参照）．

$$E_j = \hbar\omega_j\left(\frac{1}{2} + \frac{1}{e^{\hbar\omega_j/(k_{\mathrm B}T)} - 1}\right) \quad (3.69)$$

全体の（平均）エネルギーは $E = \sum_j E_j$ です．複数の独立な調和振動子は，それぞれを独立に考えて良いはずなのは直観的に明らかかも知れませんが，重要な点なのでここでは直接計算して確認しました．3次元調和振動子も，計算上は3個の独立な調和振動子とみなせます．

3.6.5 固体の量子論：アインシュタイン模型

固体を同じ振動数を持つ N 個の独立な調和振動子として量子力学的に扱ってみます（古典力学的扱いは 3.6.3 項）．これを**アインシュタイン模型**と呼びます．固体は同種粒子が構成する格子なので自然な発想です．原子1個が3次元の調和振動子1個（1次元の調和振動子3個）に対応します．固体のエネルギー E と熱容量 C は前項の結果より求まり，次式です．

$$E = 3N\hbar\omega \left(\frac{1}{2} + \frac{1}{e^{\hbar\omega/(k_B T)} - 1} \right) \tag{3.70}$$

$$C = \frac{dE}{dT} = 3Nk_B \left(\frac{\hbar\omega}{k_B T} \right)^2 \frac{e^{\hbar\omega/(k_B T)}}{\left(e^{\hbar\omega/(k_B T)} - 1 \right)^2} \tag{3.71}$$

E, C のふるまいを図 3.7 に示しました．古典論の (3.58) 式とは異なり，熱容量 C は温度に依存します．C の低温と高温のふるまいは次式です．

$$\begin{aligned} &\text{低温}: C = 3Nk_B \left(\frac{\hbar\omega}{k_B T} \right)^2 e^{-\hbar\omega/(k_B T)}, \quad \frac{k_B T}{\hbar\omega} \ll 1 \\ &\text{高温}: C = 3Nk_B \left[1 - \frac{1}{12} \left(\frac{\hbar\omega}{k_B T} \right)^2 + \cdots \right], \quad \frac{k_B T}{\hbar\omega} \gg 1 \end{aligned} \tag{3.72}$$

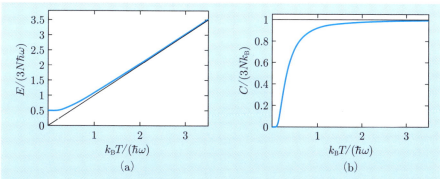

図 3.7 アインシュタイン模型 (a)：固体のエネルギー E と (b) 熱容量 C の温度に対するふるまい（古典論は黒線）．

118　　　　　　　　　第 3 章　統計物理学

当然ながら高温では古典論の結果に近づきます．低温では熱容量は 0 に近づきます．エネルギー準位が離散的で，エネルギーに下限があるため，低温になると振動を励起しにくくなると理解できます．$\hbar\omega$ は固体を構成する物質の特性を反映した定数になります．次項で固体の異なる量子的模型を扱います．

3.6.6　固体の量子論：デバイ模型

　アインシュタイン模型では，固体内原子を同一の振動数を持つ独立な調和振動子として扱いました．固体では，原子は格子状に並んで相互作用をしています．このような状況では，独立な場合とは異なり，**連成振動**をして振動数が 0 の振動から存在します．これは固体の**弾性波**に対応します（5.1 節でより詳しく扱います）．弾性波は，量子力学的には粒子（**フォノン**と呼びます）の流れとみなせます．なお，各原子が 3 方向に振動できるので，N 原子の系で振動の自由度の数（フォノンの数）は全体で $3N$ となり，数はアインシュタイン模型と同じです．単純な模型として，角振動数 ω が 0 から最高値 ω_{D} まで状態が存在すると考えます．はじめに状態数を数えて，ω_{D} と他の物理量の関係を求めます．角振動数 ω と $\omega + d\omega$ の間にある状態数 $g(\omega)\,d\omega$ は，3 方向の振動を考慮して次式となります．

$$g(\omega)\,d\omega = \frac{3}{h^3}\int d^3\boldsymbol{r}\int_{\text{角度}} d^3\boldsymbol{p} = \frac{3V}{h^3}4\pi p^2\,dp \qquad (0 \le \omega \le \omega_{\mathrm{D}}) \tag{3.73}$$

位相空間の体積 h^3 あたり 1 つの状態が存在することは理想気体の項（3.4.3 項）で説明しました．$\omega > \omega_{\mathrm{D}}$ には状態はありません．振動数は位置 $\boldsymbol{r}$ と運動量 $\boldsymbol{p}$ の角度には依存しないので，それらについては積分して $V \times 4\pi$ を得ました（B.8 節参照）．p, ω の間には次の関係があります．

$$p = \frac{h}{\lambda} = \frac{h\nu}{c_{\mathrm{s}}} = \frac{h\omega}{2\pi c_{\mathrm{s}}} \tag{3.74}$$

c_{s} は弾性波の速さで[6]，振動数 ν，波長 λ について波で常に成り立つ式，$c_{\mathrm{s}} = \nu\lambda$ を用いました．この関係式を上の式に用いて次の関係を得ます．

$$g(\omega)\,d\omega = \frac{3V}{2\pi^2 c_{\mathrm{s}}^3}\omega^2\,d\omega, \quad \int_0^{\omega_{\mathrm{D}}} g(\omega)\,d\omega = 3N \tag{3.75}$$

全体のフォノン数が $3N$ であることを 2 式目で用いました．これより次式を得ます．

$$\omega_{\mathrm{D}}{}^3 = \frac{N}{V}6\pi^2 c_{\mathrm{s}}^3, \quad g(\omega) = 9N\frac{\omega^2}{\omega_{\mathrm{D}}^3} \tag{3.76}$$

---

[6]厳密には，弾性波には横波と縦波があり，これらの速さは異なります．c_{s} は平均の速さです．

3.6 有限温度の調和振動子と固体の物理

アインシュタイン模型の場合と同様にエネルギーと熱容量が求まります ((3.70), (3.71) 式参照).

$$E = \int_0^{\omega_D} \hbar\omega \left(\frac{1}{2} + \frac{1}{e^{\hbar\omega/(k_B T)} - 1}\right) g(\omega)\, d\omega \tag{3.77}$$

$$C = \frac{dE}{dT} = k_B \int_0^{\omega_D} \left(\frac{\hbar\omega}{k_B T}\right)^2 \frac{e^{\hbar\omega/(k_B T)}}{\left(e^{\hbar\omega/(k_B T)} - 1\right)^2} g(\omega)\, d\omega \tag{3.78}$$

熱容量 C の温度依存性を調べます.(3.76) 式の $g(\omega)$ の式を用い,$\hbar\omega/(k_B T) = x$ と変数変換して C を次のように書き換えます.

$$C = 9Nk_B \left(\frac{T}{\Theta_D}\right)^3 \int_0^{\Theta_D/T} \frac{x^4 e^x\, dx}{(e^x - 1)^2} \tag{3.79}$$

ここで,**デバイ温度**,Θ_D を次式で定義しました.

$$k_B \Theta_D = \hbar\omega_D \tag{3.80}$$

C の温度依存性を図 3.8 に示しました.高温と低温の極限的なふるまいを調べます.高温 ($T \gg \Theta_D$) でのふるまいは次のように求まります.

$$\int_0^{\Theta_D/T} \frac{x^4 e^x\, dx}{(e^x - 1)^2} = \int_0^{\Theta_D/T} \left(x^2 - \frac{x^4}{12} + \cdots\right) dx$$

$$= \frac{1}{3}\left(\frac{\Theta_D}{T}\right)^3 \left[1 - \frac{1}{20}\left(\frac{\Theta_D}{T}\right)^2 + \cdots\right]$$

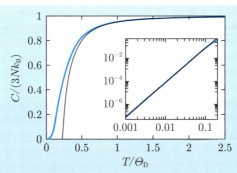

図 3.8 デバイ模型での熱容量の温度依存性.横軸はデバイ温度で規格化した絶対温度 T/Θ_D,縦軸は古典極限との比 $C/(3Nk_B)$.高温でふるまい ((3.81) 式,黒線) の一致が見える.挿入図は低温領域での熱容量のふるまい (変化が大きいので対数表示).低温での近似式 ((3.82) 式,黒線) のずれは $T/\Theta_D \lesssim 0.1$ では見えない.

120 第 3 章 統計物理学

よって，熱容量は高温で以下のようにふるまいます．

$$C = 3Nk_{\mathrm{B}}\left[1 - \frac{1}{20}\left(\frac{\Theta_{\mathrm{D}}}{T}\right)^2 + \cdots\right] \qquad (T \gg \Theta_{\mathrm{D}}) \tag{3.81}$$

低温（$T \ll \Theta_{\mathrm{D}}$）では積分上限を無限大で近似します．これによる誤差は $e^{-\Theta_{\mathrm{D}}/T}$ オーダーで指数関数的に小さいです．(3.79) 式の積分は，次のように部分積分を用いて Γ, ζ 関数に書き換えて計算できます（B.9 節参照）．

$$\int_0^\infty \frac{x^4 e^x \, dx}{(e^x - 1)^2} = \int_0^\infty x^4 \frac{d}{dx}\left(\frac{-1}{e^x - 1}\right) dx$$

$$= -\left[\frac{x^4}{e^x - 1}\right]_0^\infty + \int_0^\infty \frac{4x^3}{(e^x - 1)} \, dx = 4\Gamma(4)\zeta(4) = \frac{4\pi^4}{15}$$

$$C \simeq \frac{12\pi^4}{5} Nk_{\mathrm{B}} \left(\frac{T}{\Theta_{\mathrm{D}}}\right)^3 \qquad (T \ll \Theta_{\mathrm{D}}) \tag{3.82}$$

アインシュタイン模型とデバイ模型のモル熱容量は，ともに高温では古典論の $3R$ に，$T \to 0$ では 0 に収束します．どちらの方が良い近似なのでしょうか．本項初めで説明したように，デバイ模型の方が原子が格子状に並ぶ固体の特色を捉えていて良いことが期待できます．実際，金属の低温での熱容量が T^3 のようにふるまい，デバイ模型が定量的に良く一致する場合が多いことが知られています．表 3.3 にいくつかの典型的な物質の**デバイ温度**をあげました．デバイ模型のもう 1 つの有用な点は，量子的，古典的なふるまいが切り替わる温度の目安であるデバイ温度が，(3.76) 式より推定できることです（例題参照）．

表 3.3　物質のデバイ温度の例．

物質	窒素	酸素	ケイ素	金	銀	銅	鉄
デバイ温度 [K]	68	91	640	165	225	343	467

例題　室温での金，銀，銅，鉄のモル熱容量が $3R$ より小さいのはなぜでしょうか．さらに，モル熱容量を比較し，デバイ温度の大小を推測して下さい（表 3.2 参照）．

解　量子効果によってモル熱容量が古典極限より小さいと考えられます（図 3.8 参照）．よって，デバイ温度が高いほどモル熱容量が小さいはずです．デバイ温度は金，銀，銅，鉄と大きくなると推測できます（表 3.3 参照）．　　　　　　□

■ 3.7 グランドカノニカル分布と化学ポテンシャル ■

3.4 節では，エネルギーだけを受け渡しする系を扱いましたが，熱平衡にあり，粒子も系の間で移動する場合を考えます（2.8.4 項参照）．巨視的な孤立系を系 A, A′ に分けて考え，それぞれのエネルギーを E, E'，粒子数を N, N' とします．ここでは簡単のため A, A′ の体積は一定とします．A, A′ 間ではエネルギー，粒子の受け渡しがありますが，全体のエネルギー $E + E'$ と粒子数 $N + N'$ は一定です．3.3.2 項と同様に，系全体はミクロカノニカルアンサンブルの性質により，微視的な状態数が多く，確率が最大となるような，E, E', N, N' となります．状態数が多い，つまりエントロピーが最大の場合を求めます（(3.5) 式参照）．

$$\frac{\partial}{\partial E} \left[S(E, N) + S'(E', N') \right] = \frac{\partial S(E, N)}{\partial E} - \frac{\partial S'(E', N')}{\partial E'} = 0 \tag{3.83}$$

上式はカノニカル分布の場合と同様，熱平衡下では系 A と A′ の温度が等しいことを意味します（(3.10) 式参照）．N についてエントロピー最大の条件は次式です．

$$\frac{\partial}{\partial N} \left[S(E, N) + S'(E', N') \right] = \frac{\partial S(E, N)}{\partial N} - \frac{\partial S'(E', N')}{\partial N'} = 0 \tag{3.84}$$

μ を次式で定義し，A, A′ について $\mu = \mu'$ が成り立ちます．

$$\left(\frac{\partial S}{\partial N} \right)_E = -\frac{\mu}{T} \tag{3.85}$$

これより，微小変化 dS について体積一定の下で次式を得ます．

$$dS = \left(\frac{\partial S}{\partial E} \right)_N dE + \left(\frac{\partial S}{\partial N} \right)_E dN = \frac{dE}{T} - \frac{\mu}{T} dN \tag{3.86}$$

式を整理し，ヘルムホルツ自由エネルギーの微小変化の関係式を得ます．

$$dF = d(E - TS) = -S\,dT + \mu\,dN \tag{3.87}$$

体積一定（$dV = 0$）での微小変化であることに留意し，μ は熱力学で定義した**化学ポテンシャル**です（(2.94) 式参照）．$\mu = \mu'$ は熱力学で学んだように熱平衡下で A, A′ の化学ポテンシャルが等しいことを意味します．

カノニカル分布の場合と同様，系 A が A′ に比べてはるかに小さい場合に，系 A が粒子数 N，エネルギー E_{jN} を持つ 1 つの状態をとる確率を求めます．(3.13) 式と同様に，E_{jN}, N について 1 次まで展開します．

$$\log W'(E_{\text{total}} - E_{jN}, N_{\text{total}} - N)$$

$$= \log W'(E_{\text{total}}, N_{\text{total}}) - \left(\frac{\partial \log W'}{\partial E'}\right)_{N'} E_{jN} - \left(\frac{\partial \log W'}{\partial N'}\right)_{E'} N$$

$$= \log W'(E_{\text{total}}, N_{\text{total}}) - \beta E + \beta \mu N \tag{3.88}$$

化学ポテンシャル μ の定義式，(3.85) 式を用いました[7]．この状態にある確率は次の $P(E_{jN}, N)$ です．

$$P(E_{jN}, N) = \frac{e^{-\beta(E_{jN} - \mu N)}}{Z_{\text{GC}}}, \qquad Z_{\text{GC}} = \sum_{j,N} e^{-\beta(E_{jN} - \mu N)} \tag{3.89}$$

上の分布を**グランドカノニカル分布**と呼びます．カノニカル分布と同様に，$\sum_{j,N}$ は全ての場合（状態，粒子数）についての和を表します．Z_{GC} はグランドカノニカル分布の**分配関数**です．分配関数は他の物理量と次の関係があります（(3.26) 式，下の例題参照）．

$$E - TS - \mu N = -k_{\text{B}} T \log Z_{\text{GC}} \tag{3.90}$$

(2.99) 式を用いて，上式は $-pV = -k_{\text{B}} T \log Z_{\text{GC}}$ とも書けます．

例題 カノニカル分布の場合にならって，(3.90) 式を示して下さい．

解 (3.25) 式と同様にして下式を得ます．

$$S = -k_{\text{B}} \sum_{j,N} P(E_{jN}, N) \log P(E_{jN}, N)$$

$$= -k_{\text{B}} \sum_{j,N} P(E_{jN}, N) \left[-\beta(E_{jN} - \mu N) - \log Z_{\text{GC}}\right]$$

$$= k_{\text{B}} \log Z_{\text{GC}} + \frac{1}{T} \sum_{j,N} P(E_{jN}, N)(E_{jN} - \mu N)$$

$$= k_{\text{B}} \log Z_{\text{GC}} + \frac{1}{T}(\langle E \rangle - \mu \langle N \rangle)$$

通常は平均値の記号 $\langle \cdots \rangle$ を省略し，E, N と表記するので，求める式を得ます． □

■ 3.8 ボーズ統計とフェルミ統計

3.8.1 粒子とグランドカノニカル分布

（1 種類の）**同種粒子**の統計をグランドカノニカル分布を使って考えます．1 粒子の状態を j，エネルギーを ε_j で表し，状態 j にある粒子数を n_j で表します．異なる状態のエネルギーが一致（**縮退**）する場合もあります．ここでは粒子は独立で，

---

[7] カノニカル分布の場合と同様に，ここでは $\beta' = \beta$, $\mu' = \mu$ と表記しています．

3.8 ボーズ統計とフェルミ統計 **123**

全エネルギーは $E = \sum_j \varepsilon_j n_j$ とします．全粒子数は $N = \sum_j n_j$ です．グランドカノニカル分布の分配関数は次式です（(3.89) 式参照）．

$$Z_{\mathrm{GC}} = \sum_{\{n_j\}} e^{-\beta \sum_j (\varepsilon_j - \mu) n_j} = \prod_j \left(\sum_{n_j} e^{-\beta(\varepsilon_j - \mu) n_j} \right) \tag{3.91}$$

和は $N = \sum_j n_j$ となる $\{n_j\}$ についてだけではなく，N についてもとるので，n_j について独立な和です．3.6.4 項の複数の調和振動子の例と同様に，それぞれの状態 j についての分配関数の積になります．状態 j に粒子 n_j 個ある確率 $P_j(n_j)$ は，他の状態については和をとり，以下のように状態 j だけの量です．

$$P_j(n_j) = \sum_{n_k \ (k \neq j)} \frac{e^{-\beta \sum_\ell (\varepsilon_\ell - \mu) n_\ell}}{Z_{\mathrm{GC}}} = \frac{e^{-\beta(\varepsilon_j - \mu) n_j}}{\sum_{n'_j} e^{-\beta(\varepsilon_j - \mu) n'_j}} \tag{3.92}$$

n_j の平均値は次式を用いて計算できます．

$$\langle n_j \rangle = -\frac{1}{\beta} \frac{\partial \log Z_{\mathrm{GC}}}{\partial \varepsilon_j} = \frac{\sum_{n_j} n_j e^{-\beta(\varepsilon_j - \mu) n_j}}{\sum_{n_j} e^{-\beta(\varepsilon_j - \mu) n_j}} = \sum_{n_j} P_j(n_j) n_j \tag{3.93}$$

平均の全粒子数 N と全エネルギー E は次式です．

$$N = \sum_j \langle n_j \rangle, \qquad E = \sum_j \varepsilon_j \langle n_j \rangle \tag{3.94}$$

物理量を求めるには粒子の性質が必要です．3 次元空間では量子力学と特殊相対性理論の要求から，粒子は**ボーズ粒子**と**フェルミ粒子**の 2 種に分類されます．ボーズ粒子は**ボーズ統計**，フェルミ粒子は**フェルミ統計**に従う粒子です（**ボーズ–アインシュタイン統計**，**フェルミ–ディラック統計**とも呼びます）．ボーズ粒子は，1 状態に任意の数の粒子（$0, 1, 2, \cdots$）が存在できます．フェルミ粒子は 1 状態に 0 か 1 個しか存在できません．このフェルミ粒子の性質を**パウリの排他原理**と呼びます．粒子は一般に整数か半整数（整数 + 1/2）の**スピン**を持ち，スピンが整数の粒子はボーズ粒子，半整数の粒子はフェルミ粒子です．たとえば，光子，π 中間子，ヘリウム 4 原子はボーズ粒子で，電子，陽子，中性子，ヘリウム 3 原子はフェルミ粒子です．

■独立な粒子とは 「独立な粒子」について言及します．上の計算では，全エネルギーを $E = \sum_j \varepsilon_j n_j$，それぞれの粒子のエネルギーの単純な和としました．実世界には厳密に独立な粒子はほぼなく，粒子同士の相互作用がある場合は，一般には

全エネルギーは各粒子のエネルギーの和にはなりません．上の計算は，物理量をまず粒子が独立な場合について求めて，相互作用の考慮が必要であれば補正として採り入れる，という方針を反映しています．この考え方は**摂動論**と呼ばれ，これを以下では用います．相互作用の影響が弱い場合には非常に有用なため多くの状況で活用されています．一方，相互作用が強い場合の一般的な扱い方はありません．摂動論的に相互作用を少しずつ考慮する，相互作用を実質的にとり入れた独立な粒子として近似する，逆に相互作用が強い極限から考えるなどの手法はありますが，一般には困難な問題です．

3.8.2 ボーズ統計

ボーズ粒子の場合は，(3.91) 式で各 $n_j = 0, 1, \cdots$ について等比級数の和となり，次のように求まります．

$$Z_{\mathrm{GC}} = \prod_j \frac{1}{1 - e^{-\beta(\varepsilon_j - \mu)}} \tag{3.95}$$

(3.93) 式の微分表示を用いて，状態 j の平均粒子数は以下のように求まります．図 3.9 に示しました．

$$\langle n_j \rangle = \frac{1}{e^{\beta(\varepsilon_j - \mu)} - 1} \tag{3.96}$$

平均粒子数は負にはならないので，ボーズ統計では $\varepsilon_j \geq \mu$ です．ε_j が大きくなるほど粒子数が少なくなるのはカノニカル分布と同じです．T が小さくなると，次第に $\varepsilon_j - \mu$ が小さい領域に粒子は集中し，$T \to 0$ の極限では，$\varepsilon - \mu = 0$ だけに粒子が集中します．これについては，3.9.2 項で考えます．

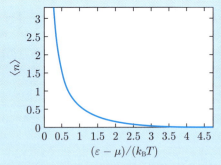

図 3.9 ボーズ粒子の熱平衡における 1 状態の平均粒子数のエネルギーに対するふるまい．

3.8.3 フェルミ統計

フェルミ粒子の場合には，$n_j = 0, 1$ の場合だけの和で，分配関数は (3.91) 式より次のように求まります．

$$Z_{\mathrm{GC}} = \prod_j \left(1 + e^{-\beta(\varepsilon_j - \mu)}\right) \tag{3.97}$$

(3.93) 式の微分表示を用いて，状態 j の平均粒子数は次式です（図 3.10 参照）．

$$\langle n_j \rangle = \frac{1}{e^{\beta(\varepsilon_j - \mu)} + 1} \tag{3.98}$$

基本的に，$\varepsilon_j \ll \mu$ の状態には粒子があり，$\varepsilon_j \gg \mu$ の状態にはありません．その間の $k_\mathrm{B} T$ 程度の領域で，平均粒子数が 1 から 0 に変化します．よって，$T \to 0$ の極限では，平均粒子数は $\varepsilon_j < \mu$ では 1，$\varepsilon_j > \mu$ では 0 になります．

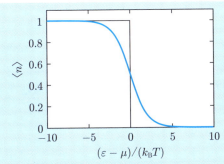

図 3.10 熱平衡における 1 状態のフェルミ粒子の平均粒子数のエネルギーに対するふるまい．$T = 0$ の分布（黒線）は階段状になる．

3.8.4 古典統計との関係

$\beta(\varepsilon_j - \mu) \gg 1$ の領域ではボーズ，フェルミ統計の差はなくなり，下式を得ます（(3.96), (3.98) 式参照）．

$$\langle n_j \rangle \simeq e^{-\beta(\varepsilon_j - \mu)} \tag{3.99}$$

これは，古典極限に対応します．

量子力学を考慮すると同種粒子は区別しないので，3.4.3 項では粒子数の階乗 $N!$ で割る必要がありました．この性質は，ボーズ，フェルミ統計では状態の粒子数を指定しただけで 1 つの状態として数えて，並べ替えを数えない点に反映されています．

126　　　　　　　　　第 3 章　統計物理学

■ 3.9　ボーズ統計の応用：光子気体，凝縮

3.9.1　光子気体と熱放射

■**光子気体と熱平衡**　有限温度の箱に電磁波を閉じ込めると，十分時間が経過すれば，電磁波と箱が熱平衡状態にあります．量子力学的には電磁波は**光子**の流れなので，**光子気体**と箱が熱平衡状態にあることになります．気体を箱に閉じ込めれば箱と熱平衡状態にあるのは直観的に納得できるでしょう．光子同士の相互作用は弱いので，理想気体（3.4.3 項参照）と同様に，通常は無視できます．理想気体と本質的に異なるのは，光子数は保存されていない点です．上の熱平衡状態では，箱の壁は光子の吸収と放射をしています．ここでは，箱の壁は反射しないものとします．これは，箱の壁が（理想的な）**黒体**であることを意味します．

　光子はボーズ粒子なので，ボーズ統計を用います．光子は物体に吸収，放射され，数が保存されていません．よって，数の変化が自由エネルギーの変化と結びついていないので，(2.94) 式より，**化学ポテンシャル** $\mu = 0$ の粒子として説明できます．以下でも説明する多くの実験や観測で確かめられている熱放射の性質も $\mu = 0$ であることを高い精度で検証しています．光子 1 個のエネルギーは**光量子仮説**より $h\nu$，運動量は $p = h\nu/c$ です（h はプランク定数，ν は振動数，c は真空中光速度）．$\mu = 0$ の場合の 1 状態あたりの平均粒子数，(3.96) 式を用い，振動数 ν から $\nu + d\nu$ を持つ平均光子数 dN は次式です．

$$dN = \frac{1}{e^{\beta h\nu} - 1} \times (振動数\ \nu\ から\ \nu + d\nu\ の状態数) \tag{3.100}$$

ここでは，十分箱が大きくて，ν は連続的とみなせるとします．状態数を数えます．3.4.3 項で説明したように，光子の位置，運動量を $\boldsymbol{r}, \boldsymbol{p}$ と表すと，$d^3\boldsymbol{r}\, d^3\boldsymbol{p}/h^3$ あたりに 1 個の状態があります．状態数は位置に依存しないので位置について積分し，$\int d^3x = V$ を得ます（V は箱の体積）．任意の運動方向を持つ光子を考えているので $\int_{角度} d^3\boldsymbol{p} = 4\pi p^2\, dp$ となります（B.8 節参照）．電磁波は横波で進行方向に垂直な方向は 2 つあるので 2 自由度（**偏光**，1.1.3 項参照）を持ちます．これらの要素を合わせ，$p = h\nu/c$ を用いて次式を得ます．

$$(\nu\ から\ \nu + d\nu\ の状態数) = \frac{2}{h^3} \int d^3x \int_{角度} d^3p = 2 \times V \times 4\pi \frac{\nu^2 d\nu}{c^3} \tag{3.101}$$

上の 2 式を合わせて次式を得ます．

$$dN = \frac{8\pi V}{c^3} \frac{\nu^2\, d\nu}{e^{\beta h\nu} - 1} \tag{3.102}$$

3.9 ボーズ統計の応用：光子気体，凝縮 **127**

振動数 ν から $\nu + d\nu$ を持つ光子の平均エネルギー dE は次式です．

$$dE = h\nu \, dN = \frac{8\pi V}{c^3} \frac{h\nu^3 \, d\nu}{e^{\beta h\nu} - 1} \tag{3.103}$$

これらは重要な式なので，電磁波の角振動数 $\omega \,(= 2\pi\nu)$，波長 λ の式も含めて，以下に単位体積あたりの量としてまとめます．

$$\frac{dN}{V} = \frac{8\pi}{c^3} \frac{\nu^2 \, d\nu}{e^{h\nu/(k_{\mathrm{B}}T)} - 1} = \frac{1}{\pi^2 c^3} \frac{\omega^2 \, d\omega}{e^{\hbar\omega/(k_{\mathrm{B}}T)} - 1} = \frac{8\pi}{\lambda^4} \frac{d\lambda}{e^{\hbar c/(\lambda k_{\mathrm{B}}T)} - 1}$$

$$\frac{dE}{V} = \frac{8\pi h}{c^3} \frac{\nu^3 \, d\nu}{e^{h\nu/(k_{\mathrm{B}}T)} - 1} = \frac{\hbar}{\pi^2 c^3} \frac{\omega^3 \, d\omega}{e^{\hbar\omega/(k_{\mathrm{B}}T)} - 1} \tag{3.104}$$

$$= \frac{8\pi hc}{\lambda^5} \frac{d\lambda}{e^{\hbar c/(\lambda k_{\mathrm{B}}T)} - 1}$$

dE/V のスペクトルを**プランクの輻射式**と呼ぶこともあります（**スペクトル**は振動数，波長等ごとの波の量の情報です）．

例題 (3.104) 式を導いて下さい．

解 $\nu = \omega/(2\pi)$, $d\nu = d\omega/(2\pi)$, $\nu = c/\lambda$, $d\nu = -c \, d\lambda/\lambda^2$ を用いて，(3.102), (3.103) 式を書き換えると得られます（$d\nu$ の式の $-$ 符号は ν と λ の増減が逆であることを意味し，N の数え方が逆転して見えるだけです）． □

重要な物理量を直接計算します．まず，単位体積あたりの光子数とエネルギーを (3.102) 式を用いて求めます．

$$\frac{N}{V} = \int \frac{dN}{V} = \int_0^\infty \frac{8\pi}{c^3} \frac{\nu^2 \, d\nu}{e^{h\nu/(k_{\mathrm{B}}T)} - 1} = 8\pi \left(\frac{k_{\mathrm{B}}T}{hc}\right)^3 \int_0^\infty \frac{x^2 \, dx}{e^x - 1} \tag{3.105}$$

次に，ゼータ関数を用いて，$\int_0^\infty x^2/(e^x - 1) \, dx = 2\zeta(3)$ と表せるので（B.9 節参照），N/V は次のようにまとめられます．

$$\frac{N}{V} = \frac{2\zeta(3)}{\pi^2 \hbar^3 c^3} (k_{\mathrm{B}}T)^3, \qquad \zeta(3) \simeq 1.202 \tag{3.106}$$

通常の理想気体（3.4.3 項参照）では，温度，体積，粒子数により理想気体の状態が定まります．光子気体では粒子数が保存されないので，粒子数は一定のパラメータではなく，温度で平均値が定まることに注意しましょう．

N/V と同様に，(3.103) 式より E/V が求まります．

$$\frac{E}{V} = \int \frac{dE}{V} = \int_0^\infty \frac{8\pi h}{c^3} \frac{\nu^3 \, d\nu}{e^{h\nu/(k_{\mathrm{B}}T)} - 1} = \frac{8\pi h}{c^3} \left(\frac{k_{\mathrm{B}}T}{h}\right)^4 \int_0^\infty \frac{x^3 \, dx}{e^x - 1} \tag{3.107}$$

$\int_0^\infty x^3/(e^x - 1) \, dx = \Gamma(4)\zeta(4) = \pi^4/15$ なので（B.9 節参照），以下のようにまと

128　　　　　　　第 3 章　統計物理学

められます.

$$\frac{E}{V} = \frac{\pi^2}{15\hbar^3 c^3} (k_{\mathrm{B}} T)^4 \tag{3.108}$$

光子 1 個あたりの平均エネルギーは次式です.

$$\frac{E}{N} = \frac{\pi^4}{30\zeta(3)} k_{\mathrm{B}} T \simeq 2.70 \, k_{\mathrm{B}} T \tag{3.109}$$

光子 1 個あたりの平均エネルギーが $k_{\mathrm{B}} T$ のオーダーであることは微視的な温度の理解からは当然です（3.6.2 項参照）.

　自由エネルギー F を直接計算します. $\mu = 0$ に注意して (3.90), (3.95) 式より次式を得ます.

$$F = -k_{\mathrm{B}} T \log Z_{\mathrm{GC}} = k_{\mathrm{B}} T \sum \log \left[1 - e^{-h\nu/(k_{\mathrm{B}} T)} \right] \tag{3.110}$$

$\sum$ は状態についての和なので, (3.101) 式を用いて, 次の式を得ます.

$$\begin{aligned}
F &= k_{\mathrm{B}} T \frac{8\pi V}{c^3} \int_0^\infty \log \left[1 - e^{-h\nu/(k_{\mathrm{B}} T)} \right] \nu^2 \, d\nu \\
&= \frac{8\pi V}{h^3 c^3} (k_{\mathrm{B}} T)^4 \int_0^\infty x^2 \log \left(1 - e^{-x} \right) \, dx
\end{aligned} \tag{3.111}$$

積分は部分積分を用いて以下のように計算できます.

$$\begin{aligned}
\int_0^\infty x^2 \log \left(1 - e^{-x} \right) \, dx &= \int_0^\infty \left(\frac{x^3}{3} \right)' \log \left(1 - e^{-x} \right) \, dx \\
&= \left[\frac{x^3}{3} \log \left(1 - e^{-x} \right) \right]_0^\infty - \int_0^\infty \frac{x^3}{3} \frac{e^{-x}}{1 - e^{-x}} \, dx \\
&= -\frac{1}{3} \int_0^\infty \frac{x^3}{e^x - 1} \, dx = -\frac{\Gamma(4)\zeta(4)}{3} = -\frac{\pi^4}{45}
\end{aligned}$$

2 行目の部分積分の 1 項目は $x \gg 1$ での展開, $\log \left(1 - e^{-x} \right) = -e^{-x} - e^{-2x}/2 + \cdots$ を用いて 0 であることがわかります. 上の結果を (3.111) 式に代入して, 次の結果を得ます.

$$\frac{F}{V} = -\frac{\pi^2}{45\hbar^3 c^3} (k_{\mathrm{B}} T)^4 = -\frac{1}{3} \frac{E}{V} \tag{3.112}$$

$F = E - TS$ より, エントロピー S は次のように求まります.

$$S = \frac{E - F}{T} = \frac{4}{3} \frac{E}{T}, \qquad \frac{S}{V} = \frac{4\pi^2 k_{\mathrm{B}}}{45\hbar^3 c^3} (k_{\mathrm{B}} T)^3 \tag{3.113}$$

(3.112) 式の F は V, T の関数なので, 圧力 P は次式です（(2.68) 式参照）.

$$P = -\left(\frac{\partial F(V,T)}{\partial V}\right)_T = \frac{1}{3}\frac{E}{V} = \frac{\pi^2}{45\hbar^3 c^3}(k_{\rm B}T)^4 \tag{3.114}$$

興味深いので,光子が箱の壁に及ぼす力を直接計算し,上の圧力と比べてみます.壁に垂直に z 軸をとり,時間 Δt 間に衝突する光子を考えます.光子は衝突して吸収されるので,1 個あたり力積 p_z を与えます(図 3.11 (a) 参照).光子の力積の和をとるには (3.100) 式の考え方を用います.時間 Δt 間に衝突する光子(速さ c)の存在する体積は,$\cos\theta$ は光子の運動量が z 軸のなす角度として,$(c\cos\theta\,\Delta t)\,A_z$(図 3.11 (b) 参照)です.光子の力積は $p_z = p\cos\theta$ です.ここでは (3.101) 式とは異なり,角度を考慮する必要があります.壁にかかる力を F_z,壁の面積を A_z として次式を得ます.

$$F_z \Delta t = \frac{2}{h^3}\int p\cos\theta \times \frac{1}{e^{\beta h\nu}-1}c\cos\theta\,\Delta t A_z\,d^3\boldsymbol{p} \tag{3.115}$$

$p = h\nu/c$,極座標系を用い(B.8 節参照),次式を得ます.

$$\frac{F_z}{A_z} = \frac{2h}{c^3}\int_0^\infty \frac{\nu^3\,d\nu}{e^{\beta h\nu}-1}\int_0^1 \cos^2\theta\,d(\cos\theta)\int_0^{2\pi}d\varphi = \frac{4\pi h}{3c^3}\int_0^\infty \frac{\nu^3\,d\nu}{e^{\beta h\nu}-1}$$

$\cos\theta$ は $0 \le \theta \le \pi/2$ で,壁に向かっている(反対向きでない)場合のみを考慮しています.これを (3.107) 式と比較すると,次式を得ます.

$$\frac{F_z}{A_z} = \frac{1}{6}\frac{E}{V} \tag{3.116}$$

F_z/A_z は光子の圧力のはずだと考えるかも知れませんが,(3.114) 式の光子気体の圧力の 1/2 しかありません.なぜでしょうか.壁が光子を吸収するだけであれば,光子は無くなってしまいます!熱平衡状態では,箱内で同じ分布が保たれるよう

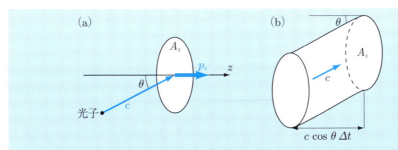

図 3.11 (a) 速さ c の光子が壁に吸収され,力積 p_z を及ぼす.
(b) 運動方向 θ の Δt 間に壁に到達する光子の存在する体積.

に，壁が光子を放出しています．放出すればその反動があり，上の計算はこれを考慮していません．平均的には，あたかも反射したのと同じ運動量の光子を放出しています．この反動も考慮して $P = 2F_z/A_z$ となります．このように有限温度の物体が光子を放出する現象を熱放射と呼び，次に説明します．

例題 光が壁に及ぼす平行な力 $F_{x,y} = 0$ であることを示して下さい．

解 $p_x = p \sin\theta \cos\varphi$ を用いて，(3.115) 式と同様に計算します．

$$\frac{F_x}{A_z} = \frac{2h}{c^3} \int_0^\infty \frac{\nu^3 \, d\nu}{e^{h\nu/(k_B T)} - 1} \int_0^1 \sin\theta \cos\theta \, d(\cos\theta) \int_0^{2\pi} \cos\varphi \, d\varphi = 0 \quad (3.117)$$

φ 積分は 0 です．F_y についても同様です．壁には垂直方向以外に特別な方向は無いので，直観的には当然でしょう． □

■**熱放射** 上の説明のように，熱平衡下では壁は光子を吸収するとともに放出します．これを**熱放射**（あるいは**黒体放射，黒体輻射**）と呼びます．ここでは光子を反射しない黒体という以外は，物質の種類を特定していません．有限温度の物体が熱放射する光子（電磁波）の性質は物質の種類によりません．有限温度のあらゆる物体は熱放射をしています．恒星が光るのも熱放射です（章末問題 8 参照）．人間を含め，動物は赤外線カメラで見えますが，これも動物が熱放射するからです．

熱放射される光子の性質を考えます．黒体は平均的には吸収した光子と同じ性質の光子を熱放射し，熱平衡を保っています．光子気体の入った箱が，温度 T の外界と熱平衡状態にあるとします．箱の壁は全て黒体です．間の壁を含め，壁は熱放射しています．間の壁の一部を取り除いても，箱は温度 T の外界と熱平衡にあるので，穴の部分の壁からは穴からの光子の流れと同じ放射があるはずです（図 3.12 参照）．この考え方を用いて単位面積，単位時間あたりの熱放射のエネルギー放射量 $\mathcal{F}$ を求めます．(3.115) 式と同じ考え方で次式を得ます．

$$d\mathcal{F} A_z = \frac{2}{h^3} \frac{h\nu}{e^{\beta h\nu} - 1} c \cos\theta \, A_z d^3 p \quad (3.118)$$

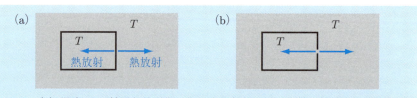

図 3.12 (a) 温度 T の外界と熱平衡にある光子気体の入った箱．箱の壁は熱放射している．(b) 壁に穴を開けた場合の穴からの光子の流れは，その部分からの熱放射と同じ．

$p_z > 0$ を持つ光子が放射され，角度依存性があるので，立体角 $d\Omega = d(\cos\theta)\,d\varphi$ ごとの放射エネルギーを求めます（B.8 節参照）．$p = h\nu/c$ を用いて下式を得ます．

$$d\mathcal{F} = B_\nu(\nu)\cos\theta\,d\nu d\Omega, \quad B_\nu(\nu) = \frac{2h}{c^2}\frac{\nu^3}{e^{h\nu/(k_B T)} - 1} \tag{3.119}$$

$B_\nu(\nu)$ を**プランク関数**と呼び，図 3.13 にふるまいを示します．上式を積分し，単位面積，単位時間あたりの熱放射エネルギー $\mathcal{F}$ を求めます．穴に向かう方向を積分した $\int_0^1 \cos\theta\,d(\cos\theta) = 1/2$ を用いて次式を得ます（(3.107), (3.108) 式参照）．

$$\mathcal{F} = \frac{c}{4}\frac{E}{V} = \frac{\pi^2}{60\hbar^3 c^2}(k_B T)^4 = \sigma T^4 \tag{3.120}$$

$$\sigma = \frac{\pi^2 k_B^4}{60\hbar^3 c^2} = 5.67 \times 10^{-8}\,\mathrm{W/(m^2 \cdot K^4)} \tag{3.121}$$

上式を黒体の熱放射量の式（シュテファン–ボルツマンの法則），σ をシュテファン–ボルツマン定数と呼びます．

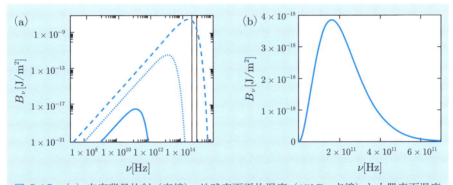

図 3.13 (a) 宇宙背景放射（実線），地球表面平均温度（15℃，点線）と太陽表面温度（5778 K，破線）のスペクトル $B_\nu(\nu)$．可視領域を縦線の間で表示．太陽の温度であれば可視領域に熱放射の多い部分があるが，地球表面の平均温度や宇宙背景放射では可視領域の熱放射の割合は非常に低い．スペクトルが桁違いに異なるので，対数グラフ表示を用いた．(b) 宇宙背景放射の温度 2.728 K のスペクトル B_ν（観測データは Fixsen et al., *ApJ* **473**, 576 (1996) より）．対数グラフ表示は用いていない．

熱放射の重要な特徴をあげます．
- 有限温度のあらゆる物質は熱放射をし，（電磁波を反射/散乱しない）黒体であればその性質は同じです．
- $h\nu/(k_B T) \ll 1$ の場合に (3.103) 式で指数関数を展開して近似すると，次式を

得ます.

$$\frac{dE}{V} \simeq \frac{8\pi\nu^2}{c^3} k_B T \, d\nu \tag{3.122}$$

上式を，**レイリー–ジーンズの放射法則**と呼び，**エネルギー等分配則**（有限温度では 1 自由度あたりに $k_B T$ のエネルギーを持つ）を用いて古典力学的にも導けます（3.6.2 項参照）．古典力学の式なのでプランク定数 h を含まないことに注意しましょう．この式は ν について積分すると発散し，熱放射エネルギーは有限なので矛盾します．連続的な物質の振動における無限個の自由度の数 $k_B T$ を足し上げるので発散する，と直観的には理解できます．一方，熱放射式 (3.120) は ν 積分をして有限な値を得ています．結果に h が含まれていて，量子力学により発散問題が解決されています．古典極限 $h \to 0$ では発散します.

- 黒体ではなく，反射，散乱がある場合はどうなるでしょうか．熱平衡では，物体表面の熱放射と吸収が同じ性質を持ちます（これを**キルヒホフの法則**と呼びます）．反射すれば，吸収する量は減るので，その分熱放射も減少し，スペクトルも変化します．様々な表面の熱放射エネルギーの黒体の熱放射エネルギーに対する比率を**放射率**と呼びます（定義から黒体の放射率は 1）．きれいな金属表面の放射率は 0.1 程度で，紙，水，木材，人体皮膚の表面の放射率は 0.9 程度です.

理論と現実の一致が美しい例をあげます．現在の宇宙は初期の高温高密度の小さい領域が膨張してできたと考えられており，初期の高温状態の熱放射からの光子（**宇宙背景放射**と呼びます）は観測されています．図 3.13 (b) に実測値 43 点を不確かさ（誤差）を含め，その理論曲線と表示しました．実測値は理論値と一致し，不確かさを含め理論曲線の線内におさまっています．熱放射の理論が正しいことが実感できるでしょう.

例題

(1) 熱容量 C を持つ半径 R の球が，真空中で熱放射により温度 T_0 から T まで変化する時間を求めて下さい．球は黒体で温度が一様，C, R に温度依存性は無いと仮定します.

(2) 前問の球が太陽質量 $M_\odot = 2 \times 10^{30}$ kg, 比熱 500 J/(kg·K), $R = 5 \times 10^6$ m を持つとして 10 億 K から 1000 K まで下がる時間を求めて下さい.

(3) $R = 10$ km で他の条件は同じとして，かかる時間を求めて下さい.

解 (1) 熱放射の性質 (3.120) 式より，表面積 $A = 4\pi R^2$, 比熱 c, 時間 t として

$$\frac{d}{dt}(CT) = -A\sigma T^4 \;\Rightarrow\; C \int_{T_0}^{T} \frac{dT}{T^4} = -A\sigma \int_0^t dt \;\Rightarrow\; t = \frac{C}{12\pi R^2 \sigma} \left(\frac{1}{T^3} - \frac{1}{T_0^3} \right)$$

(2) 比熱を c として $C = M_\odot c$ なので，数値を代入して $t = 1.9 \times 10^{16}$ s $= 5.9 \times 10^8$ 年. $T_0 \gg T$ なので，初温度にはほぼ依存しません,

(3)　同様に $t = 4.7 \times 10^{21}\,\text{s} = 1.5 \times 10^{14}$ 年.

上の数値はそれぞれ白色矮星と中性子星に大雑把に対応します．これら高密度天体は星が「燃え尽きた」あとに圧縮されて高温状態で作られます．中性子星の方が小さいので温度が下がるのに長い時間が必要です．多少荒い仮定をしましたが，結果のオーダーは正しいです．物体はすぐ冷めるという直観があるかも知れませんが，天文学的に大きい物体は日常的な物体に比較して冷めるのに桁違いに時間がかかります．　　　　　　　　　　　　　□

3.9.2　非相対論的な自由ボーズ粒子の統計と凝縮 †

■**状態密度**　ボーズ統計に従う自由粒子の集団を考えます．これを**ボーズ気体**とも呼び，光子気体もボーズ気体の一種です．ここでは粒子の種類を 1 個とします．粒子の質量 m，運動量 p として粒子のエネルギー ε は次式です．

$$\varepsilon = \frac{p^2}{2m} \tag{3.123}$$

ここでは相対性理論の影響は考慮していません．これは粒子の速さが真空中光速度より大幅に遅い場合に対応します．粒子数は一定とします．対比させると，前項の光子気体は速さが光速で，粒子数は一定ではありませんでした．粒子のエネルギー分布は (3.96) 式より，下式です．

$$dN = \frac{D(\varepsilon)\,d\varepsilon}{e^{(\varepsilon-\mu)/(k_\mathrm{B}T)} - 1} \tag{3.124}$$

$D(\varepsilon)\,d\varepsilon$ はエネルギー ε から $\varepsilon + d\varepsilon$ までの状態数です．ε は位置 $\boldsymbol{r}$ と運動量 $\boldsymbol{p}$ の方向には依存しないので，これらについては積分します（3.4.3 項参照）．

$$D(\varepsilon)\,d\varepsilon = \frac{1}{h^3} \int d^3\boldsymbol{r} \int_{\boldsymbol{p}\,\text{の方向}} d^3\boldsymbol{p} = \frac{V}{h^3} 4\pi p^2\,dp \tag{3.125}$$

ここでは各準位が 1 状態であるとします（スピン 0 粒子に対応）．(3.125) 式と $d\varepsilon/dp = p/m$ より（(3.123) 式参照），次の**状態密度** $D(\varepsilon)$ を得ます．

$$D(\varepsilon) = V \frac{2\pi(2m)^{3/2} \varepsilon^{1/2}}{h^3} \tag{3.126}$$

これを用い，粒子密度 N/V は以下のように書き直せます．

$$\frac{N}{V} = \int_0^\infty \frac{D(\varepsilon)\,d\varepsilon}{e^{(\varepsilon-\mu)/(k_\mathrm{B}T)} - 1} = \frac{2\pi(2m)^{3/2}}{h^3} \int_0^\infty \frac{\varepsilon^{1/2}\,d\varepsilon}{e^{(\varepsilon-\mu)/(k_\mathrm{B}T)} - 1} \tag{3.127}$$

■**ボーズ–アインシュタイン凝縮**　$\mu > 0$ の場合は $\varepsilon = \mu$ で $D(\varepsilon)$ が発散するので，$\mu \leq 0$ である必要があります．よって次の不等式が満たされます．

$$\frac{1}{e^{(\varepsilon-\mu)/(k_\mathrm{B}T)} - 1} \leq \frac{1}{e^{\varepsilon/(k_\mathrm{B}T)} - 1} \tag{3.128}$$

(3.127) 式に応用すると，次の不等式を得ます（B.9 節参照）．

$$\frac{N}{V} \leq \frac{2\pi(2m)^{3/2}}{h^3} \int_0^\infty \frac{\varepsilon^{1/2}\,d\varepsilon}{e^{\varepsilon/(k_\mathrm{B}T)} - 1} = \frac{2\pi(2mk_\mathrm{B}T)^{3/2}}{h^3} \Gamma(3/2)\zeta(3/2) \tag{3.129}$$

$\Gamma(3/2) = \sqrt{\pi}/2$ を用いて次のように書き直せます.

$$\frac{N}{V} \leq \frac{(2\pi m k_{\mathrm{B}} T)^{3/2}}{h^3} \zeta(3/2), \qquad \zeta(3/2) \simeq 2.612 \tag{3.130}$$

一定数のボーズ粒子を冷やすと $T \to 0$ で右辺は 0 に近づきますが, 左辺は一定です. よって, 次の T_{c} 未満では上の不等式は満たせません.

$$T_{\mathrm{c}} = \frac{h^2}{2\pi m k_{\mathrm{B}}} \left(\frac{1}{\zeta(3/2)} \frac{N}{V} \right)^{2/3} \tag{3.131}$$

粒子は無くならないし, 冷やすこともできるので矛盾します. $T < T_{\mathrm{c}}$ ではどうなるのでしょうか. $\mu = 0$ であれば, 状態の平均粒子数の (3.96) 式が $\varepsilon = 0$ で発散し, $D(\varepsilon) \to 0$ でも $\varepsilon = 0$ 状態に粒子が存在する可能性があります. 暗に ε を古典的に連続量として扱ってきましたが, $\varepsilon = 0$ の状態だけは連続的な扱いが破綻しうるので, 量子力学的に扱う必要があります. よって, $T \leq T_{\mathrm{c}}$ では $\mu = 0$ であり, $\varepsilon = 0$ 状態の粒子数を N_0 として次の関係式を得ます.

$$\frac{N}{V} = \frac{N_0}{V} + \frac{(2\pi m k_{\mathrm{B}} T)^{3/2}}{h^3} \zeta(3/2) \tag{3.132}$$

(3.131) 式を用いて, 次のように表せます.

$$\frac{N_0}{V} = \frac{N}{V} \left[1 - \left(\frac{T}{T_{\mathrm{c}}} \right)^{3/2} \right], \qquad T < T_{\mathrm{c}} \tag{3.133}$$

このように, 巨視的な量の粒子が $\varepsilon = 0$ 状態にある状況を**ボーズ–アインシュタイン凝縮**と呼びます.

　ルビジウム, セシウム等の気体や, ヘリウム 4 液体[8])の超流動現象などのボーズ–アインシュタイン凝縮が実験で確かめられています. 水銀, すず, 鉛などの金属の低温での**超伝導現象**も, 電子のペアがボーズ–アインシュタイン凝縮しているとして説明できます (電子 1 個はフェルミ粒子なので凝縮できません). 上の計算によれば一定密度のボーズ粒子の温度を十分に下げれば, 必ずボーズ–アインシュタイン凝縮することになり, 興味深いです. ただ, 自由粒子の仮定をしました. 上の議論では考慮されていない原子間力や分子間力により, ボーズ–アインシュタイン凝縮するより高温で固体になる場合も多く, この場合は固体は自由粒子の集団では近似できないので, 上の議論はあてはまりません.

---

　8)電子はフェルミ粒子で, ${}^4_2\mathrm{He}$, ${}^{23}_{11}\mathrm{Na}$, ${}^{87}_{37}\mathrm{Rb}$ 等はボーズ粒子です (原子記号と原子の性質については, A.2 節参照). **ボーズ粒子かフェルミ粒子か**は粒子のスピンが整数か半整数かで決まります (3.8.1 項参照). 電子のスピンは 1/2 でフェルミ粒子です. 原子は原子核と電子からなり, 全体のスピンは各粒子のスピンの和です. 核 (陽子, 中性子) と電子のスピンはいずれも 1/2 です. よって, 中性な原子のスピンが整数/半整数かは中性子の数が偶数/奇数かで決まります. ${}^4_2\mathrm{He}$ は質量数 (核子の数) 4, 原子番号 2 なので中性子 2 個, 整数スピンを持ち, ボーズ粒子です. ${}^{23}_{11}\mathrm{Na}$, ${}^{87}_{37}\mathrm{Rb}$ はそれぞれ原子番号 11, 37, 質量数 23, 87 で中性子の数は偶数なので, 中性な原子のスピンは整数でボーズ粒子です. 中性な ${}^3_2\mathrm{He}$ 原子は質量数 3, よって中性子 1 個を持ち, スピン半整数なので, フェルミ粒子です.

3.10 フェルミ統計の応用：フェルミ自由粒子と縮退 135

例題

(1) 1 気圧で液体ヘリウム（^{4}He）の密度は $0.1\,\mathrm{g/cm^3}$ です．ボーズ–アインシュタイン凝縮する温度 T_c を概算して下さい．

(2) 数密度 $10^{20}/\mathrm{m^3}$ の ^{23}Na（ナトリウム 23）の気体が凝縮する温度を概算して下さい．

解 概算なので，最終的に有効数字 1 桁で求めます．

(1) $m = 4\,\mathrm{g}/(6 \times 10^{23}) = 6.6 \times 10^{-27}\,\mathrm{kg}$, $N/V = 0.1\,\mathrm{g}/(\mathrm{cm^3 \cdot m})$ を (3.131) 式に代入して，$T_\mathrm{c} = 2\,\mathrm{K}$ を得ます．^{4}He は 2.17 K 以下で超流動状態になることが知られているので，大雑把な計算としては上出来です．

(2) $N/V = 10^{20}/\mathrm{m^3}$, $m = 23\,\mathrm{g}/(6 \times 10^{23}) = 3.8 \times 10^{-26}\,\mathrm{kg}$ を (3.131) 式に代入すると，$T_\mathrm{c} = 2 \times 10^{-6}\,\mathrm{K}$ です．ヘリウムの超流動現象に比べて桁違いに低い温度を達成する必要があることがわかります．^{23}Na は $2 \times 10^{-6}\,\mathrm{K}$ で凝縮することを 1995 年にケターレらが実験的に確かめています． □

■ 3.10 フェルミ統計の応用：フェルミ自由粒子と縮退 ■

3.10.1 非相対論的な自由フェルミ粒子の統計

■状態密度 ボーズ粒子の場合（3.9.2 項参照）と同様に，自由なフェルミ粒子の集団を考えます．これをフェルミ気体とも呼びます．**自由電子は自由フェルミ粒子の典型例です**．粒子の速さが真空中光速と比較して小さく，相対性理論の影響は無視できるとします．粒子のエネルギーはボーズ統計の場合と同じく $\varepsilon = p^2/(2m)$ で，エネルギー分布は (3.98) 式より下式です．

$$dN = \frac{D_\mathrm{F}(\varepsilon)\,d\varepsilon}{e^{(\varepsilon-\mu)/(k_\mathrm{B}T)} + 1} \tag{3.134}$$

状態密度 $D_\mathrm{F}(\varepsilon)$ はエネルギー ε から $\varepsilon + d\varepsilon$ までの状態数で，ボーズ粒子の場合と同様に求まります．以下では電子等のスピン $1/2$ の粒子を扱います．スピン $1/2$ を持つ粒子にはスピン縮退度 $2\,(= 2\cdot 1/2 + 1)$ があり，状態密度はボーズ粒子の (3.126) 式の 2 倍の下式です．

$$D_\mathrm{F}(\varepsilon) = V\frac{4\pi(2m)^{3/2}\varepsilon^{1/2}}{h^3} \tag{3.135}$$

■ $T = 0$ とフェルミ縮退 $T = 0$ では，フェルミ分布はエネルギーが低い状態からエネルギーの最大値まで粒子があります（図 3.10 参照）．フェルミ粒子は排他原理に従うため，1 状態に 1 粒子あります．よって，粒子数は下式です．

$$N = \int_0^{\varepsilon_\mathrm{F}} D_\mathrm{F}(\varepsilon)\,d\varepsilon = V\frac{8\pi(2m\varepsilon_\mathrm{F})^{3/2}}{3h^3} \tag{3.136}$$

136　　　　　第 3 章　統計物理学

上の $T = 0$ でのエネルギー最大値 ε_F を**フェルミエネルギー**と呼びます．次式から**フェルミ温度** T_F と**フェルミ運動量** p_F を定義します．

$$\varepsilon_F = k_B T_F = \frac{p_F^2}{2m} \tag{3.137}$$

p_F は数密度 $n = N/V$ と次の関係があります（(3.136) 式参照）．

$$p_F = \hbar \left(3\pi^2 n\right)^{1/3} \tag{3.138}$$

上のように，エネルギーが低い状態が埋まっている状況を**フェルミ縮退**と呼びます．状態密度は p_F を用いて以下のようにも表せます．

$$D_F(\varepsilon)\, d\varepsilon = N\frac{3}{2}\frac{\varepsilon^{1/2}}{\varepsilon_F^{3/2}}\, d\varepsilon = V\frac{8\pi}{h^3}p^2\, dp = N\frac{3}{p_F^3}p^2\, dp \tag{3.139}$$

$T = 0$ での 1 粒子あたりのエネルギーは次のように求まります．

$$\begin{aligned}\frac{E}{N} &= \int_0^{p_F} \frac{p^2}{2m}3\frac{p^2\, dp}{p_F^3} = \frac{3}{5}\frac{p_F^2}{2m} = \frac{3}{5}\varepsilon_F = \frac{3}{5}k_B T_F \\ &= \frac{3\hbar^2}{10m}\left(3\pi^2\frac{N}{V}\right)^{2/3}\end{aligned} \tag{3.140}$$

この式より，熱力学で導いた (2.79) 式を用いて，$T = 0$ であることに注意して圧力 P が求まります．この圧力を**フェルミ縮退圧**と呼びます．

$$P = -\left.\frac{\partial E}{\partial V}\right|_N = \frac{2}{3}\frac{E}{V} = \frac{2}{5}\frac{N}{V}\varepsilon_F = \frac{\hbar^2\left(3\pi^2\right)^{2/3}}{5m}\left(\frac{N}{V}\right)^{5/3} \tag{3.141}$$

圧力 P は，次の単純な粒子の運動の理論から直観的に理解できます．

$$\begin{aligned}P &= (\text{流束}) \times (\text{力積}) \\ &= \left\langle \frac{1}{2}\frac{N}{V}v_x \times 2p_x \right\rangle = \frac{N}{V}\left\langle \frac{p_x^2}{m}\right\rangle = \frac{2}{3}\frac{N}{V}\left\langle \frac{p^2}{2m}\right\rangle\end{aligned}$$

$\langle\cdots\rangle$ は平均を表します．流束は数密度と速さの積で，平均的に半数ずつ $\pm x$ 方向に運動するので特定の面に向かう流束を数えるために $1/2$ がかかっています．壁での反射の力積は $2p_x$ です．最後の等式では，xyz 方向に均等にエネルギーが配分されるので $\langle p_x^2 \rangle = \langle p^2 \rangle/3$ であることを用いています．$\langle p^2/(2m) \rangle = E/N$ で，(3.140) 式を用いると (3.141) 式を再現します．

3.10.2 低温での自由フェルミ粒子 [†]

粒子のエネルギーによって，フェルミ分布の性質は以下の 3 つの領域に大きく分けられます（図 3.10 参照）．

(1) $\varepsilon \ll \mu$: $f(\varepsilon) = 1$，粒子が（ほとんどの）状態に 1 つずつ存在．

(2) $|\varepsilon - \mu| \lesssim k_\mathrm{B}T$: 粒子が存在する状態としない状態がある．

(3) $\varepsilon \gg \mu$: $f(\varepsilon) = 0$，粒子が（ほとんどの）状態に存在しない．

$\varepsilon = \mu$ の面（3 次元運動量空間では面）を**フェルミ面**と呼びます．$T = 0$ では $\mu = \varepsilon_\mathrm{F}$ で，フェルミ面内に粒子は存在し，外には存在しません．有限温度では，基本的にフェルミ面近辺の厚み $k_\mathrm{B}T$ 程度にある粒子状態が変化します．

低温（低温の意味は下で考えます）でのフェルミ粒子の統計的物理量のふるまいを求めるには次の**ゾンマーフェルト展開**が便利です．

$$\int_{-\infty}^{\infty} A(\varepsilon)f(\varepsilon)\,d\varepsilon = \int_{-\infty}^{\mu} A(\varepsilon)\,d\varepsilon + \frac{\pi^2}{6}(k_\mathrm{B}T)^2 A'(\mu) + \cdots \tag{3.142}$$

$A(\varepsilon)$ は μ の周りでテイラー展開できる関数とします．$f(\varepsilon)$ は次のフェルミ分布（(3.98) 式参照）で，式最後の $\cdots$ は小さい寄与を表します．

$$f(\varepsilon) = \frac{1}{e^{(\varepsilon-\mu)/(k_\mathrm{B}T)} + 1} \tag{3.143}$$

ゾンマーフェルト展開は B.10 節に説明があります．フェルミ分布の変化は $\varepsilon = \mu$ 近辺の $k_\mathrm{B}T$ 程度の領域にほぼ全て限定されるので，μ の周りで $k_\mathrm{B}T$ で展開するのがゾンマーフェルト展開の基本的な考え方です．

■粒子数 N　N は下式で表され，温度によらず一定です．

$$N = \int_0^{\infty} f(\varepsilon)D_\mathrm{F}(\varepsilon)\,d\varepsilon \tag{3.144}$$

$A(\varepsilon) = D_\mathrm{F}(\varepsilon)$ として，ゾンマーフェルト展開を用いて次式を得ます．

$$\begin{aligned} N &= \int_0^{\mu} D_\mathrm{F}(\varepsilon)\,d\varepsilon + \frac{\pi^2}{6}(k_\mathrm{B}T)^2 D_\mathrm{F}'(\mu) + \cdots \\ &= \int_0^{\varepsilon_\mathrm{F}} D_\mathrm{F}(\varepsilon)\,d\varepsilon + (\mu - \varepsilon_\mathrm{F})D_\mathrm{F}(\varepsilon_\mathrm{F}) + \frac{\pi^2}{6}(k_\mathrm{B}T)^2 D_\mathrm{F}'(\varepsilon_\mathrm{F}) + \cdots \end{aligned} \tag{3.145}$$

2 行目では，$(\varepsilon_\mathrm{F}, \mu)$ 間の積分を分離し，長方形近似をしています．2 行目第 1 項の積分は N なので（(3.136) 式参照），次式を得ます．

$$(\mu - \varepsilon_\mathrm{F})D_\mathrm{F}(\varepsilon_\mathrm{F}) + \frac{\pi^2}{6}(k_\mathrm{B}T)^2 D_\mathrm{F}'(\varepsilon_\mathrm{F}) = 0 \tag{3.146}$$

■エネルギー E　エネルギー E は下式で表されます．

$$E = \int_0^{\infty} \varepsilon f(\varepsilon)D_\mathrm{F}(\varepsilon)\,d\varepsilon \tag{3.147}$$

$A(\varepsilon) = \varepsilon D_\mathrm{F}(\varepsilon)$ とし，上と同様にゾンマーフェルト展開を用います．

$$E = \int_0^\mu \varepsilon D_{\mathrm{F}}(\varepsilon)\,d\varepsilon + \frac{\pi^2}{6}(k_{\mathrm{B}}T)^2 \left[D_{\mathrm{F}}(\mu) + \mu D_{\mathrm{F}}'(\mu) \right] + \cdots$$

$$= \int_0^{\varepsilon_{\mathrm{F}}} \varepsilon D_{\mathrm{F}}(\varepsilon)\,d\varepsilon + (\mu - \varepsilon_{\mathrm{F}})\varepsilon_{\mathrm{F}} D_{\mathrm{F}}(\varepsilon_{\mathrm{F}})$$

$$+ \frac{\pi^2}{6}(k_{\mathrm{B}}T)^2 \left[D_{\mathrm{F}}(\varepsilon_{\mathrm{F}}) + \varepsilon_{\mathrm{F}} D_{\mathrm{F}}'(\varepsilon_{\mathrm{F}}) \right] + \cdots \tag{3.148}$$

(3.146) 式の関係式を用いて次式を得ます.

$$E = \int_0^{\varepsilon_{\mathrm{F}}} \varepsilon D_{\mathrm{F}}(\varepsilon)\,d\varepsilon + \frac{\pi^2}{6}(k_{\mathrm{B}}T)^2 D_{\mathrm{F}}(\varepsilon_{\mathrm{F}}) + \cdots \tag{3.149}$$

1 項目の積分は,$T = 0$ でのエネルギー,(3.140) 式です.

■低温での定積熱容量　定積熱容量は次のように求まります.

$$C = \left. \frac{dE}{dT} \right|_V = \frac{\pi^2}{3}k_{\mathrm{B}}^2 T D_{\mathrm{F}}(\varepsilon_{\mathrm{F}}) + \cdots \tag{3.150}$$

(3.139) 式の状態密度を用いて次式を得ます.

$$C = \frac{\pi^2}{2}\frac{k_{\mathrm{B}}T}{\varepsilon_{\mathrm{F}}}Nk_{\mathrm{B}} + \cdots = \frac{\pi^2}{2}\frac{T}{T_{\mathrm{F}}}Nk_{\mathrm{B}} + \cdots \tag{3.151}$$

自由なフェルミ粒子の定積熱容量は低温で T に比例します.

■低温とは　上では自由なフェルミ粒子の集団,**フェルミ粒子気体**の物理量の低温でのふるまいを分析しました. たとえば,(3.149), (3.151) 式は T/T_{F} についての展開です. よって,$T \ll T_{\mathrm{F}}$ が低温の条件です. 金属では,T_{F} は数万度オーダーなので,室温は「低温」です（例題参照）. 低温ではフェルミ縮退の影響が物理量の性質に強く現れます.

> **例題**
>
> (1)　**フェルミ温度**,T_{F} を密度 $n = N/V$ を用いて表して下さい.
> (2)　自由電子は自由なフェルミ粒子の典型例です. 金属の室温での特性をまとめた表 3.4 を用いて,それぞれの物質の自由電子のフェルミ温度と,フェルミエネルギーを持つ電子の速さ（**フェルミ速度**）を求めて下さい（自由電子/原子 は 1 原子あたりの自由電子の数）.

表 3.4　金属の特性の例（室温）.

物質	リチウム	鉄	金	水銀
密度 [g/cm^3]	0.534	7.87	19.3	13.5
原子量 [g/mol]	6.94	55.8	197	201
自由電子/原子	1	2	1	2

> (3)　自由電子の寄与を無視しても,室温での金属の熱容量の理論値が実測値と一致する理由を説明して下さい（3.6.3 項参照）.

第 3 章　章末問題　　**139**

解 (1) (3.137), (3.138) 式より，次の関係式を得ます．

$$T_{\mathrm{F}} = \frac{p_{\mathrm{F}}^2}{2mk_{\mathrm{B}}} = \frac{\hbar^2 \left(3\pi^2 n\right)^{2/3}}{2mk_{\mathrm{B}}} \tag{3.152}$$

(2)　密度 ρ，原子量 M，アボガドロ定数 N_{A}，1 原子あたりの自由電子の数 z として，$n = z\rho N_{\mathrm{A}}/M$ です．前問の結果に代入し，次の結果を得ます．

表 3.5　金属の数密度，フェルミ温度と速度の例（室温）．

物質	リチウム	鉄	金	水銀
数密度 $n\,[\times 10^{28}\,\mathrm{m}^{-3}]$	4.63	17.0	5.90	8.09
フェルミ温度 $T_{\mathrm{F}}\,[\times 10^4\,\mathrm{K}]$	5.46	13.0	6.41	7.91
フェルミ速度 $v_{\mathrm{F}}\,[\times 10^6\,\mathrm{m/s}]$	1.29	1.98	1.39	1.55

$\varepsilon_{\mathrm{F}} = mv_{\mathrm{F}}^2/2$（$m$ は電子の質量）を用いました．単位に注意しましょう．

(3)　前問の解より T_{F} は 10 万度オーダーです．下式からわかるように，室温での熱容量への自由電子の寄与は格子振動の寄与，$3Nk_{\mathrm{B}}$（(3.58) 式参照）に比べて 0.5 ％ オーダーで小さいです（(3.151) 式参照）．

$$\frac{C_V}{3Nk_{\mathrm{B}}} \simeq \frac{\pi^2}{6}\frac{T}{T_{\mathrm{F}}} \sim \frac{\pi^2}{6}\frac{300\,\mathrm{K}}{10^5\,\mathrm{K}} \sim 5 \times 10^{-3} \qquad\square$$

■■■■■■■■■■■■■■ **第 3 章　章末問題** ■■■■■■■■■■■■■■
解答例はサポートページに掲載しています．

▌1　N 個の独立な量子力学的な 1 次元調和振動子を考えます（3.6.4 項参照）．各振動子の振動数は同じとします．

(a)　系のとりうるエネルギー E を説明して下さい．

(b)　$N = 2$ の場合に，系の状態数 $W(E)$ の E 依存性を求めて下さい．

(c)　一般の N について系の状態数 $W(E)$ の E 依存性を求めて下さい．

(d)　E が増加すると，$W(E)$ はどのようにふるまいますか．

▌2　量子力学では粒子は波（波動関数）で表せます．1 次元の粒子の波動関数を $\psi(x) = e^{ikx}$ とし，系の大きさを L，両端では同じ値をとる（**周期的境界条件**）とします．

(a)　k と波の波長の関係を求め，さらに**ド・ブロイ波**の考え方を用いて，k と運動量 p の関係を求めて下さい．

(b)　境界条件より，許される k の値を求めて下さい．

(c)　1 状態あたりの位相空間の体積を求めて下さい．

140　　　第 3 章　統計物理学

■ **3**　4 原子分子，アンモニア（NH_3）の気体 1 モルの定積熱容量，定圧熱容量を理想気体の考え方を用いて求めて下さい．

■ **4**　(a)　カノニカル分布から絶対温度 T の熱平衡にある気体分子の速度分布，(3.40)，(3.41) 式を求めて下さい．

　　　(b)　室温での空気分子の平均の速さを求めて下さい．音速（(1.9) 式参照）と比較して考察して下さい．

■ **5**　室温で水をコップに入れて置いておくと表面から**蒸発**（気化）します．

　　　(a)　温度は沸点より低いのに蒸発する理由を微視的視点から説明して下さい．

　　　(b)　蒸発すると蒸発熱を奪います（体温を下げるために汗をかく理由です）．なぜ蒸発熱を奪うのか，微視的な視点から説明して下さい．

■ **6**　箱に閉じ込められた，数密度 n，質量 m，速度 $\boldsymbol{v}$ の自由粒子を考えます．

　　　(a)　x 軸に垂直な壁に 1 粒子が衝突した際に壁に与える力積を求めて下さい．

　　　(b)　x 軸に垂直な壁に単位時間，単位面積あたりに衝突する粒子数（**流束**，あるいは**フラックス**と呼びます）を求めて下さい．

　　　(c)　温度 T の熱平衡状態にある箱内の粒子について，平均をとることにより**理想気体の状態方程式**を導いて下さい．

■ **7**　(a)　上の大気に押しつぶされるようにして，高度が低いほど大気の密度は大きくなります．大気密度の高度依存性をカノニカル分布の考え方を適用して推測して下さい．温度，密度の変化は小さい範囲で考えます．

　　　(b)　前問の結果を用いて大気圧力の高度依存性を求め，地表近辺の実測値 $dp/dh = -12\,\mathrm{Pa/m}$ と比較して下さい（h：高度）．

　　　(c)　より広い領域で考えます．空気が断熱過程で上昇するとして，大気温度の高度依存性を求めて下さい．

　　　(d)　前問の前提では，空気の水蒸気を考慮していませんでした．十分水蒸気があれば，上昇して温度が下がれば凝縮します．これは前問の結果にどのような影響を与えると考えられますか．

■ **8**　太陽の半径は $7.0 \times 10^8\,\mathrm{m}$，表面温度は $5800\,\mathrm{K}$，地球–太陽間の距離は $1\,\mathrm{AU} = 1.5 \times 10^{11}\,\mathrm{m}$ です．

　　　(a)　太陽の光度（単位時間あたりのエネルギー放射量）を求めて下さい．

　　　(b)　太陽の表面温度が 1 % 上昇するとエネルギー放射量は約何 % 増加しますか．

　　　(c)　地球の位置で太陽から（その方向に垂直な）単位面積，単位時間あたりに受けるエネルギー（**太陽定数**と呼びます）を求めて下さい．

　　　(d)　地球の半径は $6{,}400\,\mathrm{km}$ です．地表の平均温度を推定して下さい．地球を黒体とし，大気の影響は無視します．

■ 9 (a) 室温 25°C での人間の**熱放射量**を概算して下さい．
(b) 人間が前問の熱放射で 1 日に消費するエネルギーを概算して下さい．

■ 10 以下の**ゴム**の模型を考えます．長さ d の要素が 1 次元的に N 個つながっていて，そのうち n 個が逆方向の場合に，片方の端を原点としてもう一端の位置は $x = (N-2n)d$ になります（下図参照）．

(a) エネルギーが各要素の方向によらない場合に自由エネルギー F を長さ x の関数として求めて下さい．
(b) 安定な状態での端の位置 x を求め，理由を説明して下さい．
(c) 安定点の周りで展開してばねの法則が成り立つことを示して下さい．
(d) 内部エネルギーが $-\alpha|x|$ のように長さに依存する場合に，安定状態での x を求め，温度依存性を説明して下さい．

■ 11 [†] **白色矮星**は電子の**縮退圧**で支えられています（温度 0 とします）．
(a) 電子（質量 m_e）の数密度 n とし，電子の速さの最大値を求めて下さい．
(b) 電子の速さは真空中光速 c 以下です．数密度の最大値を求めて下さい（相対性理論は用いません）．
(c) 球対象な天体内の重力による圧力 $P(r)$，中心から r 内の質量 $M(r)$，密度 ρ とし，次式を示して下さい（r：中心からの距離）．
$$\frac{dP(r)}{dr} = -\frac{GM(r)\rho}{r^2} \tag{3.153}$$
(d) 天体の半径 R, ρ を一定とします．圧力が最大なのはどこでしょうか．その圧力を求めて下さい．
(e) 天体は，電子と，電子 1 個につき Z 個の核子（質量 m_u）からなるとします．前問の最大圧力を電子の縮退圧で支える条件を求めて下さい．
(f) 天体の質量の最大値を求めて下さい．この質量を**チャンドラセカール限界**と呼びます．この質量限界を超えると，縮退圧で支えられないために天体はブラックホールになります．

第4章
非平衡物理学と輸送現象

　ここまでは，熱平衡状態にある物理系を扱ってきました．一般に，熱平衡状態にない系を扱う分野を**非平衡物理学**と呼びます．想像できるように，熱平衡状態にないだけであれば，多様な状況が考えられます．衝撃的な時間変化がある場合も，流れがある系も含まれます．巨視的な流れは物質やエネルギーの輸送をもたらすので**輸送現象**と呼ばれます．以下では，流れが時間変化しない系を主に扱います．一定の電位差がある場合の電流，一定の温度差がある場合のエネルギーの流れがこの典型的な例です．このように，非平衡系でありながら一定の状態を保つ系を**非平衡定常系**と呼びます．以下では，系全体は熱平衡状態になくても，各位置では温度があいまいさなく定義できる，局所的には熱平衡状態にあるとみなせる系，**局所平衡**が成り立っている系を扱います．

■ 4.1 ブラウン運動と拡散

4.1.1 ブラウン運動と拡散

　流体中の $1\,\mu\mathrm{m}$ 程度の大きさの粒子は顕微鏡で観察でき，**ブラウン運動**と呼ばれるランダムな運動をします（図 4.1 参照）．空気中の煙粒子，水中の花粉の粒子等がブラウン運動する粒子の典型です．流体は熱運動している分子から構成されていて，粒子はそれよりはるかに大きいので，数多くの分子が常時粒子に衝突します（図 4.1 (b) 参照）．流体全体に流れがなければ，どの方向も同等で，平均的には粒子に力を及ぼしませんが，分子の数は有限なので，平均からずれが生じ，それが粒子のランダムな動きをもたらします．以下でも見るように粒子自体が熱運動しているともみなせます．ブラウン運動の本質は熱運動なので，あらゆる大きさのあらゆる粒子に生じますが，$1\,\mu\mathrm{m}$ より桁違いに小さいと光学的には見えません（1.2.5 項参照）．また，大きい場合には影響が小さいので検出しにくいです．ブラウン運動は熱平衡状態でも常時生じていますが，以下でわかるように典型的な非平衡現象である拡散の微視的起源です．

4.1 ブラウン運動と拡散

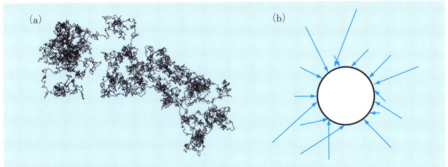

図 4.1 (a) ブラウン運動する粒子の軌跡のシミュレーション例．(b) 微視的な視点からのブラウン運動の概念図．流体の分子があらゆる方向から衝突し，その総合的な影響で粒子がランダムな運動をする．

1 次元でブラウン運動する粒子の性質を導いてみましょう．粒子の質量 m，位置座標を x とし，運動方程式は次式です．

$$ma = -\alpha v + F_{\mathrm{random}}, \quad a = \frac{d^2 x}{dt^2}, \quad v = \frac{dx}{dt} \tag{4.1}$$

$-\alpha v$ は速さに比例する粘性抵抗です（4.4 節参照）．**粘性**は「粘り気」の性質で流体内の摩擦によって生じます．粒子が速いほど流体中で大きな抵抗力が働くのは，直観的に理解できるでしょう．F_{random} は，周囲の分子が衝突することによって生じるランダムな力です．両辺に x をかけると次式を得ます．

$$m\left[\frac{d}{dt}(xv) - v^2\right] + \frac{1}{2}\alpha \frac{d}{dt}(x^2) = xF_{\mathrm{random}} \tag{4.2}$$

F_{random} は粒子の位置とは無関係なので，$\langle xF_{\mathrm{random}}\rangle = 0$ です（$\langle \cdots \rangle$ は平均）．位置と速さに直接関係は無いので，$\langle xv \rangle$ は，時間とともに大きくなる $\langle x^2 \rangle$（以下参照）に比較して無視できます．よって，次式を得ます．

$$m\langle v^2 \rangle = \frac{1}{2}\alpha \frac{d}{dt}\langle x^2 \rangle \tag{4.3}$$

エネルギー等分配則，$m\langle v^2 \rangle = k_{\mathrm{B}}T$ を用い（3.6.2 項参照），初期条件を $t = 0$ で $x = 0$ として次式を得ます．

$$\langle x^2 \rangle = 2Dt, \quad D = \frac{k_{\mathrm{B}}T}{\alpha} = \frac{RT}{\alpha N_{\mathrm{A}}} \tag{4.4}$$

D を**拡散係数**と呼び（理由は以下参照），上の 2 式目を**アインシュタインの関係式**と呼びます．3 次元空間に結果を拡張するのは簡単です．運動方程式，(4.1) 式を

144　　第 4 章　非平衡物理学と輸送現象

3 次元空間に拡張すると，x, y, z の各方向は独立です．よって，実質同じ方程式が 3 個あり，$\langle r^2 \rangle = 6Dt$ となります．

球形粒子の粘性抵抗の係数は，粒子の半径 a_P，流体の粘性係数 η を用いて，$\alpha = 6\pi a_P \eta$ です（これを**ストークスの法則**と呼びます）．粒子が大きいほど，そして粘性係数が大きいほど抵抗が大きいのは直観的に納得がいくでしょう．球形粒子の拡散係数は**ストークス–アインシュタインの式**とも呼ばれる下式となります．

$$D = \frac{k_B T}{6\pi a_P \eta} = \frac{RT}{6\pi a_P \eta N_A} \qquad （球形粒子の拡散係数） \qquad (4.5)$$

ブラウン運動の観察から拡散係数を測定できます（表 4.1 参照）．R, T, a_P, η は全て原子の存在を仮定しないで得られる巨視的な量なので，巨視的な量だけからアボガドロ定数が求まります．このように「分子を数えられる」ことは，歴史的には原子の実在を確かめるために重要な役割を果たしました．

表 4.1　1 気圧における物質 A の B 中の拡散係数（A が濃度 0 の極限）．

物質 A	物質 B	温度 [°C]	拡散係数 [m²/s]
CO_2	空気	20	1.60×10^{-5}
水分子	空気	20	2.42×10^{-5}
Na^+ イオン	水	25	1.33×10^{-9}
Cl^- イオン	水	25	2.03×10^{-9}
エタノール	水	25	1.24×10^{-9}
水	トルエン	25	6.19×10^{-9}
ホウ素	シリコン（固体）	1000	3.8×10^{-18}
リン	シリコン（固体）	1000	1.1×10^{-18}

導いた式の意味を考えてみましょう．$\langle r^2 \rangle$ が時間とともに大きくなるので，各粒子が平均的には元の位置から離れていくことを意味します．ブラウン運動する粒子が多くある場合を考えましょう．初め皆 $x = 0$ にあったとします．どの方向も同等なので，粒子の集団が広がっていく**拡散**現象を表します．インクを 1 滴水に落とすと，広がっていくのが一例です．インクの各粒子はブラウン運動しています．

粒子が一定速度で運動すれば，$\langle r^2 \rangle$ が t^2 に比例します．ブラウン運動の特徴は，$\langle r \rangle = 0$ であること，そして $\langle r^2 \rangle$ が t に比例することです．これは熱運動にともなう揺らぎが引き起こす現象だからです．

例題　上の粒子の運動で，$x = 0$ から初期速度 v_0 で運動した場合に $\langle x \rangle$ を求めてください．

解　平均の力は $\langle F_{\text{random}} \rangle = 0$ なので，

$$m\frac{d}{dt}\langle v\rangle = -\alpha\langle v\rangle \tag{4.6}$$

上の微分方程式を解いて，任意の時刻 t で $\langle v\rangle = v_0 e^{-\alpha t/m}$，$\langle x\rangle = m v_0/\alpha(1 - e^{-\alpha t/m})$. v_0 についても平均すると，等方であれば，$\langle x\rangle = 0$ です． $\qquad\square$

4.1.2 ランダムウォーク

ブラウン運動する粒子の最も単純な模型は**ランダムウォーク**です（**酔歩**とも呼びますが，理由は明らかでしょう）．単純ながらランダムな運動の特徴を捉えていて，物理学を越えて多くの分野で有用な模型です．

まず 1 次元ランダムウォークを考えます．時間が $t = 0, 1, 2, \cdots$ と離散的に進み，t が 1 増すごとに x が確率 1/2 ずつで $+1$ か -1 変化するとします．$x(0) = 0$ とします．同確率で ± 1 変化するので，平均は変化しません．

$$\langle x(t+1)\rangle = \langle x(t)\pm 1\rangle = \langle x(t)\rangle \quad \Rightarrow \quad \langle x(t)\rangle = \langle x(0)\rangle = 0 \tag{4.7}$$

$\langle (x(t))^2\rangle$ も，$\langle x(t)\rangle = 0$ を用いて以下のように容易に求まります．

$$\begin{aligned}\left\langle (x(t+1))^2\right\rangle &= \left\langle (x(t)\pm 1)^2\right\rangle = \left\langle (x(t))^2 \pm 2x(t) + 1\right\rangle \\ &= \left\langle (x(t))^2\right\rangle + 1\end{aligned} \tag{4.8}$$

これは非常に単純な漸化式で解は次式です．

$$\left\langle (x(t))^2\right\rangle = t \tag{4.9}$$

前項でも指摘したように，粒子のブラウン運動の重要な特徴は，$\langle x^2\rangle$ が t の 1 次式となることです．ランダムウォークはこの特色を的確に捉えた単純な確率模型です．

ランダムウォークは 2 次元以上に容易に拡張できます．3 次元ランダムウォークでは $x(0) = y(0) = z(0) = 0$，t が 1 増すごとに，$x(t), y(t), z(t)$ が独立に確率 1/2 で ± 1 変化するとします．各次元が独立なので次式を得ます．

$$\langle (x(t))^2 + (y(t))^2 + (z(t))^2\rangle = 3t \tag{4.10}$$

ランダムウォークに，速さや距離のスケールも導入できます．粒子が速さ v で動き，**平均自由行程**（衝突せずに自由に運動する平均距離）を ℓ とします．**平均自由時間**（衝突せずに自由に運動する平均時間）は $\tau = \ell/v$ です．位置座標を $\hat{x}$ とし，1 次元ランダムウォークは次式で表せます．

$$\widehat{x}(t+\tau) = \widehat{x}(t) \pm \ell \qquad (\text{確率 } 1/2 \text{ ずつ}) \tag{4.11}$$

$\widehat{x}(0) = 0$ とし，上と同様に解いて，次式を得ます．

$$\langle \widehat{x}(t) \rangle = 0, \qquad \left\langle (\widehat{x}(t))^2 \right\rangle = \frac{t}{\tau}\ell^2 = v\ell t \tag{4.12}$$

例題 3 次元ランダムウォークを用いて，室温の水中でランダムウォークをする半径 $0.5\,\mu\mathrm{m}$ の粒子（密度 $1\,\mathrm{g/cm^3}$）のブラウン運動を大雑把に解析します．
(1) 粒子の平均的速さ v を求めて下さい．
(2) 粒子の拡散係数を求めて下さい．水の粘性係数 $\eta = 1.0 \times 10^{-3}\,\mathrm{kg/(m \cdot s)}$ です．
(3) 平均自由行程 ℓ を推測して下さい．

解 (1) 粒子質量 m，密度 ρ，半径 a_P，$T = 300\,\mathrm{K}$ とし，エネルギー等分配則より

$$mv^2 = \frac{4\pi}{3}a_\mathrm{P}^3\rho v^2 = 3k_\mathrm{B}T \quad \Rightarrow \quad v = \frac{3}{2}\sqrt{\frac{k_\mathrm{B}T}{\pi\rho a_\mathrm{P}^3}} = 4.9 \times 10^{-3}\,\mathrm{m/s} \tag{4.13}$$

(2) (4.5) 式を用いて，拡散係数は $k_\mathrm{B}T/(6\pi a_\mathrm{P}\eta) = 4.4 \times 10^{-13}\,\mathrm{m^2/s}$.

(3) (4.4), (4.12) 式より拡散係数は $v\ell/2$ なので，$\ell = 1.8 \times 10^{-10}\,\mathrm{m}$. 液体は分子が密に集まっているので，平均自由行程が原子スケール（$10^{-10}\,\mathrm{m}$ のオーダー）であることは納得できるでしょう． $\square$

4.1.3 フィックの法則と拡散方程式

■フィックの法則 一定温度の容器内の溶液や混合液で濃度差があれば，いずれは濃度が一定の平衡状態になることは直観的にわかるでしょう．これは**熱力学第 2 法則**（2.5 節参照）からも示唆されます．この途中過程が**拡散**で，水中のインク粒子，アルコールと水の混合液中のアルコール分子，塩水の塩の分子，空気中の酸素分子等で見られます．拡散は濃度が高いところから低いところへの流れをもたらし，次のフィックの法則で記述されます．

$$\boldsymbol{j} = -D\boldsymbol{\nabla}n = -D\begin{pmatrix} \partial n/\partial x \\ \partial n/\partial y \\ \partial n/\partial z \end{pmatrix} \tag{4.14}$$

D は前項の拡散係数で，表 4.1 に例をあげました（章末問題 1 参照）．$\boldsymbol{j}$ は位置 $\boldsymbol{r}$ での粒子の**流束**で，一般には時間 t に依存します．x 成分 j_x は単位時間，x 方向に垂直な面を単位面積あたりに通り抜ける粒子数で，y, z 成分も同様です．物理学でよく使う**勾配**の記号 $\boldsymbol{\nabla}$ を導入しました（B.4 節参照）．n は粒子数密度です．上の式は勾配 $\boldsymbol{\nabla}n$ について 1 次の式ですが，勾配が急になれば $\boldsymbol{\nabla}n$ についての高次項

4.1 ブラウン運動と拡散　　**147**

の影響が無視できない場合もあります．以下では，勾配についての 1 次式で十分な
場合を考えます．

■連続の方程式　生成・消滅しない粒子については，次の**連続の方程式**が成り立ち
ます．

$$\frac{\partial n}{\partial t} + \boldsymbol{\nabla j} = \frac{\partial n}{\partial t} + \frac{\partial j_x}{\partial x} + \frac{\partial j_y}{\partial y} + \frac{\partial j_z}{\partial z} = 0 \tag{4.15}$$

連続の方程式は粒子数保存の式であって，次項で導きます．量の保存則なので，
様々な分野で現れる方程式で，電磁気学の電荷保存の式（の微分形）もその例です．
保存量の流れでは粒子に限らず連続の方程式は成り立ちます．

■拡散方程式　フィックの法則，(4.14) 式と連続の方程式，(4.15) 式から

$$\frac{\partial n}{\partial t} = -\boldsymbol{\nabla j} = \boldsymbol{\nabla} \left(D \boldsymbol{\nabla} n \right) \tag{4.16}$$

を導けます．ここでは，D が位置に依存しないと仮定し，次の拡散方程式を得ます
（方程式の解については章末問題 7 を参照）．

$$\frac{\partial n}{\partial t} = D\boldsymbol{\nabla}^2 n, \quad \boldsymbol{\nabla}^2 n = \frac{\partial^2 n}{\partial x^2} + \frac{\partial^2 n}{\partial y^2} + \frac{\partial^2 n}{\partial z^2} \tag{4.17}$$

上で便利な記号 $\boldsymbol{\nabla}^2$ を導入しました．ランダムウォークしている粒子は連続極限で
は拡散方程式に従います（章末問題 1 参照）．

例題　1 次元空間でのフィックの法則，連続の方程式と拡散方程式を書いて下さい．

解　フィックの法則：　$j_x(t,x) = -D\dfrac{\partial n(t,x)}{\partial x},$

連続の方程式：　　$\dfrac{\partial n}{\partial t} + \dfrac{\partial j_x}{\partial x} = 0$ 　　　　　　　　　　　(4.18)

拡散方程式：　　　$\dfrac{\partial n}{\partial t} = D\dfrac{\partial^2 n}{\partial x^2}$

3 次元空間でも濃度勾配の方向が x 方向のみであれば上の式は成り立ちます．　　□

4.1.4　連続の方程式とフィックの法則の微視的理解 †

前項で用いた連続の方程式とフィックの法則を微視的視点から導きます．前項と順序は
逆ですが，連続の方程式から説明します．本質は 1 次元系で理解できるので，1 次元空間で
考えます（前項例題参照，3 次元空間における連続の方程式については章末問題 6 参照）．

■連続の方程式の理解　微小時間 Δt における $x, x + \Delta x$ 間の微小空間の数密度 n の変化
を考えます（図 4.2 参照）．微小量 $\Delta t, \Delta x$ について 0 ではない最低次の物理量だけを考
慮して次式を得ます．

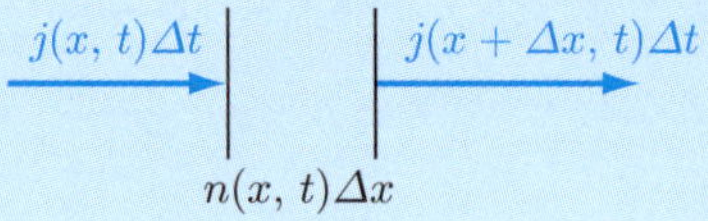

148 第 4 章 非平衡物理学と輸送現象

$$j(x, t)\Delta t \qquad j(x + \Delta x, t)\Delta t$$

$$n(x, t)\Delta x$$

図 4.2 領域内粒子数と出入りする粒子数.

$$[n(x, t + \Delta t) - n(x, t)]\,\Delta x = [-j(x + \Delta x, t) + j(x, t)]\,\Delta t \tag{4.19}$$

上式は粒子の生成・消滅が無ければ，領域内の粒子数の変化は流れ込む数と流れ出す数の差であることを意味し，連続の方程式の本質がわかります．両辺にテイラー展開の最低次を用い，$\Delta x, \Delta t \to 0$ の連続極限で連続の方程式 (4.18) 式を得ます．

$$[n(x, t + \Delta t) - n(x, t)]\,\Delta x = \frac{\partial n(x, t)}{\partial t}\Delta x\Delta t$$
$$[-j(x + \Delta x, t) + j(x, t)]\,\Delta t = -\frac{\partial j(x, t)}{\partial x}\Delta x\Delta t \tag{4.20}$$

上式でたとえば中点での値，$n(x + \Delta x/2, t)$ や $j(x, t + \Delta t/2)$ をなぜ用いなかったのかという疑問がわくかも知れませんが，これらを使った場合との違いは，下式からわかるように上の展開で $\Delta x, \Delta t$ について 3 次以上の項にしか現れません．

$$\frac{\partial n(x + \Delta x/2, t)}{\partial t} = \frac{\partial n(x, t)}{\partial t} + \frac{\partial^2 n(x, t)}{\partial x\,\partial t}\frac{\Delta x}{2} + (より高次の項) \tag{4.21}$$

■フィックの法則の理解 平均の速さを v_x，平均自由時間を τ とすると，位置 x を通り抜ける粒子は，平均的には $x + v_x\tau$ より $-x$ 方向に進む粒子と，その逆です．x に到達する粒子は，平均的に x 方向には $v_x\tau$ 離れた所から来るためです．時間 Δt に通り抜ける単位面積あたりの粒子数は $nv_x\Delta t$ です．よって，両方向の流れを合わせて以下の粒子数の流れを得ます．

$$j(x)\Delta t = \frac{v_x\Delta t}{2}\left[n(x - v_x\tau) - n(x + v_x\tau)\right] \tag{4.22}$$

右辺に 1/2 があるのは熱平衡下では正負両方向に進む粒子が半々だからです．時刻に依存しないので上式では時間の引数は省略しました．連続の方程式の場合と同様に，テイラー展開を行い，最低次の項を残して次式を得ます．

$$j = -\frac{\partial n}{\partial x}v_x^2\tau \tag{4.23}$$

平均の速さは x, y, z 方向について同じなので，$v_x^2 = v_y^2 = v_z^2 = v^2/3$ です．これと**平均自由行程** $\ell = v\tau$ を用いて以下のように書き直せます．

$$j = -D\frac{\partial n}{\partial x}, \quad D = \frac{1}{3}v\ell \tag{4.24}$$

4.3 節でも説明しますが，平均自由時間は物質の性質の詳細に依存し，直接推定するのは一般に困難です．

4.2　電気伝導　　**149**

(4.22) 式より (4.23) 式に至る際に ℓ は小さいとみなし，1 次の項だけ残しました．この処理が適切なのは平均自由行程が n の変化の空間スケールに比べて小さい場合で，これが濃度勾配が小さい，の意味です．

■ 4.2　電気伝導

■**抵抗と抵抗率**　電位差 V，電流 I，電気抵抗 R の間にはオームの法則，

$$V = RI \tag{4.25}$$

が成り立ちます．抵抗値 R は一般に，それを構成する物質だけではなく，その形状にも依存します．一様な物質の電気抵抗は，物質の長さに比例し，断面積に反比例します．よって，一様な物質の抵抗値は物質の性質である**抵抗率**を用い，次式のように表せます．

$$(抵抗値) = \frac{(抵抗率) \times (長さ)}{(断面積)} \tag{4.26}$$

一様な物質では，オームの法則は抵抗率 ρ_{res} を用いて内部**電場** $\boldsymbol{E}$ と**電流密度** $\boldsymbol{j}$ の次の関係式に書き直せます．電流密度は単位面積に垂直に通る電流です．

$$\boldsymbol{E} = \rho_{\mathrm{res}}\boldsymbol{j} \tag{4.27}$$

例題　関係式 (4.27) 式からオームの法則を導いて下さい．抵抗は一様な物質で構成され，電流密度は一様とします．

解　電流方向の 1 次元で考え，抵抗の長さ d で電位差 V が生じるとします．抵抗の断面積 S とすると，

$$E = \frac{V}{d} = \rho_{\mathrm{res}}j \quad \Rightarrow \quad V = \frac{\rho_{\mathrm{res}}d}{S} \times (jS) \tag{4.28}$$

$\rho_{\mathrm{res}}d/S$ は抵抗値，jS が電流なので，オームの法則 (4.25) 式になります．　□

■**電気伝導率と抵抗率**　抵抗率の逆数を**電気伝導率**と呼びます．よって電気伝導率 σ は (4.27) 式により，次の関係式を満たします．

$$\boldsymbol{j} = \sigma\boldsymbol{E} \tag{4.29}$$

抵抗率が物質の性質なので，電気伝導率も物質の性質です．

■**電気伝導の直観的な理解**　導体における電気伝導の単純な模型を考えます．導体内には衝突する以外は自由に動ける電子，**自由電子**が存在します．自由電子が衝突せずに自由に運動できる平均時間は**平均自由時間**で，衝突後はランダムな方向と速さを持つと考えると，平均的には衝突後の速度は 0 になります．

150　　　第 4 章　非平衡物理学と輸送現象

自由電子の数密度を n, 平均速度を $\boldsymbol{v}$ とすると電流密度 $\boldsymbol{j}$ は, (4.22) 式でも用いた (通過粒子数) $= nv\Delta t$ の概念を用い, 次式です.

$$\boldsymbol{j} = n(-e)\boldsymbol{v} \tag{4.30}$$

電場 $\boldsymbol{E}$ の下で, 自由電子は $-e\boldsymbol{E}/m$ の加速度を持ちます. ここで, 自由電子の質量を m としました. 衝突後は平均的に速度 0 としたので, 平均自由時間を τ と表して, 平均速度は電場中の加速により下式となります.

$$\boldsymbol{v} = -\frac{e\boldsymbol{E}\tau}{m} \tag{4.31}$$

(4.30), (4.31) 式より, 次の電気伝導率が求まります.

$$\boldsymbol{j} = \frac{ne^2\tau}{m}\boldsymbol{E}, \quad \sigma = \frac{ne^2\tau}{m} \tag{4.32}$$

■金属における電気伝導　上の模型は単純ですが, 金属の電気伝導の本質を捉えています. 元は古典的な模型で, 独立に運動する電子が固定された固体の格子状の金属イオンにより散乱されると考えていました. この考え方を**ドルーデの理論**と呼びます.

　量子力学的には, 室温よりかなり高い温度まで, 電子は基本的にフェルミ縮退しています (3.10.1 項参照). よって, 電子の速さは平均的にフェルミ速度です. また, 単純に金属格子のイオンにより散乱されるのではなく, 格子振動 (量子力学的には**フォノン**. 3.6.6 項参照) により散乱され, これが平均自由時間を定めます. これらの点を考慮すれば, 量子力学的にも, (4.32) 式は多くの金属の電気伝導率の良い近似となります[1]. 温度が高くなると, 格子振動は増すので, 金属の電気抵抗は温度とともに大きくなります.

例題　以下の室温 (20°C) での抵抗率の値を用いて, リチウム, 鉄, 金について平均自由時間を求めて下さい (3.10.2 項末の例題参照).

表 4.2　金属の抵抗率の例 (室温).

物質	リチウム	鉄	金
$\rho_{\mathrm{res}}\,[\times 10^{-8}\,\Omega\cdot\mathrm{m}]$	8.26	9.61	2.21

解　抵抗率 ρ_{res} は電気伝導率 σ の逆数なので, (4.32) 式より平均自由時間は $\tau = m/(\rho_{\mathrm{res}}ne^2)$. これを用いて次表を得ます (電子の質量 m, 電荷 e は A.1 節参照).

---

[1]金属内電子は金属内に束縛されているので単純な自由電子ではないですが, 補正を考慮した「**有効質量**」を持つ自由電子として多くの場合は近似できます.

物質	リチウム	鉄	金
$\tau\,[\times 10^{-15}\,\text{s}]$	8.22	2.17	27.2

例題の結果を用いて**平均自由行程**を概算すると，$v_{\mathrm{F}}\tau \sim 10^{6}\,\text{m/s}\cdot 10^{-14}\,\text{s} \sim 10^{-8}\,\text{m}$ のオーダーです．これは小さい距離ですが，格子間隔の $\sim 10^{-10}\,\text{m}$ に比較して桁違いに大きく，電子が固体の格子状の金属イオンに散乱されるという単純な現象では無いことがわかります．

■ 4.3 温度差とエネルギーの流れ

4.3.1 熱 伝 導

物体内に温度差がある場合には，熱力学第 2 法則により，エネルギーの流れが生じます．単位時間に単位面積を通過するエネルギーを**熱流**と呼びます．熱流 $\boldsymbol{j}_q$ は温度差により生じるので，温度勾配 $\boldsymbol{\nabla}T$ との間に次の関係があります．

$$\boldsymbol{j}_q = -\kappa\boldsymbol{\nabla}T = -\kappa\begin{pmatrix}\partial T/\partial x \\ \partial T/\partial y \\ \partial T/\partial z\end{pmatrix} \tag{4.33}$$

上式は**フーリエの法則**と呼ばれ，拡散のフィックの法則に対応します．κ は**熱伝導率**と呼ばれ，物質の性質です．

■熱伝導の直観的な理解 微視的な視点からは，物質内を粒子が運動し，エネルギーを運びます．温度勾配が x 方向のみにあり，温度が x のみの関数，$T(x)$ となる場合を考えます（$\partial T/\partial y = \partial T/\partial z = 0$）．エネルギーの流れも x 方向になります．粒子数密度 n，平均の速さ v_x，平均自由時間 τ，1 粒子の平均エネルギーを $\varepsilon_1(T)$（添字 1 は 1 粒子を表す）とし，フィックの法則の場合と同様にエネルギーの流れに関して次式を得ます（4.1.4 項参照）．

$$j_{q,x} = \frac{nv_x}{2}\left[\varepsilon_1(T(x - v_x\tau)) - \varepsilon_1(T(x + v_x\tau))\right] \tag{4.34}$$

ここでは，粒子の平均エネルギーが温度で定まることを用いています．$v_x\tau$ が小さいと考え，展開して高次の項を無視すると次式を得ます．

$$\varepsilon_1(T(x \pm v_x\tau)) \simeq \varepsilon_1(T(x)) \pm \frac{d\varepsilon_1}{dT}\frac{\partial T}{\partial x}v_x\tau \tag{4.35}$$

この展開を $j_{q,x}$ に代入すると，次式を得ます．

$$j_{q,x} = -nv_x^2\tau\frac{d\varepsilon_1}{dT}\frac{\partial T}{\partial x} = -v_x^2\tau\widehat{C}\frac{\partial T}{\partial x} \tag{4.36}$$

単位体積あたりの熱容量 $d(n\varepsilon_1)/dT$ を $\widehat{C}$ と表しました．(4.36) 式より，$v_x^2 = v^2/3$，平均自由行程 $\ell = v\tau$ を用いて次の熱伝導率と他物理量の関係式を得ます．

$$\kappa = \frac{1}{3}\widehat{C}v^2\tau = \frac{1}{3}\widehat{C}v\ell \tag{4.37}$$

注意すべき数点をあげます．

- $\widehat{C}$ は上で考慮したエネルギーの流れをもたらす自由度の熱容量への寄与で，一般には他の自由度も存在するので物質の熱容量とは限りません（3.10.2 項例題参照）．

- (4.35) 式で $v_x\tau$ について高次の項を無視する近似が良い条件は，平均自由行程内での相対的な温度差が小さいという条件となります．平均自由行程は微視的な量で，温度差は巨視的なスケールで生じるので，この条件は多くの場合に成り立ちます．

- (4.34) 式で，温度勾配下の両側から来る粒子の平均の速さを同じと仮定していることに疑問を感じるかも知れませんが，速さの差は微小な温度差の影響で右辺に与える影響が微小量の 2 次の効果となるので無視できます．

4.3.2 熱伝導率

■**金属の熱伝導率**　日常的に経験するように，一般に金属は絶縁体に比べて大きな熱伝導率を持ちます．この性質から熱伝導は主に自由電子が担っていると推測できます．室温での自由電子はフェルミ縮退していて，速さはフェルミ速度 v_F とみなせます．自由電子によって熱伝導が生じているとすると，(4.37) 式と (3.151) 式の熱容量を組み合わせ，次の熱伝導率を得ます．

$$\kappa = \frac{1}{3}v_F^2\tau\frac{\pi^2}{2}\frac{k_B T}{\varepsilon_F}nk_B \tag{4.38}$$

一般に τ を求めるのは困難ですが，τ は (4.32) 式より電気伝導率を用いて表せます．自由電子が熱と電気の両方の輸送を担っているため τ は同一のものです．

$$\kappa = \frac{1}{3}v_F^2\frac{m\sigma}{ne^2}\frac{\pi^2}{2}\frac{k_B T}{\varepsilon_F}nk_B \tag{4.39}$$

ここで $\varepsilon_F = mv_F^2/2$ を用いて整理すると，次の**ウィーデマン–フランツの法則**と呼ばれる関係式を導けます．

$$\frac{\kappa}{\sigma T} = \frac{\pi^2}{3}\left(\frac{k_B}{e}\right)^2 = 2.44 \times 10^{-8}\,\Omega \cdot W/K^2 \tag{4.40}$$

一見無関係に見える物理量の間のこの関係式は，多くの金属でずれ 1 割程度以内で満たされています（例題参照）.

例題 表 4.3 の熱伝導率と 4.2 節例題の抵抗率を用いて，リチウム，鉄，金の $\kappa/(\sigma T)$ を求めて下さい.

表 4.3 常温（27℃）での物質の熱伝導率 $[\text{W}/(\text{m}\cdot\text{K})]$ の例.

物質	空気	ヘリウム	水	リチウム	鉄	金	水銀
κ	0.0264	0.156	0.610	84.7	80.2	317	8.51

解 電気伝導率は抵抗率の逆数であることを用いて計算できます.

物質	リチウム	鉄	金
$\kappa/(\sigma T)\,[\times 10^{-8}\,\Omega\cdot\text{W}/\text{K}^2]$	2.63	2.70	2.35

金属により，熱伝導率，抵抗率は大幅に異なりますが，(4.40) 式を 1 割程度の精度で満たしていることがわかります. □

■絶縁体の固体の熱伝導率 絶縁体は自由電子を持たないので，熱伝導は固体内の弾性波（量子力学的にはフォノン）が担います. 自由度がフォノンであるとみなし，(4.37) 式の熱伝導率を適用することができます. しかし，フォノンの平均自由時間の正確な推定は難しいです. 熱振動は温度を上げると激しくなり衝突も増えるので，高温では平均自由時間が小さくなり，熱伝導率は下がります. 低温では量子力学的な効果が強くなり，熱伝導を妨げるような衝突が温度とともに指数関数的に減少するために，不純物や物体の大きさが平均自由時間に強く影響します.

■ 4.4 粘 性

■粘性 粘性は流体（気体，液体）が一様な速度で流れようとする性質です. よって，流れる速さに差が生じると力が発生します. たとえば，流れが無い流体内で粒子を動かすと，流れが生じ，速さに差ができるために抵抗を受けます. ブラウン運動（4.1.1 項参照）で扱ったストークスの法則がその例です.

流れる速さに差がある場合には（図 4.3 (a) 参照），直観的にわかるように速い方が遅い方を前に引っ張る，逆に遅い方が速い方を後ろに引っ張る力が働きます. いわば，流体の摩擦です. 流れの速度が x 方向で V，流れの勾配（流れの速度の変

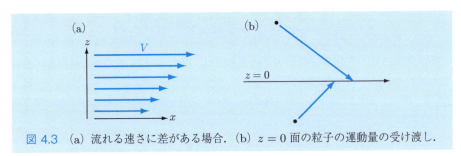

図 4.3 (a) 流れる速さに差がある場合．(b) $z=0$ 面の粒子の運動量の受け渡し．

化）を z 方向とすると，z 軸に垂直な面，すなわち流れが一定に見える面の単位面積あたり，流れの勾配に比例した次式の力が x 方向に働きます．

$$P_{zx} = -\eta \frac{\partial V}{\partial z} \tag{4.41}$$

η を流体の**粘性係数**と呼びます．z 方向に垂直な面内で働く x 方向の単位面積あたりの力を P_{zx} と表しました．

■**粘性の微視的な理解**　粘性が生じる微視的な仕組みは拡散，熱伝導と同様な視点から理解できます．有限温度の流体が x 方向に速さ $V(z)$ で流れていて，$V(z)$ は z だけに依存するとします．流体を構成する微視的な粒子はあらゆる方向に運動しますが，x 以外の方向の平均の速さは 0 とします．なぜ力が生じるか考えてみます．$z>0$ から $z<0$ へ横切る粒子はその運動量を $z<0$ の流れに渡します．逆に $z<0$ から $z>0$ へ横切る粒子も同様です（図 4.3 (b) 参照）．この交換により $z>0$ の流れはその差分の運動量を失い，逆に $z<0$ の流れは運動量を得ます．このような運動量の時間変化が $z>0, z<0$ の流れがそれぞれ x 方向に受ける力であり，P_{zx} に対応します．上か下に運動する粒子は半分ずつであることを考慮して，両方を合わせて次の単位時間，$z=0$ 面の単位面積あたりに移る運動量を得ます．

$$P_{zx} = m \frac{n}{2} v_z \left[-V(v_z \tau) + V(-v_z \tau) \right] = -\rho v_z^2 \tau \frac{\partial V}{\partial z} \tag{4.42}$$

ここで，n は粒子の数密度，v_z は粒子の z 方向の平均の速さ，m は粒子の質量，$\rho \equiv mn$ は密度です．熱伝導率の場合と同様に，$v_z^2 = v^2/3, \ell = v\tau$ を用いると，(4.41) 式より，次のように粘性係数が微視的な量と結びつけられます．

$$\eta = \frac{1}{3} \rho v^2 \tau = \frac{1}{3} \rho v \ell \tag{4.43}$$

上の計算では $v_z \tau$ が小さいとみなして $V(z)$ を展開しました．これが有効なのは，平均自由行程が速度勾配の変化のスケールに比べて大幅に小さい場合です．単

4.4 粘 性

純な計算ですが，粘性が微視的な粒子の運動から生じる仕組みがイメージできます．以下の点を補足します．

- この計算より，密度が大きい物質ほど粘性係数が大きくなる傾向が予想されます．これは概ね正しいですが，密度が同程度でも物質によって，粘性係数が桁違いに異なる場合も多いです（表 4.4 参照）．

表 4.4　物質の粘性係数 η の例.

物質名	空気		水		グリセリン	
温度 [°C]	25	100	25	75	25	75
η [Pa·s]	1.8×10^{-5}	2.2×10^{-5}	8.9×10^{-4}	3.8×10^{-4}	0.93	0.040

- 表 4.4 でも見られるように，一般に液体では粘性係数は温度とともに大きく減少する傾向があります．たとえば，ハチミツを湯煎すると流れやすくなるのは知っているでしょう．逆に気体の粘性係数は温度とともに大きくなる傾向があり，これは温度とともに熱運動による速さが大きくなり，平均自由行程も長くなるのが一要因です．

- 上では単純な微視的な視点から粘性係数を求めました．ここでは粒子は衝突する以外は自由に運動していると考えています．これは十分希薄な流体では成り立ちますが，液体のように密で粒子同士の分子間力などが重要になる場合はその影響も採り入れる必要があり，上の考え方では不十分です．

- 上では平均自由行程が粒子より大きい描像を用いているので，液体のように粒子と平均自由行程が同程度の流体では (4.43) 式の精度は低いと推測できます．

- 微視的視点から明らかなように，粘性は運動量の輸送によって生じるので，輸送現象の 1 つの性質です．

156　　第 4 章　非平衡物理学と輸送現象

■■■■■■■■■■■■■■ **第 4 章　章末問題** ■■■■■■■■■■■■■■

解答例はサポートページに掲載しています.

■ 1　4.1.2 項の 1 次元ランダムウォークを考え，粒子が n ステップ目に位置 q（q：整数）にいる確率を $P_{n,q}$ とします.

(a)　$P_{n+1,q}$ と $P_{n,q\pm1}$ の関係を求めて下さい.

(b)　1 ステップで進む距離を Δx，かかる時間を Δt とし，$\Delta x, \Delta t$ を微小として展開し，前問の式から拡散方程式，(4.18) 式を導いて下さい.

(c)　拡散係数 D がランダムウォークの関係式，(4.12) 式に対応することを示して下さい.

■ 2　(a)　ストークス–アインシュタインの式，(4.5) 式を用い，室温での水中の水分子程度の大きさの分子の拡散係数を概算して下さい.

(b)　前問同様に空気中の水分子の拡散係数を概算して下さい.

■ 3　(a)　1 気圧の室温での空気の単位体積あたりの熱容量を求めて下さい.

(b)　4.1.4 項，4.3 節の議論より拡散係数と熱伝導率の間の巨視的な物理量だけを用いた関係式を求めて下さい.

(c)　前問の関係式と表 4.3 の数値を用い，1 気圧，室温での空気の拡散係数を推定し，表 4.1 の値と比較して下さい.

■ 4　(a)　拡散係数（表 4.1 参照），熱伝導率（表 4.3 参照），粘性係数（表 4.4 参照）のそれぞれから独立に 1 気圧，室温での空気分子の平均自由行程を概算して下さい（拡散では，空気分子は水分子程度の大きさと仮定します）.

(b)　希薄な直径 d の気体分子の平均自由行程は $1/(\pi n d^2)$ 程度である理由を説明して下さい.

(c)　前問から 1 気圧，室温での空気分子（直径 3.6×10^{-10} m とします）の自由行程を概算し，(a) で求めた平均自由行程と比較して下さい.

■ 5　気体の**拡散係数，熱伝導率，粘性係数**の圧力依存性を推定して下さい.

■ 6　(a)　生成消滅しない量（粒子，エネルギー等）の流れについて 3 次元空間での連続の方程式を導いて下さい.

(b)　圧力一定の下で物質内の熱伝導に関する連続の方程式を書いて下さい. 物質の単位体積あたりのエネルギー $\widehat{E}(T)$ は温度 T の関数とします.

(c)　熱の拡散方程式を導いて下さい.

(d)　上の方程式の拡散係数（**熱拡散率**，あるいは**熱拡散係数，温度拡散係数**）は熱伝導率と関係があるはずです. 熱伝導率を含めた物理量との関係式を求めて下

第 4 章 章末問題 **157**

さい（熱伝導率は温度に依存しないとします）.

7 (a) 次の $t > 0$ で定義された関数が 1 次元の拡散方程式, (4.18) 式を満たすことを示して下さい.

$$G(x,t) = \frac{e^{-x^2/(4Dt)}}{\sqrt{4\pi Dt}} \qquad (t > 0) \tag{4.44}$$

(b) 関数 $G(x,t)$ が以下の 2 つの性質を持つことを示して下さい.

$$\int_{-\infty}^{\infty} G(x,t)\,dx = 1 \qquad (t : 任意) \tag{4.45}$$

$$G(x, t \to 0) \to 0 \qquad (x \neq 0 \ の場合) \tag{4.46}$$

これより, $G(x,t)$ は全空間での積分が 1 に規格化された, $t = 0$ で $x = 0$ だけにある揺らぎが拡散した密度であることがわかります.

(c) 関数 $G(x,t)$ のグラフをいくつかの時間で描いて比較して下さい.

(d) $\int_{-\infty}^{\infty} x^2 G(x,t)\,dx$ を計算し, その結果の意味を説明して下さい.

(e) 関数 $f(x)$ が x の周りでテイラー展開できる場合は次の関数 $F(x,t)$ が極限 $F(x,t) \xrightarrow{t \to 0} f(x)$ を持ち, $t > 0$ で拡散方程式を満たすことを示して下さい.

$$F(x,t) = \int_{-\infty}^{\infty} G(x - x_0, t) f(x_0)\,dx_0 \tag{4.47}$$

$t = 0$ での濃度分布 $f(x)$ が拡散したときの, 任意の時刻 $t\,(> 0)$ での濃度分布が $F(x,t)$ です. つまり, 上の手順は任意の初期濃度分布について拡散方程式を解く方法です. 関数 $G(x,t)$ を**熱核**と呼びます.

第5章 連続体の物理

固体，流体の典型的な動的性質についていくつか重要なテーマを扱います．特に，物質の性質が振動を通じてどのように現れるかを解析します．また，動的な性質の背後にある微視的な物理を考察します．

■ 5.1 物質中の波

5.1.1 連成振動

固体は，原子，分子が規則性を持って並んでいる状態です（3.5節参照）．この格子振動の簡単なモデルとしてばねでつながったおもりを考えます．

■ばねにおもりを1個つないだ場合の振動 一番簡単な場合をまず復習します（図5.1 (a) 参照）．ばね定数 k_S，つり合いの位置からのずれを u，おもりの質量 m とし，運動方程式は，フックの法則より次式です．重力は無視します．

$$m\frac{d^2u}{dt^2} = -k_S u \tag{5.1}$$

この運動方程式の一般解は次式で，**単振動**と呼ばれます．

$$u(t) = a\sin[\omega_0(t - t_0)], \quad \omega_0 = \sqrt{\frac{k_S}{m}} \tag{5.2}$$

a, t_0 は初期条件により定まる定数です．

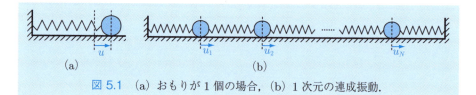

図 5.1 (a) おもりが1個の場合，(b) 1次元の連成振動．

5.1 物質中の波   **159**

例題 $t = 0$ に $u = u_0$ で静止した状態から始めた振動を記述して下さい.

解 (5.2) 式より $u = u_0 \cos \omega_0 t$.   □

■**連成振動** N 個のおもりが図 5.1 (b) のようにばねでつながって振動する状態を考えます.これを**連成振動**と呼びます.それぞれのおもりのつり合いの位置からの変位を u_j $(j = 1, 2, \cdots, N)$ とし,おもりの質量は全て m とします.運動方程式はフックの法則より次のように導けます.

$$m\frac{d^2 u_1}{dt^2} = k_S (u_2 - u_1) - k_S u_1$$

$$m\frac{d^2 u_j}{dt^2} = k_S (u_{j+1} - u_j) - k_S (u_j - u_{j-1}) \quad (j = 2, 3, \cdots, N-1) \quad (5.3)$$

$$m\frac{d^2 u_N}{dt^2} = -k_S (u_N - u_{N-1}) - k_S u_N$$

上式は u_0, u_{N+1} を導入し,同じ形にまとめられます.

$$\frac{d^2 u_j}{dt^2} = \omega_0^2 (u_{j-1} - 2u_j + u_{j+1}) \quad (j = 1, 2, \cdots, N) \quad (5.4)$$

$$固定端: \quad u_0 = u_{N+1} = 0 \quad (5.5)$$

両端が固定されているので,この u_0, u_{N+1} は**固定端**の**境界条件**に対応します.ω_0 は (5.2) 式で定義しました.

全てのおもりが同じ振動数 ω で振動する運動方程式の解を求めます.

$$u_j = a_j \cos \omega t \quad (5.6)$$

このように全ての振動子が同じ振動数で振動する運動を**固有振動**と呼びます.運動方程式,(5.4) 式は次のように書き換えられます.

$$-\omega^2 a_j = \omega_0^2 (a_{j-1} - 2a_j + a_{j+1}) \quad (5.7)$$

$a_j = \text{Re}(ae^{iqj})$ の形の解を探します.運動方程式は

$$\omega^2 e^{iqj} = \omega_0^2 \left(e^{iq(j-1)} - 2e^{iqj} + e^{iq(j+1)} \right) \quad (5.8)$$

となり,さらに次のような簡単な式になります.

$$\omega^2 = 2\omega_0^2 (1 - \cos q) = 4\omega_0^2 \sin^2 \frac{q}{2} \quad \Rightarrow \quad \omega = 2\omega_0 \left| \sin \frac{q}{2} \right| \quad (5.9)$$

ここでは見通しを良くするために運動方程式の複素数解を求めています.実係数の線形微分方程式では,実部と虚部がそれぞれ運動方程式の解になり,ここでは実部が求める解です.ここまでは境界条件を用いていません.境界条件,(5.5) 式より

160　　　　　　　第 5 章　連続体の物理

$a = re^{i\delta}$ （r, δ ともに実数）として，次式を得ます.

$$u_0 = 0 \ \Rightarrow \ \cos\delta = 0, \quad u_{N+1} = 0 \ \Rightarrow \ \cos\left(q(N+1) + \delta\right) = 0 \tag{5.10}$$

1 式目より $\delta = -\pi/2$ を得ます（δ の π の整数倍の不定性は解の係数 r に吸収できるので一般性は失いません）. 2 式目は次のように書き換えます.

$$\cos\left(q(N+1) + \delta\right) = \cos\left(q(N+1)\right)\cos\delta - \sin\left(q(N+1)\right)\sin\delta = 0$$

$\cos\delta = 0, \ \sin\delta \neq 0$ なので次の結果を得ます.

$$\sin q(N+1) = 0 \quad \Rightarrow \quad q = \frac{\pi}{N+1} \times 整数, \quad a_j = r\sin qj \tag{5.11}$$

上で求めた解を次にまとめます.

$$u_j{}^{(p)} = a_j{}^{(p)} \cos\left[\omega^{(p)}\left(t - t^{(p)}\right)\right], \quad j = 1, 2, \cdots, N \tag{5.12}$$

$t^{(p)}$ は $p = 1, 2, 3, \cdots, N$ ごとに独立に値をとれる積分定数です.

―――――― 連成振動（固定端）の固有振動 ――――――

$$a_j{}^{(p)} = \sin\frac{\pi p j}{N+1}, \ \omega^{(p)} = 2\omega_0 \sin\frac{\pi p}{2(N+1)}, \ p = 1, 2, \cdots, N$$

運動方程式, (5.4) 式は線形微分方程式なので，固有振動の一般の線形結合は解です. そして，運動方程式は N 次元（変数 N 個）の 2 次線形微分方程式で，上の解は $t^{(p)}$ と，線形結合を考える際の各固有振動 u_j の係数を合わせて $2N$ 個の自由度（積分定数）を持ちます. よって，上の N 個の固有振動の線形結合が一般解です（B.6 節参照）. $t^{(p)}$ と各固有振動の係数は初期条件から定まります（以下の例題参照）. 計算途中は複素数を用いましたが，解は実数です. 固有振動が運動方程式, (5.4) 式を満たすことは直接確認できます. また，デバイ模型の説明（3.6.6 項参照）で指摘したように，連成振動では小さい振動数（$\sim \omega_0/N$）より固有振動があることがわかります.

固有振動のふるまいの具体例をあげます.

■ **$N = 1$ の場合**　上の式に代入し, $u_1 = \cos(\sqrt{2}\,\omega_0 t)$ の振動を得ます. 定数倍と t の原点が初期条件より定まります. これは単振動で，振動数が $\sqrt{2}\,\omega_0$ なのは，両端とばねでつながれていて，ばね定数が実質 2 倍になっているからです.

■ **$N = 2$ の場合**　(5.12) 式より固有振動は表 5.1（左）にまとめられます. 2 つ

表 5.1 $N=2,3$ の場合の固有振動の振動数と各おもりの振幅．$a_j{}^{(p)}$ を $N=2$ の場合に $2/\sqrt{3}$ 倍，$N=3$ の場合に $\sqrt{2}$ 倍しました．

p	$\omega^{(p)}$	$a_1{}^{(p)}$	$a_2{}^{(p)}$
1	ω_0	1	1
2	$\sqrt{3}\,\omega_0$	1	-1

p	$\omega^{(p)}$	$a_1{}^{(p)}$	$a_2{}^{(p)}$	$a_3{}^{(p)}$
1	$2\sin(\pi/8)\omega_0$	1	$\sqrt{2}$	1
2	ω_0	1	0	-1
3	$2\sin(3\pi/8)\omega_0$	1	$-\sqrt{2}$	1

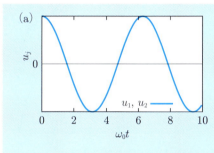
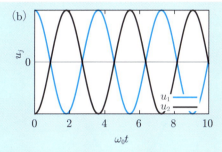

図 5.2 $N=2$ の場合の 2 種類の固有振動：(a) $p=1$, $u_1=u_2$, 2 つのおもりが同じ運動をする．(b) $u_1=-u_2$, 2 つのおもりが逆に運動する．表 5.1 も参照．

の固有振動を図 5.2 に示しました．固有振動 $p=2$ の方がおもり間のばねの変化が大きいので，復元力も強く，振動数は大きくなります．

例題 上の $N=2$ の連成振動で，$u_1=1, u_2=0$ の静止状態で運動させ始めた場合の u_1, u_2 の時間変化を求めて下さい．

解 2 つの固有振動の係数を a,b として重ね合わせ，次の一般解を得ます．

$$u_1 = a\cos\omega_0\left(t-t^{(1)}\right) + b\cos\sqrt{3}\,\omega_0\left(t-t^{(2)}\right) \tag{5.13}$$

$$u_2 = a\cos\omega_0\left(t-t^{(1)}\right) - b\cos\sqrt{3}\,\omega_0\left(t-t^{(2)}\right) \tag{5.14}$$

$a,b,t^{(1)},t^{(2)}$ は初期条件より定まる定数です．初期条件，$u_1(0)=1, u_2(0)=0, du_1/dt(0)=du_2/dt(0)=0$ より，図 5.3 に示した次の解を得ます．

$$u_1 = \frac{1}{2}\left(\cos\omega_0 t + \cos\sqrt{3}\,\omega_0 t\right), \quad u_2 = \frac{1}{2}\left(\cos\omega_0 t - \cos\sqrt{3}\,\omega_0 t\right) \tag{5.15}$$

□

■ **$N=3$ の場合** $N=2$ の場合と同様に (5.12) 式より固有振動は表 5.1（右）にまとめられます[1]（図 5.4 参照）．5.1.2 項で説明するように，上の場合を含め，一般の N の場合は直観的に理解できます．

---

[1] $\sin(\pi/8)=\sqrt{2-\sqrt{2}}/2, \sin(3\pi/8)=\sqrt{2+\sqrt{2}}/2$ とも書けます．

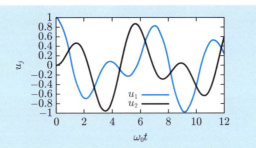

図 5.3 $N=2$ の連成振動で片方だけ平衡点からずらして運動させ始めた場合の運動（例題参照）．

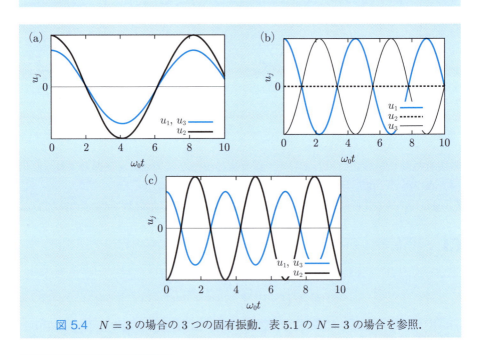

図 5.4 $N=3$ の場合の3つの固有振動．表5.1 の $N=3$ の場合を参照．

他の境界条件下の連成振動　以下で他の典型的な境界条件下での連成振動の固有振動をまとめます．いずれの場合も運動方程式は固定端の場合と同じ (5.4) 式で，固有振動の解も同じ (5.12) 式で，一般解はこの固有振動の重ね合わせです．異なるのは固有ベクトル $a_j^{(p)}$ と固有振動数 $\omega^{(p)}$ だけです．より一般には両端の条件が異なる場合も考えられます．

■**自由端の境界条件下での連成振動**　ばねの模型で両端を固定せずに自由にした場合が**自由端**です．境界条件は次式です．

$$\text{自由端：} \quad u_0 = u_1, \quad u_N = u_{N+1} \tag{5.16}$$

固有振動は以下のとおりです（導出は章末問題 2 参照）．

連成振動（自由端）の固有振動

$$a_j{}^{(p)} = \cos\frac{\pi p(j-1/2)}{N},\ \omega^{(p)} = 2\omega_0 \sin\frac{\pi p}{2N},\ p = 0, 1, \cdots, N-1$$

自由端の場合は各おもりが振動せずに全て同量移動する解（$p=0$）も境界条件を満たします．

■**周期的境界条件下での連成振動**　周期的な境界条件は，ばねの模型で両端をつないだ場合に対応します．

$$\text{周期的境界条件：} \quad u_0 = u_N, \quad u_1 = u_{N+1} \tag{5.17}$$

固有振動は以下のとおりで，他の境界条件の場合と同様に導けます．

連成振動（周期的境界条件）の固有振動

$$a_j{}^{(p)} = \cos\frac{2\pi pj}{N},\ \omega^{(p)} = 2\omega_0 \sin\frac{\pi p}{N},\ p = 0, 1, \cdots, N-1$$

周期的境界条件は，おもりをリング状につないだと考えると直観的にわかりやすいです．裏返し（$j \leftrightarrow N-j$）にできるので，$p=0$ と $p=N/2$（N が偶数の場合）以外の振動数は 2 重縮退します．どのおもりも同等で，どれを $j=1$ とするかの自由度が残っています．自由端の場合と同様におもり全てが同じ移動をする解（$p=0$）も存在します．

5.1.2 弦の振動

図 5.5 のように，弦を張った状況で，弦の方向に垂直な弦の微小な振動を考えます．バイオリンやギターの弦の運動をイメージすると良いでしょう．弦は平衡状態で x 軸上にあるとし，振動方向を y 軸とします．弦の x と $x + \Delta x$ の微小な部分

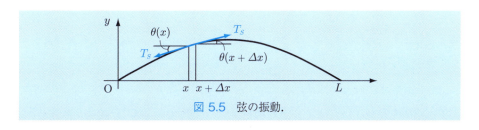

図 5.5　弦の振動．

164　　　　　　　　第5章　連続体の物理

の y 方向の運動方程式を考えます. 引数を一部しか明示していませんが, y, θ はともに x, t に依存します.

$$\mu_S \Delta x \frac{\partial^2 y}{\partial t^2} = T_S \sin\theta(x + \Delta x) - T_S \sin\theta(x) = T_S \frac{\partial \sin\theta}{\partial x} \Delta x \tag{5.18}$$

μ_S は弦の単位長さあたりの質量（**線密度**）です. 弦が x 軸となす角度を θ としました. T_S は弦の張力で, 両端で弦を引っ張る力と同じです. 張力は弦内で一定としますが, この理由は後で考えます. ここでは, y と Δx について1次の項までしか考えません. $\mu_S \Delta x$ は微小部分の質量です. 左辺は既に Δx の1次で, 弦の伸びの影響と x と $x + \Delta x$ における y 方向の変位の差の影響はより高次の項なので無視できます. $\tan\theta$ は傾き $\partial y/\partial x$ なので下式が1次で成り立ちます.

$$\sin\theta \simeq \theta \simeq \tan\theta = \frac{\partial y}{\partial x} \tag{5.19}$$

よって, 運動方程式, (5.18) 式は次のようにまとめられます.

$$\mu_S \frac{\partial^2 y}{\partial t^2} = T_S \frac{\partial^2 y}{\partial x^2} \tag{5.20}$$

これは1.3節で扱った波動方程式で, 波の伝わる速さは $\sqrt{T_S/\mu_S}$ です.

　弦の張力 T_S を一定としたのは, ここでは弦方向の縦波を考慮していないからです. 一般に T_S が x に依存する可能性も考慮すると, 弦の一部分にかかる x 方向の力は次式です.

$$T_S(x + \Delta x)\cos\theta(x + \Delta x) - T_S(x)\cos\theta(x) \tag{5.21}$$

y の1次までしか考えないので, $\cos\theta \simeq 1 - \theta^2/2$ は1となります（B.4.3項参照）. よって, (5.21) 式は $T_S(x + \Delta x) - T_S(x)$ で近似され, x 方向に運動しないと仮定すると, 弦のこの一部分にかかる x 方向の力は0で, T_S は一定になります. 以下では考慮しませんが, T_S が一定でないと弦に縦波が生じます.

　両端を固定した長さ L の弦の振動解を求めてみましょう. はじめに, x, t の関数の積の解 $y(x, t) = f(t)g(x)$ を探します. このような偏微分方程式の解法を**変数分離**と呼びます. 運動方程式, (5.20) 式は波の速さ $v = \sqrt{T_S/\mu_S}$ として次のように書き換えられます.

$$\frac{1}{v^2 f(t)} \frac{\partial^2 f(t)}{\partial t^2} = \frac{1}{g(x)} \frac{\partial^2 g(x)}{\partial x^2} \tag{5.22}$$

上で左辺が t のみ, 右辺は x のみの関数なので, 両辺は定数でしかありえません.

この定数を $-k^2$ (k：実数) とすると，次の2つの常微分方程式を得ます[2]．

$$\frac{1}{v^2}\frac{\partial^2 f(t)}{\partial t^2} = -k^2 f(t), \quad \frac{\partial^2 g(x)}{\partial x^2} = -k^2 g(x) \tag{5.23}$$

$x=0, L$ で $y=0$ であることを考慮すると，次の解を得ます．

$$g(x) = \sin kx, \; \sin kL = 0 \Rightarrow k = \frac{\pi n}{L}, \; n = 1, 2, 3, \cdots \tag{5.24}$$

$$f(t) = a\cos(vkt) + b\sin(vkt) \tag{5.25}$$

波長 λ とし，$k = 2\pi/\lambda$ で，$\omega = vk = 2\pi v/\lambda$ は角振動数です．これらの解は弦の**固有振動**です．解の例を図 5.6 に示しました．この解は波の章で扱った定在波であることに気付くでしょう（1.2.6 項参照）．定在波は，正方向と負方向に進む波の重ね合わせなので，波動方程式の解であることも明らかです（1.3 節参照）．弦の運動方程式の固定端の境界条件下での一般解は上の固有振動の重ね合わせ（線形結合）の次式です．

$$y(x,t) = \sum_{n=1}^{\infty} \sin\frac{\pi n x}{L}\left(a_n \sin\omega_n t + b_n \cos\omega_n t\right), \quad \omega_n = \frac{\pi n v}{L} \tag{5.26}$$

初期条件が与えられれば a_n, b_n は定まり，運動方程式の解は1つに定まります（力学の参考書参照）．任意の初期条件は固有振動の重ね合わせで得られます（1.2.9 項，章末問題 3 参照）．$n=1$ の振動を**基本振動**と呼びます．音では基本振動数が音のピッチに対応し，$n>1$ の振動を**倍音**と呼びます（章末問題 1 参照）．自由端の境界条件下での一般解は次項の例題で説明します．

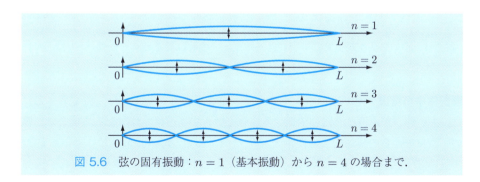

図 5.6 弦の固有振動：$n=1$（基本振動）から $n=4$ の場合まで．

---

[2] 共通定数が正か 0 の場合は，解が $f(t) = g(t) = 0$ しかありません．0 の場合は f, g が1次式，正の場合は指数関数で，どちらの場合も 0 以外に境界条件を満たす解は存在しません．

5.1.3 音波

連続な物体内に伝わる**縦波**を**音波**と呼びます．

■**固体の弾性**　固体に力を及ぼすと変形します．可逆な変形をする性質を**弾性**と呼びます．弾性体は引っ張れば伸び，押せば縮み，その力を無くすと元に戻ります．この変位に対する復元力により縦波（音波）が生じます．引っ張ると伸びる性質は次式で特徴付けられます．

$$\frac{F}{A} = Y \frac{\Delta \ell}{\ell} \tag{5.27}$$

F は引く力（負なら押す力），ℓ は棒の長さ，$\Delta \ell$ は棒の伸びです（図 5.7 (a) 参照）．棒は一定の断面積 A を持つとします．Y を棒を構成する物質の**ヤング率**（あるいは**伸び弾性率**）と呼びます[3]．この式の意味を考えます．同じ棒を 2 本同じだけ伸ばすには力が 2 倍必要です．よって，力は断面積に比例するので面積あたりの力を考えます．また，同じ棒を 2 本縦につなげれば，それぞれの棒が同じだけ伸びるので，同じ力で 2 倍伸びます．よって，伸びは長さに比例するので，長さあたりの伸びを考えます．これらを考慮し，量に依存せず物質の性質であるヤング率 Y を得ます．表 5.2 に典型的な物質のヤング率の例をあげました．以下では物質は一様等方（物質内どこでも同じ性質を持ち，どの方向も同じ性質を持つ）とします．

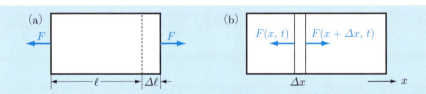

図 5.7　(a) 固体を引っ張ると伸びる．(b) 固体中の厚み Δx 部分にかかる力（x の位置では，その右側が左側を右方向に引っ張り，その反作用で x の右側は同じ大きさの力で左側に引っ張られる）．

■**固体中の音波**　上では棒の中での力が一定な場合を考えました．波を考えるには，力と伸びが位置と時間に依存する場合を考えます．棒の方向を x 方向とし，棒の平衡位置からの棒に沿った変位を $u(x,t)$ とすると $\Delta \ell = u(x+\ell,t) - u(x,t)$ です（(5.27) 式参照）．よって，$\ell \to 0$ の極限で，次の $F(x,t)$ と変位 $u(x,t)$ の関係式を得ます．

---

[3] ヤング率は E と表記する場合も多いですが，エネルギーと混同しないように，本書では Y と表記します．

5.1 物質中の波

表 5.2 ヤング率 Y, ポアソン比 σ, 体積弾性率 B の例（ポアソン比は本項最後, 体積弾性率は以下の流体中の音波の説明を参照）. 室温での値. 温度依存性は 1°C あたり 0.1% 未満.

	$Y\,[\times 10^{10}\,\text{Pa}]$	σ	$B\,[\times 10^{10}\,\text{Pa}]$
アルミニウム	7.03	0.345	7.55
鉄	15.2	0.27	11.0
金	7.80	0.44	21.7
ガラス（クラウン）	7.1	0.22	4.12
ポリスチレン	0.27–0.42	0.34	0.40

$$\frac{F(x,t)}{A} = Y\frac{u(x+\ell,t)-u(x,t)}{\ell} \xrightarrow{\ell\to 0} Y\frac{\partial u(x,t)}{\partial x} \tag{5.28}$$

まとめると次式を得ます.

$$\frac{F(x,t)}{A} = Y\frac{\partial u(x,t)}{\partial x} \tag{5.29}$$

固体中の微小な厚み Δx 部分の運動方程式（力 ＝ 質量 × 加速度）は次式です（図 5.7（b）参照）.

$$(\rho A\Delta x)\frac{\partial^2 u(x,t)}{\partial t^2} = F(x+\Delta x,t)-F(x,t) = \frac{\partial F(x,t)}{\partial x}\Delta x \tag{5.30}$$

ここでは, Δx が小さいとして, 1 次まで展開しました. ρ は棒の密度です. (5.29) 式を用いると, 上の式は次の単純な式になります.

$$\rho\frac{\partial^2 u}{\partial t^2} = Y\frac{\partial^2 u}{\partial x^2} \tag{5.31}$$

式を見やすくするために引数 (x,t) は省略しました. これは (1.46) 式の波動方程式で, 固体中の音波の速さは, 波動方程式の性質より次式です[4].

$$\text{固体中の音波の速さ} = \sqrt{\frac{Y}{\rho}} \tag{5.32}$$

復元力が強い方が速く, 密度が大きいほど音が伝わるのが遅いのは理にかなっているでしょう. 一般に境界条件は異なりますが, 弦の横波の方程式, (5.20) 式と同じ方程式なので, 同様に解けます.

例題 室温の鉄とガラスにおける 440 Hz の音波の音速と波長を求めて下さい（表 2.3, 表 5.2 参照）.

---

[4] 波の進行方向に垂直な長さが波長よりはるかに大きい弾性体では垂直方向の伸縮が抑えられ, Y が $Y(1-\sigma)/[(1-2\sigma)(1+\sigma)]$ に入れ替わります（σ：ポアソン比）. 金属, ガラス等では波長が日常スケールでは比較的大きいので, ここでの説明は多くの場合に適切です（例題参照）.

解 表の値と (5.32) 式より，音速，波長は 4.4×10^3 m/s, 10 m（鉄），5.0×10^3 m/s, 11 m（ガラス）．　□

■**固体中の横波**　固体中を伝わる横波も縦波と同様に扱えます．図 5.8 のように固体の面に平行な力を加えた場合のひしゃげる変形を考えます．この場合の弾性は次の式で特徴付けられます．

$$\frac{F}{A} = G_{\mathrm{E}}\frac{\Delta h}{\ell} \tag{5.33}$$

考慮している部分の長さを ℓ，それに垂直な方向の変形（ずれ）を Δh としました．G_{E} を**ずれ弾性率**（あるいは**剛性率**）と呼びます．

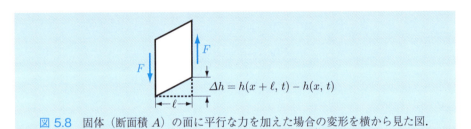

図 5.8　固体（断面積 A）の面に平行な力を加えた場合の変形を横から見た図．

ずれを $h(x,t)$ と表記し，$\Delta h = h(x+\ell,t) - h(x,t)$ として，(5.28), (5.29) 式と同様の論理で次式を得ます．

$$\frac{F(x,t)}{A} = G_{\mathrm{E}}\frac{\partial h(x,t)}{\partial x} \tag{5.34}$$

方向が異なるだけで (5.30), (5.31) 式と同じ考え方で，次式を得ます．

$$\rho\frac{\partial^2 h}{\partial t^2} = G_{\mathrm{E}}\frac{\partial^2 h}{\partial x^2} \tag{5.35}$$

固体内を伝わる横波は上の方程式に従い，他の波動方程式と係数が異なるだけなので，同じ方法で解を求めることができます．

■**応力**　上で扱った物質内の仮想面で単位面積あたりに働く力を**応力**と呼びます．力の方向は，仮想面に平行と垂直な場合があり，それぞれ，**接線応力**，**法線応力**と呼びます．横波や粘性（4.4 節参照）で考えたのは接線応力です．引いたり，圧縮するのは法線応力で（図 5.7 参照），**圧力**も法線応力です．

■**流体中の音波**　一定の断面積の容器に入れた流体を考えます（図 5.9 参照）．流体の場合は，変位をもたらすのは，圧力の差であることに注意し，(5.27) 式と実質的に同じ式を得ます．

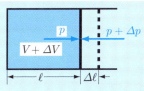

図 5.9　容器内の流体の圧縮．断面積は A．

$$-\Delta p = \frac{F}{A} = B\frac{\Delta \ell}{\ell} \xrightarrow{\ell \to 0} -\Delta p(x,t) = \frac{F(x,t)}{A} = B\frac{\partial u(x,t)}{\partial x} \tag{5.36}$$

Δp は圧力差で，B は流体の**体積弾性率**と呼ばれ，流体の「ばね定数」です．圧力は，面積あたりの力で，その差が変位をもたらしています．$-$ 符号がついているのは，圧力は引く方向ではなく，圧縮する方向を正にとるからです．体積を V とし，$V = A\ell$，$\Delta V = A\Delta \ell$ なので，$\Delta \ell/\ell = \Delta V/V$ で，(5.36) 式は微小変化について次式に書き換えられます．

$$B = -V\frac{dp}{dV} = \frac{1}{\kappa_{\mathrm{V}}}, \quad \kappa_{\mathrm{V}} = -\frac{1}{V}\frac{dV}{dp} \tag{5.37}$$

κ_{V} は**圧縮率**と呼ばれ，体積弾性率の逆数です．いくつかの物質の圧縮率を表 5.3 に示しました．固体も圧縮率，体積弾性率の性質は持っています（表 5.2 参照）．(5.36) 式は (5.27) 式と実質同じで，同じ方法で次の流体中の**音波**の波動方程式を導けます．ρ は流体の密度です．

$$\rho\frac{\partial^2 u}{\partial t^2} = B\frac{\partial^2 u}{\partial x^2}, \quad 音速 = \sqrt{\frac{B}{\rho}} \tag{5.38}$$

表 5.3　液体の密度と圧縮率（20°C，1 気圧）．

物質	密度 [$\times 10^3$ kg/m^3]	圧縮率 [/GPa]
水	0.998	0.45
メタノール	0.793	1.23
エタノール	0.789	1.11

例題　室温での水中の音速を求めて下さい．

解　表 5.3 より $1/\sqrt{0.45/\mathrm{GPa} \cdot 0.998 \times 10^3\,\mathrm{kg/m^3}} = 1.49 \times 10^3$ m/s. 実測値 1.481×10^3 m/s で計算精度内で一致しています．　□

■**気体中の音波**　気体中の音波は，流体中の音波の例です．音は熱より速く伝わる

170　　　　　　　　　　第 5 章　連続体の物理

ので音の伝播は断熱過程です（章末問題 7 参照）．よって，(2.12) 式より，p, V を気体の圧力と体積として，体積弾性率と音速が次のように求まります．

$$pV^\gamma = 定数 \quad \Rightarrow \quad \frac{dp}{p} + \gamma\frac{dV}{V} = 0 \quad \Rightarrow \quad B = -V\frac{dp}{dV} = \gamma p \tag{5.39}$$

$$気体中の音速 = \sqrt{\frac{\gamma p}{\rho}} = \sqrt{\frac{\gamma RT}{M}} \tag{5.40}$$

M は気体 1 モルあたりの質量で，$\rho = M/V$ と理想気体の状態方程式，$pV = RT$ を用いました．理想気体の法則が成り立つ範囲では気体中の音速は温度の 1/2 乗に比例し，圧力に依存しません．温度の 1/2 乗に比例するのは，分子の平均速度に比例するという自然な帰結です．

例題　管中の気体の管方向の運動を考えます．
(1)　両端を閉じた場合（**固定端**とも呼びます）の境界条件を求めて下さい．
(2)　両端を閉じた場合の固有振動を求めて下さい．
(3)　両端を開いた場合（**自由端**とも呼びます）の境界条件を求めて下さい．
(4)　両端を開いた場合の固有振動を求めて下さい．

解　管の長さを L とし，管の方向を x 軸にとります．
(1)　両端を閉じた場合には，管内の気体は両端で管方向には動けないので，$u(0,t) = u(L,t) = 0$．
(2)　運動方程式は，(5.38) 式で，弦の場合の運動方程式，(5.20) 式と同じで，境界条件も同じです．よって，固有振動 $u_n(x,t)$ $(n = 1, 2, \cdots)$ は，(5.24), (5.26) 式です．

$$u_n(x,t) = \sin\frac{\pi n x}{L}\left(a_n\sin\omega_n t + b_n\cos\omega_n t\right), \ \omega_n = \frac{\pi n v}{L} \ , \ v = \sqrt{\frac{\gamma RT}{M}}$$

(3)　両端が開いている場合は，端で圧力差が無いので (5.36) 式より，

$$\frac{\partial u(0,t)}{\partial x} = \frac{\partial u(L,t)}{\partial x} = 0 \tag{5.41}$$

(4)　(5.24) 式と同様に解けますが，境界条件 $g'(0) = g'(L) = 0$ より，x に関する sin 関数が cos 関数に変わった次の固有振動を得ます（図 5.10 参照）．

$$u_n(x,t) = \cos\frac{\pi n x}{L}\left(a_n\sin\omega_n t + b_n\cos\omega_n t\right) \tag{5.42}$$

管中の空気の振動として考えましたが，この重ね合わせが自由端の境界条件下での 1 次元振動の一般解です．　　　　　　　　　　　　　　　　　　　　　　　　　　　　　　　□

例題　室温での空気中の音速を求めて下さい．

解　空気を 80% 窒素（N_2），20% 酸素（O_2）として平均分子量 $M = 0.8 \cdot 28.0 + 0.2 \cdot 32.0 = 28.8$ [g/mol]（A.2 節参照）．2 原子分子なので $\gamma = 7/5$（2.4.2 項参照）．20°C での空気中音速は $\sqrt{7/5 \cdot 8.31\,\text{J/K} \cdot 293\,\text{K}/(28.8 \times 10^{-3}\,\text{kg})} = 344\,\text{m/s}$ で実測値と一致します．　□

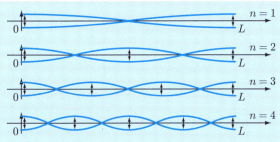

図 5.10　自由端の境界条件での $n=1,2,3,4$ の固有振動（(5.16) 式参照）．

■**ヤング率とポアソン比**　直観的にわかるように，固体を伸ばすと，その垂直な方向に縮みます（例題参照）．この縮み率と伸び率との比をポアソン比（σ_P）と呼びます．一様等方な物質では，どの方向も同様に縮むので次式でポアソン比を定義します（図 5.11 参照）．

$$\frac{\Delta w}{w} = \frac{\Delta h}{h} = -\sigma_P \frac{\Delta \ell}{\ell} \tag{5.43}$$

この性質はもちろん $\Delta \ell, \Delta w, \Delta h$ が負の場合にも成り立ちます．一様等方な物質のあらゆる弾性の性質はヤング率とポアソン比から求まります．たとえば，体積弾性率は $B = Y/[3(1-2\sigma)]$，ずれ弾性率は $G_E = Y/[2(1+\sigma)]$ の関係があります．これを数学的に示すことはここではしませんが，力をかけた方向に物質が伸び，横方向に縮む性質が一様等方な弾性体の弾性を特徴付けるのは，直観的には納得が行くのではないでしょうか．

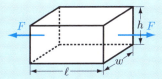

図 5.11　物体を引っ張って伸ばす（ℓ 方向に $\Delta \ell$）と，その垂直な方向に縮む（w, h 方向に $\Delta w, \Delta h$）．

例題　水のような単純な液体はなぜ弾性体では無いのでしょうか．

解　液体は変形しますが，元の形状に戻りません．弾性体であれば，元の形に戻ります．　□

例題
(1) 一様等方な物質で体積が変化しないポアソン比 $\sigma_{P,\max}$ を求めて下さい．
(2) 木のポアソン比は $\sigma_{P,\max}$ より大きい場合があります．なぜでしょうか．

172　　　　　　　　第 5 章　連続体の物理

解　(1)　(5.43) 式と次の体積の変化率が 0 である条件より，$\sigma_{\mathrm{P,max}} = 1/2$.

$$\frac{\Delta(wh\ell)}{wh\ell} = \frac{\Delta w}{w} + \frac{\Delta h}{h} + \frac{\Delta \ell}{\ell} = (1 - 2\sigma_{\mathrm{P}})\frac{\Delta \ell}{\ell}$$

$\sigma_{\mathrm{P}} > 1/2$ であれば押すと体積が増加するので，圧縮率は負です．そのような物質は非常に特殊な条件下でしか安定には存在しません．

(2)　年輪があることからもわかるように木は一様等方ではありません．等方でなければ，一方向のポアソン比が $1/2$ を超えても，他方向の値が十分小さければ圧縮率は負になりません．　　　　　　　　　　　　　　　　　　　　　　　　　　　　　　　　□

■連成振動と連続体の振動　連成振動はばねの短い極限では，連続体の振動に近づくはずです．5.1.1 項の表記を使って，おもり j の位置を $x_j = j\Delta x$ とし，Δx が小さい極限を考えます．この極限では

$$u_{j+1} - u_j \longrightarrow u(x + \Delta x, t) - u(x, t) = \frac{\partial u(x,t)}{\partial x}\Delta x \tag{5.44}$$

となり，運動方程式 (5.3), (5.4) は次式となります．

$$m\frac{\partial^2 u(x,t)}{\partial t^2} = k_{\mathrm{S}}\left[\frac{\partial u(x + \Delta x, t)}{\partial x} - \frac{\partial u(x,t)}{\partial x}\right]\Delta x = k_{\mathrm{S}}\frac{\partial^2 u(x,t)}{\partial x^2}\Delta x^2$$

$m/\Delta x$ を線密度 μ_S，$k_{\mathrm{S}}\Delta x$ を張力 T_S に対応させると，弦の振動の運動方程式 (5.20) になります．弾性体の振動に対応させるには，おもりが断面積 A を持つ弾性体の薄い一部に対応すると考え，$m/(A\Delta x) \to \rho$, $k_{\mathrm{S}}\Delta x/A \to G_{\mathrm{E}}$ とし，弾性体の振動の運動方程式 (5.35) を得ます．

上の連続極限を理解すると，連成振動の固有振動が理解しやすくなります．連続極限で，(5.12) 式の固有振動の各おもりの振幅は，次のように対応します．弦の長さは $L = (N+1)\Delta x$ です．

$$a_j{}^{(p)} = \sin\frac{\pi p j}{N+1} \longrightarrow \sin\frac{\pi p x_j}{L} \tag{5.45}$$

これは弦の固有振動，(5.24) 式のおもりの位置での振幅です（図 5.12 参照）．つまり，弦の振動（図 5.6 参照）の対応する位置から連成振動の各おもりの振幅を読み取れます．p がおもりの数より多い場合は，それ以下の場合とおもりの変位は同じです（例題参照）．次の極限では振動数も連続極限に対応します．

$$\omega^{(p)} = 2\omega_0 \sin\frac{\pi p}{2(N+1)} \longrightarrow 2\omega_0 \sin\frac{\pi p \Delta x}{2(N+1)\Delta x} \longrightarrow \frac{\pi p}{L}\sqrt{\frac{k}{m}}\Delta x \tag{5.46}$$

上で説明した連続極限，$\sqrt{k/m}\Delta x \to \sqrt{T_S/\mu_S} \to v$ を用い，連続体の固有振動，

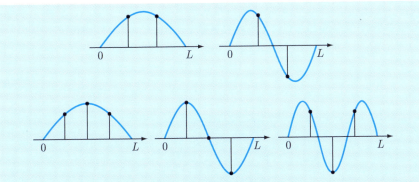

図 5.12 $N=2,3$ の場合の連成振動の固有振動における各おもりの振幅と弦の振動との対応(表 5.1 参照).

(5.26) 式と一致します.

例題 $N=3$ の場合に (5.45) 式を用いて $p=5,6,7$ の場合に連成振動のおもりの振幅を求め,$p=1,2,3$ の場合に帰着することを確かめて下さい(表 5.1 参照).

解 $p=5,6,7$ の場合の振幅 $\sin[\pi pj/(N+1)]$, $(j=1,2,3)$ はそれぞれ $(-1/\sqrt{2}, 1, -1/\sqrt{2})$, $(-1, 0, 1)$, $(-1/\sqrt{2}, -1, -1/\sqrt{2})$. 振幅の比は $p=3,2,1$ と同じです.一般に $\sin[\pi(2m(N+1)\pm p)j/(N+1)] = \pm\sin[\pi pj/(N+1)]$, ($m$:整数) が成り立つので,$1 \leq p \leq N$ 以外の p を用いても異なる解にはなりません. □

5.2 表面張力

■表面張力とは 液体を特徴づける重要な物理量の 1 つが**表面張力**です.表面張力 γ_S は[5]),表面積を小さくしようとする力で,次式で定義されます.

$$\Delta \mathcal{F} = \gamma_S \Delta A \tag{5.47}$$

ここで,ΔA はわずかな面積の変化,$\Delta \mathcal{F}$ はそれに対応する自由エネルギーの変化です.よって,表面張力は表面を作る面積あたりのエネルギーコストと理解できます.表 5.4 に液体数種の表面張力をあげました.

表 5.4 室温(25°C)での液体の表面張力 [mN/m] の例.

物質	水	メタノール	エタノール	水銀	ベンゼン	オリーブ油
表面張力	72.1	22.2	21.9	486	24.9	32

---

[5]) 表面張力は,通常 γ や σ で表しますが,他の物理量と区別するために,本書では γ_S と表記します.

図 5.13 のように，液体の長方形の薄い膜で，1 辺をつり合った状態（準静的に）の力 F で微小量 Δx 引っ張る場合を考えます．この場合，面積の増加は表裏で $\Delta A = 2L\Delta x$ です．よって，(5.47) 式より，表面張力は次式です．

$$\gamma_S = \frac{F}{2L} \tag{5.48}$$

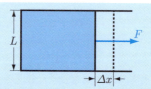

図 5.13　長方形の薄い膜の面積を変化させるのに必要な力 F と表面張力 $\gamma_S = F/(2L)$．

■**表面張力と分子間力**　表面張力の元は**分子間力**です．内部にいる分子の周囲は全方向に隣接する分子が存在しますが，表面分子の周囲には一部の方向には隣接する分子がありません（図 5.14 参照）．分子間力により分子同士が近付こうとすることが巨視的には表面張力として現れることが以下でわかります．

表面張力は分子間力から半定量的に見積もれます．表面張力は図 5.14 のように，近接する分子を一部引きはがすエネルギーコストです．たとえば立方体状に並んだ状態で近似すると，最も近い分子が液体内部では 6 個，表面では 5 個に減ります．液体分子は規則性を持って並んではいませんが，概算にはこれで十分です．分子間距離を a とすると隣接面積は 1 分子あたり a^2 です．1 分子を内部から切り離すエネルギーを ϵ とすると，気化させるのには 6 個の隣接分子から切り離すので $6a^2\gamma_S \sim \epsilon$ の関係があり，表面張力はこれより概算できます（章末問題 6 参照）．液体分子を引き離せば気体になります．よって，ϵ は 1 分子あたりの**気化熱**（**蒸発エンタルピー**）に対応します．

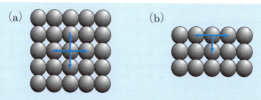

図 5.14　表面張力．内部の分子の周囲は全方向に分子が存在する (a) が，表面の分子は一部の方向に分子が存在しない (b)．単純化して分子を規則的に並べて描いているが液体では規則的には並んでいない．

5.2 表面張力

例題

(1) 水だけではシャボン玉はできません．水に洗剤を混ぜるとシャボン玉ができることは表面張力について何を意味するのかを説明して下さい．

(2) 油の表面張力は水の表面張力より小さいです（表 5.4 参照）．微視的な視点からはこれは何を意味するのでしょうか．

(3) なぜ水と油は分離するのでしょうか．

解 (1) シャボン玉は薄い面で，同体積の液体のかたまりに比較して大きい表面積を持ちます．よって，比較的大きい表面張力を持つ水ではできません．シャボン玉ができることから，洗剤を混ぜることにより表面張力が下がっていることがわかります．この表面を作りやすくする性質は，洗剤の成分表の**表面活性剤**という言葉にも現れています．

(2) 水分子同士の分子間力よりも，油分子同士の分子間力が弱いことを意味します．水分子は典型的な極性分子（分子内の正負電荷に強い偏りがある）で分子間力が強く，水の表面張力が強いです．油分子の極性は比較的弱いです．

(3) 水分子同士の分子間力が強いために，水だけが集まり，油が「はじき出され」ます．水と油の分子が反発し合うわけではありません． □

■表面張力による圧力 重力が無い状況では，液体のかたまりは球になります．液体の表面を最小にしようとするからです．表面を小さくしようと引っ張る力があれば，内部圧力がその分，外部圧力より高くなってつり合っているはずです．その圧力差，p_{st} を求めます．つり合い状態からわずかな変化をさせた場合の仕事は 0 です（**仮想仕事の原理**と呼びます）．仕事は

(表面張力) × (表面積変化) と (圧力) × (体積変化)

なので，球の半径を r，変化を Δ で表すと，球になす仕事全体として次式を得ます．

$$0 = \gamma_S \Delta(4\pi r^2) - p_{st}\Delta\left(\frac{4\pi}{3}r^3\right) = \gamma_S 8\pi r \Delta r - p_{st}4\pi r^2 \Delta r \tag{5.49}$$

よって，次の関係式を得ます．

$$p_{st} = \frac{2\gamma_S}{r} \tag{5.50}$$

曲がっている内側（曲線の中心がある側）の方が圧力は高いです．上の議論から，液体中の泡にも同じ圧力差が生じ，泡中の方が圧力が高いことがわかります．シャボン玉のような球殻にも論理を適用できますが，表面が外側と内側の 2 枚あるので，圧力差が上式の 2 倍になります．

重力と表面張力のどちらが支配的か考えてみましょう．表面張力による圧力差が，重力による一番上と下の圧力差に比較してはるかに大きければ，表面張力が重要でしょう（図 5.15 参照）．

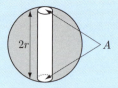

図 5.15 液体球（半径 r）内の底面積 A を持つ仮想的な円柱．円柱の質量は $\rho A 2r$ なので，重力による一番上と下の圧力差は $\rho 2rg$．

$$\frac{2\gamma_S}{r} \gg \rho 2rg \quad \Leftrightarrow \quad r \ll \sqrt{\frac{\gamma_S}{\rho g}} \tag{5.51}$$

ρ は液体密度，g は重力定数です．水の場合（雨粒等）に上の値は $2.7\,\mathrm{mm}$ で，これよりはるかに小さければ球形で，逆に大きければ重力で変形します．

■**表面張力と境界面** 上で考えた液体表面は，液体と空気の境界面です．より一般的には流体と他の流体，あるいは固体との境界面の表面張力も考えられます．たとえば，液体がしみ込まない固体表面上にわずかな液体を乗せた場合は，液体が固体表面上に原子スケールの薄さになるまで膜を作る場合と，液体が盛り上がった固体表面と角度をなす場合があります（図 5.16 参照）．この角度を**接触角**と呼びます．これは，液体と気体（たとえば空気），液体と固体，気体と固体の境界面における表面張力の競合によって生じると理解できます．上記 3 つの各境界での表面張力を $\gamma_{LG}, \gamma_{LS}, \gamma_{SG}$ とすると，次の条件を満たす場合は薄い膜を作ります（完全に**濡れる**）．

$$\gamma_{SG} > \gamma_{LG} + \gamma_{LS} \tag{5.52}$$

液体–固体と固体–気体の境界を作った方が，固体–気体の境界を作るより自由エネルギーが低いからです．固体と流体の境界面は変形できませんが，表面張力は境界面の単位面積あたりのエネルギーと考えると良いでしょう（(5.47) 式参照）．接触

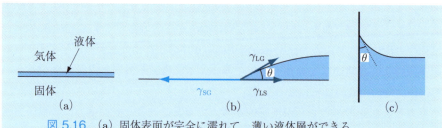

図 5.16 （a）固体表面が完全に濡れて，薄い液体層ができる．
（b）固体表面上で液滴状になり，固体と液体の表面は接触角 θ をなす．
（c）容器の表面等と液体が接触角をなす（**メニスカス**）．

角をなす場合は，固体表面に平行な力の成分のつり合いから接触角 θ について次の関係式を得ます（図 5.16 (b) 参照）．

$$\gamma_{SG} = \gamma_{LS} + \gamma_{LG} \cos\theta \tag{5.53}$$

この関係式は，完全に濡れる条件，(5.52) 式が成り立つ場合には解がありません．接触角は液体を容器に入れた際に常時現れるので，知らない人はいないでしょう．容器内の液体表面が接触角があるために形成される曲がった表面を**メニスカス**と呼びます（図 5.16 (c) 参照）．表面張力と接触角に起因する現象に毛細管現象と呼ばれるものがあります（章末問題 8 参照）．

　上の「濡れ」の現象を微視的な視点から考えてみましょう．液体分子同士間には引力がありますが，他の分子との間にも多かれ少なかれ引力が働きます．たとえば，固体表面の分子と液体分子の引力が比較的強ければ，完全に濡れて薄い膜になるでしょう．一方，比較的弱ければ，水を「はじいて」水滴になり，弱いほど接触角が大きくなるでしょう．水分子との引力が強い分子の性質を**親水性**，逆を**疎水性**と呼びます．この議論からも推測できるように，上の「濡れ」の問題は原子スケールでの表面の状態にも強く依存し，物質の種類だけからでは特定できません．

■■■■■■■■■■■■■ **第 5 章　章末問題** ■■■■■■■■■■■■■
解答例はサポートページに掲載しています．

■ **1**　(a)　弦楽器において，振動する部分の長さが 30 cm の弦で生じる全ての振動の波長を求めて下さい．

　　　(b)　(a) の弦で標準の A 音（440 Hz）を出した場合に弦を伝わる波の速さを求めて下さい．

　　　(c)　(b) の弦が密度 8 g/cm^3，半径 0.2 mm のスチール弦の場合に張力を求めて下さい．

■ **2**　自由端の境界条件での 1 次元の連成振動の解を求めます（(5.16) 式参照）．ここでは 5.1.1 項と同じ記号を用います．

　　　(a)　自由端の条件は，$u_0 = u_1$, $u_{N+1} = u_N$ です．なぜ，これが自由端に対応するのか説明して下さい．

　　　(b)　δ を求め（固定端の場合は (5.10) 式），全ての固有振動を求めて下さい．

　　　(c)　(b) の連続極限が弦の振動に対応することを説明して下さい．

■ **3**　5.1.2 項で扱った長さ L の弦の振動について考えます．弦の中央を弦の垂直方向に

δ ずらした状態で，それ以外の弦が直線状で静止した状態を考えます.

 (a) $\delta \ll L$ として，弦の長さの変化を求めて下さい．これは δ について何次でしょうか.

 (b) 整数 m, n について，次の量を計算して下さい.

$$\int_0^L \sin \frac{m\pi x}{L} \sin \frac{n\pi x}{L}\, dx \tag{5.54}$$

 (c) 初期状態からの弦の自由な運動を求めて下さい.

4 (a) フェルミ気体の考え方（(3.141) 式参照）を用い，金属内の電子の体積弾性率 B（(5.37) 式参照）への寄与を電子の数密度 n とフェルミエネルギー ε_{F} より求めて下さい.

 (b) 前問の結果より鉄，銀について体積弾性率を求め，表 5.2 の実測値と比較して下さい（3.10.2 項末例題参照）.

5 (a) 水 1 分子あたりの気化熱 ϵ を eV 単位で求めて下さい（表 2.4 参照）.

 (b) 化学反応式（1 モルあたり）$2H_2 + O_2 = 2H_2O + 480\,kJ$ の水素原子と酸素原子の結合 1 個あたりのエネルギーを eV 単位で求めて下さい.

 (c) (a), (b) で求めたエネルギーを水素原子から電子をはぎ取るのに必要なエネルギー，13.6 eV と比較して下さい.

6 (a) 室温で水の密度と分子量より分子間距離を概算して下さい.

 (b) 水の気化熱（表 2.4 参照）を用い，室温での表面張力を概算し，表 5.4 の値と比較して下さい.

 (c) 同様に，室温での水銀（原子量 201，密度 $13.5\,g/cm^3$）の表面張力も概算し，文献値と比較して下さい.

7 流体内の**音**の伝搬が**断熱過程**とみなせる条件を考えます.

 (a) 時間 Δt で熱が拡散する距離はどの程度でしょうか．**熱拡散率**を D_{TD} とします（第 4 章章末問題 6 参照）.

 (b) 流体内の音波には圧力の高い/低い場所があり，これが温度の高い/低い場所に対応し，高低は半周期ごとに反転します．熱が半周期で拡散する距離が波長よりもはるかに小さい条件が下式であることを示して下さい.

$$f \ll \frac{v^2}{D_{\mathrm{TD}}} \qquad (f, v \text{ は音の振動数と速さ}) \tag{5.55}$$

 熱の拡散方向も半周期ごとに反転するので，これが断熱過程とみなせる条件です.

 (c) 1 気圧，室温での空気と水の熱拡散率を求めて下さい（表 2.1, 2.3, 4.3 参照）.

 (d) 空気，水の音波が断熱過程とみなせる条件を求めて下さい.

8 毛細管現象（細い管内の液面の性質）について考えます（下図 (a)）.

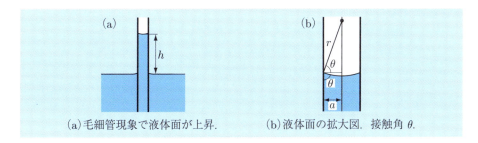

(a) 毛細管現象で液体面が上昇.　　(b) 液体面の拡大図．接触角 θ.

(a) 空気中で，細い管内の液体の表面（メニスカス）は球面で近似できます．**接触角** θ，球の半径を r とし，上図 (b) を参考にして断面を円として管の半径 a を求めて下さい．

(b) 表面張力 γ_S による球内外の圧力差，(5.50) 式を考えます．球面の一部のつり合いを考えると，球面の一部でもこの圧力差は生じているはずです．これより，毛細管現象による液体表面中心の上昇 h（上図 (a)）が次式で表されることを示して下さい．ρ は液体密度，g は重力加速度です．

$$h = \frac{2\gamma_S \cos\theta}{\rho g a} \tag{5.56}$$

(c) 1 気圧常温で，ガラス管内の水の場合に $\theta = 0°$ として，$a = 0.5\,\mathrm{mm}$ の場合の h を求めて下さい．

(d) 1 気圧常温で，ガラス管内の水銀（密度 $13.6\,\mathrm{g/cm^3}$）の場合に $\theta = 130°$ として，$a = 0.5\,\mathrm{mm}$ の場合の h を求めて下さい．

付録A
物理学の公式等のまとめ

■ A.1 単位と物理定数

■単位系 現在標準的に用いられている**国際単位系（SI）**は長さを m（メートル），質量を kg（キログラム），時間を s（秒）の単位を用いて表す **MKS 単位系**を含んだ単位系です．本書では国際単位系で定義されていない以下の単位も用いています：$N = kg \cdot m/s^2$, $Pa = N/m^2$, $J = kg \cdot m^2/s^2$, $W = J/s$, $cm = 10^{-2}\,m$, $L = 10^{-3}\,m^3$, $cc = mL = cm^3$, $Hz = 1/s$. 物理定数を定義することが実質的に単位を定義している場合もあ

表 A.1　物理定数と基本的な物理量

物理定数名	通常用いる記号とその値
真空中光速	$c = 2.997\,924\,58 \times 10^8\,\mathrm{m/s}$ *
プランク定数	$h = 2\pi\hbar = 6.626\,070\,15 \times 10^{-34}\,\mathrm{J \cdot s}$ *
素電荷	$e = 1.602\,176\,634 \times 10^{-19}\,\mathrm{C}$ *
	$e^2/(4\pi\epsilon_0) = 2.307\,077\,552 \times 10^{-28}\,\mathrm{N \cdot m^2}$
ボルツマン定数	$k_\mathrm{B} = 1.380\,649 \times 10^{-23}\,\mathrm{J/K}$ *
アボガドロ定数	$N_\mathrm{A} = 6.022\,140\,76 \times 10^{23}$ *
気体定数	$R = N_\mathrm{A} k_\mathrm{B} = 8.314\,462\,618\,153\,24\,\mathrm{J/(mol \cdot K)}$
絶対温度，K（ケルビン）	$0\,\mathrm{K} = -273.15^\circ\mathrm{C}$ ‡
理想気体 1 モルの体積（stp）	$R(273.15\,\mathrm{K}/101325\,\mathrm{Pa}) = 22.413\,969\,54\,\mathrm{m^3/mol}$
原子質量単位	$\mathrm{u} = 1.660\,539\,066\,60 \times 10^{-27}\,\mathrm{kg} = 1\,\mathrm{g}/N_\mathrm{A}$
陽子質量	$m_p = 1.6726 \times 10^{-27}\,\mathrm{kg} = 1.0073\,\mathrm{u}$
中性子質量	$m_n = 1.6749 \times 10^{-27}\,\mathrm{kg} = 1.0087\,\mathrm{u}$
電子質量	$m_e = 9.1094 \times 10^{-31}\,\mathrm{kg}$
電子ボルト	$1\,\mathrm{eV} = 1.602\,176\,634 \times 10^{-19}\,\mathrm{J}$
標準大気圧	$1\,\mathrm{atm} = 1.013\,25 \times 10^5\,\mathrm{Pa} = 760\,\mathrm{mmHg}$ ‡
カロリー	$1\,\mathrm{cal} = 4.184\,\mathrm{J}$ ‡
1 光年	$1\,\mathrm{ly} = 0.946\,053 \times 10^{16}\,\mathrm{m}$
地球質量	$5.974 \times 10^{24}\,\mathrm{kg}$
太陽質量	$1.9884 \times 10^{30}\,\mathrm{kg}$

＊：国際単位系（SI）で定義．‡：定義．

ります（表 A.1 参照）．

■ **SI 接頭語**　1 µm のように単位の前に1文字（**SI 接頭語**）を付して，元の単位を 10 の累乗倍した単位を表します．よく使う SI 接頭語を**表 A.2** にまとめました．

表 A.2　よく使われる SI 接頭語

倍数	SI 接頭語	名称	倍数	SI 接頭語	名称
10^{-3}	m	ミリ	10^{3}	k	キロ
10^{-6}	µ	マイクロ	10^{6}	M	メガ
10^{-9}	n	ナノ	10^{9}	G	ギガ
10^{-12}	p	ピコ	10^{12}	T	テラ
10^{-15}	f	フェムト	10^{15}	P	ペタ

■ **角度の単位（ラジアン）**　rad（ラジアン）は角度の単位で，角度をなす2つの半径が単位円から切り取る弧の長さを角度とします（図 A.1 参照）．本書では角度の単位は特にことわりの無い限りラジアンを用います．定義から，$2\pi = 360°$，$1\,\mathrm{rad} = 180°/\pi = 57.3°$，$1° = 0.0175\,\mathrm{rad}$ です．ラジアンは弧の長さと半径の比で無次元な量（単位を持たない量）です．角度には，°（度），′（分），″（秒）の単位もよく使われ，$1° = 60′, 1′ = 60″$ です．立体角は B.8 節で極座標とともに説明します．

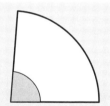
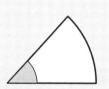

図 A.1　rad（ラジアン）は単位円から角度が切り取る円弧の長さ．

A.2　原子や分子の性質

原子は**陽子**（Z 個）と**中性子**（N 個）からなる**原子核**と，その周りの**電子**で構成されています．陽子，電子はそれぞれ $e, -e$ の電荷を持ち，中性子は電気的中性なので，中性な原子は Z 個の電子を持ちます．原子が持つ陽子の数を**原子番号**と呼び，これが水素，酸素等の元素の種類を定めます．陽子と中性子を**核子**と呼び，陽子と中性子の質量はほぼ等しく（質量差は 0.1%），**原子質量単位**（あるいは**統一原子質量単位**），$1\,\mathrm{g}/N_\mathrm{A}$ にほぼ等しいです．電子質量は原子質量単位の 1/2000 程度です．$A = Z + N$ を**質量数**と呼び，原子の質量はほぼ (質量数)×(原子質量単位) です．特殊相対性理論によりエネルギーと質量が

182　　　付録 A　物理学の公式等のまとめ

等価で，原子核は核子の**束縛エネルギー**の分軽くなるので，原子の質量は構成する陽子，中性子と電子の質量の和とわずかに異なります．**原子量**，**分子量**は原子，分子の質量の原子質量単位に対する比で，g 単位での 1 モル分の質量です．一般には原子に複数の同位体（以下参照）が自然界に存在するので，その存在比を考慮した平均質量です．

　原子の種類はアルファベット大文字で始まる 1 字から 3 字の**原子記号**（あるいは**元素記号**）を使って表します（**表 A.3** 参照）．質量数 A，原子番号 Z，電荷 q の原子を記す場合は，原子 X の原子記号を $_Z^A X^q$ と表します．たとえば，$_1^1 H$ は水素，$_1^2 H$ は重水素，$_1^3 H$ はトリチウムです．原子核の陽子数が同じで，中性子数が異なる原子の関係を**同位体**（**アイソトープ**）と呼びます．たとえば，重水素，トリチウムは水素の同位体です．陽子と電子の数が異なる原子を**イオン**と呼び，0 でない電荷を持ちます．たとえば，$_2^4 He^+$ は電荷 e を持つヘリウムイオン，$_2^4 He^{2+}$ は電荷 $2e$ を持つヘリウムイオン（α **粒子**）です．

表 A.3　原子の原子記号と原子量（有効数字 4 桁）の例.

原子番号	1	2	6	7	8	17	26
元素名	水素	ヘリウム	炭素	窒素	酸素	塩素	鉄
原子記号	H	He	C	N	O	Cl	Fe
原子量	1.008	4.003	12.01	14.01	16.00	35.45	55.85

　単原子分子以外の分子は共有結合し合う原子の集まりです．よって，分子量は構成する原子の原子量の和になります．原子記号を用いるとわかりやすく，たとえば水（H_2O）の分子量は有効数字 2 桁で $2 + 16 = 18$ で，1 モル 18 g です（**表 A.3** 参照）．同様にメタノール（CH_3OH），エタノール（C_2H_5OH）の分子量は 32, 46 です．

■ A.3　理想気体の性質

理想気体の性質を以下にまとめておきます．

$$pV = nRT, \quad R = 8.31 \, J/(mol \cdot K) \tag{A.1}$$

C_p：モル定圧比熱，C_V：モル定積比熱.

$$C_p = C_V + R, \quad C_V = \frac{3}{2}R \quad (単原子分子), \quad \frac{5}{2}R \quad (2 原子分子) \tag{A.2}$$

内部エネルギー（n モル）：

$$E = nC_V T, \quad nC_V = \frac{dE}{dT} \tag{A.3}$$

断熱過程　$TV^{\gamma-1} = 定数, \; pV^\gamma = 定数, \; p^{1-\gamma}T^\gamma = 定数 \tag{A.4}$

$$\gamma = \frac{C_p}{C_V} = 1 + \frac{R}{C_V} = \frac{5}{3} \quad (単原子分子), \quad \frac{7}{5} \quad (2 原子分子) \tag{A.5}$$

エントロピー：

$$S = Nk_{\mathrm{B}} \left(-\log \frac{N}{V} + \frac{3}{2} \log \frac{2\pi mk_{\mathrm{B}}T}{h^2} + \frac{5}{2} \right) \tag{A.6}$$

（ヘルムホルツ）自由エネルギー：

$$F = Nk_{\mathrm{B}}T \left(\log \frac{N}{V} - \frac{3}{2} \log \frac{2\pi mk_{\mathrm{B}}T}{h^2} - 1 \right) \tag{A.7}$$

ギブス自由エネルギー，化学ポテンシャル：

$$G = N\mu = Nk_{\mathrm{B}}T \left(\log \frac{N}{V} - \frac{3}{2} \log \frac{2\pi mk_{\mathrm{B}}T}{h^2} \right) \tag{A.8}$$

■ A.4　自由エネルギー等の物理量の関係 ■■■■■■

内部エネルギー：E

$$dE = T\,dS - p\,dV, \quad \left(\frac{\partial E}{\partial S} \right)_V = T, \ \left(\frac{\partial E}{\partial V} \right)_S = -p \tag{A.9}$$

（ヘルムホルツ）自由エネルギー：F

$$F = E - TS, \ dF = -S\,dT - p\,dV, \ \left(\frac{\partial F}{\partial T} \right)_V = -S, \ \left(\frac{\partial F}{\partial V} \right)_T = -p \tag{A.10}$$

ギブス自由エネルギー：G

$$G = F + pV, \quad dG = -S\,dT + V\,dp, \quad \left(\frac{\partial G}{\partial T} \right)_p = -S, \ \left(\frac{\partial G}{\partial p} \right)_T = V \tag{A.11}$$

エンタルピー：H

$$H = E + pV, \ dH = T\,dS + V\,dp, \quad \left(\frac{\partial H}{\partial S} \right)_p = T, \ \left(\frac{\partial H}{\partial p} \right)_S = V \tag{A.12}$$

エントロピーと温度の関係：

$$\left(\frac{\partial S}{\partial E} \right)_V = \frac{1}{T}, \quad \left(\frac{\partial S}{\partial V} \right)_E = \frac{p}{T} \tag{A.13}$$

■マクスウェルの関係式　(A.9) 式の左辺と右辺をそれぞれ V, S で微分し，微分の順序に結果がよらないことに注目すると次の関係式を得ます．

$$\frac{\partial}{\partial V} \left[\left(\frac{\partial E}{\partial S} \right)_V \right]_S = \left(\frac{\partial T}{\partial V} \right)_S = \frac{\partial}{\partial S} \left[\left(\frac{\partial E}{\partial V} \right)_S \right]_V = -\left(\frac{\partial p}{\partial S} \right)_V \tag{A.14}$$

これをマクスウェルの関係式と呼びます．下に E, F, G, H から得たマクスウェルの関係式をまとめます．

$$\begin{aligned}
\left(\frac{\partial T}{\partial V} \right)_S &= -\left(\frac{\partial p}{\partial S} \right)_V, \quad \left(\frac{\partial S}{\partial V} \right)_T = \left(\frac{\partial p}{\partial T} \right)_V, \\
\left(\frac{\partial S}{\partial p} \right)_T &= -\left(\frac{\partial V}{\partial T} \right)_p, \quad \left(\frac{\partial T}{\partial p} \right)_S = \left(\frac{\partial V}{\partial S} \right)_p
\end{aligned} \tag{A.15}$$

付録B
関連する数学に関するまとめ

■ B.1 グラフの移動

$y = f(x)$ の関係のグラフを，x, y 軸方向に移動した場合の式は図 B.1 に示すように以下のとおりです．

- x 軸正方向に a 移動する場合：$y = f(x - a)$．
- y 軸正方向に b 移動する場合：$y = f(x) + b$．

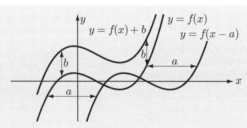

図 B.1　$y = f(x), f(x - a), f(x) + b$ の関係．

■ B.2 複素数の性質

任意の複素数 z は実数 x, y と虚数単位 i を用いて $z = x + iy$ と表せます．x, y を z の実部，虚部と呼び，$x = \mathrm{Re}\, z$，$y = \mathrm{Im}\, z$ と表します．複素平面の極座標表示では，実数 (r, φ) を用いて次のように表せます．

$$z = x + iy = re^{i\varphi} = r(\cos\varphi + i\sin\varphi) \tag{B.1}$$

$r = |z| = \sqrt{x^2 + y^2}$ は z の絶対値です．$\varphi = \arg z$ は z の偏角と呼びます．$\bar{z} = x - iy$ を z の複素共役と呼び，$z\bar{z} = |z|^2 = r^2$ です．

■ B.3 等比数列と等比級数

等比数列は次項との比が一定の数列です．よって，数列の初項を a_1 として，n 項目は

$a_n = a_1 r^{n-1}$ と表せます．a_1, r は一般に複素数です．等比数列の和を**等比級数**と呼びます．初めの N 項の和（等比級数）は $r \neq 1$ の場合には次式となります（$r = 1$ の場合は和は Na_1 で簡単です）．

$$\sum_{j=1}^{N} a_j = a_1 \sum_{j=1}^{N} r^{j-1} = a_1 \frac{1 - r^N}{1 - r} \tag{B.2}$$

上式は $(1 - r)(1 + r + r^2 + \cdots + r^{N-1}) = 1 - r^N$ より容易に示せます．$|r| < 1$ の場合には，$N \to \infty$ の極限で $r^N \to 0$ なので次の極限を得ます．

$$\sum_{j=1}^{\infty} a_j = a_1 \sum_{j=1}^{\infty} r^{j-1} = \frac{a_1}{1 - r} \qquad (|r| < 1) \tag{B.3}$$

これを**無限等比級数**と呼びます．

■ B.4　微　分

B.4.1　微分に関わる性質

　本書の熱力学等で扱う関数は，必要な回数だけ微分できる，いわば「性質が良い」関数で，以下で説明する微分，偏微分の性質が成り立ちます．

■積の微分

$$\frac{d(f(x)g(x))}{dx} = \frac{df(x)}{dx} g(x) + f(x) \frac{dg(x)}{dx} \tag{B.4}$$

例　$\dfrac{d(x \cos x)}{dx} = \cos x - x \sin x, \quad \dfrac{d}{dx}\left(\dfrac{f(x)}{g(x)}\right) = \dfrac{df(x)}{dx} \dfrac{1}{g(x)} - \dfrac{f(x)}{g(x)^2} \dfrac{dg(x)}{dx}$　□

■偏微分は微分する順序によらない　偏微分は微分をする順序に依存しません．たとえば，x, y の関数 $f(x, y)$ について，次式が成り立ちます（表記にも注意）．

$$\frac{\partial}{\partial y}\left(\frac{\partial f(x, y)}{\partial x}\right) = \frac{\partial}{\partial x}\left(\frac{\partial f(x, y)}{\partial y}\right) = \frac{\partial^2 f(x, y)}{\partial x \partial y} \tag{B.5}$$

例　$f(x, y) = x \cos y, \quad \dfrac{\partial f}{\partial x} = \cos y, \quad \dfrac{\partial f}{\partial y} = -x \sin y, \quad \dfrac{\partial^2 f}{\partial x \partial y} = -\sin y$　□

■合成関数の微分

$$\frac{dg(f(t))}{dt} = \left.\frac{dg(x)}{dx}\right|_{x=f(t)} \frac{df(t)}{dt} \tag{B.6}$$

$$\frac{dg(f_1(t), f_2(t), \cdots)}{dt} = \left.\frac{\partial g(x_1, x_2, \cdots)}{\partial x_1}\right|_{x_1=f_1(t), x_2=f_2(t), \cdots} \frac{df_1(t)}{dt} \tag{B.7}$$
$$+ \left.\frac{\partial g(x_1, x_2, \cdots)}{\partial x_2}\right|_{x_1=f_1(t), x_2=f_2(t), \cdots} \frac{df_2(t)}{dt} + \cdots$$

例　$\dfrac{d \sin(ax)}{dx} = a \cos(ax), \quad \dfrac{d \sin(x^2)}{dx} = 2x \cos(x^2), \quad \dfrac{de^{-ax^2}}{dx} = -2axe^{-ax^2}$　□

186　　　　　　付録 B　関連する数学に関するまとめ

■**媒介変数を使った微分**　$x = x(t)$, $y = y(t)$ のように，同じ変数（媒介変数）の関数については，その媒介変数を通じて微分 dy/dx を求められます．これは，合成関数 $y(x(t))$ の t の微分から導けます．

$$\frac{dy}{dx} = \frac{\frac{dy}{dt}}{\frac{dx}{dt}} \tag{B.8}$$

■**微小変化と微分形式**　関数 $f(x_1, x_2, x_3, \cdots)$ が独立な変数 x_j $(j = 1, 2, \cdots, N)$ の微分可能な関数である場合に，微小変化 dx_j $(j = 1, 2, \cdots, N)$ による関数 $f(x_1, x_2, x_3, \cdots)$ の 1 次変化 df は次式で，$dx_j \to 0$ でより精度が高い関数の変化の近似となります．

$$df = \sum_{j=1}^{N} \frac{\partial f}{\partial x_j} dx_j = \frac{\partial f}{\partial x_1} dx_1 + \frac{\partial f}{\partial x_2} dx_2 + \frac{\partial f}{\partial x_3} dx_3 + \cdots \tag{B.9}$$

ここでは 1 次の微小変化としましたが，df, dx_j は微分形式として，より一般的な理論体系の一部ともみなせます．

■**勾配と傾き**　勾配 $\nabla f(\boldsymbol{r}) = (\partial f(\boldsymbol{r})/\partial x, \partial f(\boldsymbol{r})/\partial y, \partial f(\boldsymbol{r})/\partial z)$ は関数 f の「傾き」に対応します（グラディエントとも呼び，∇f を $\mathrm{grad} f$ と記述することもあります）．$\nabla f(\boldsymbol{r})$ を x 軸方向になるように座標変換すれば，$\partial f/\partial x$ 以外は 0 なので，1 変数関数の微分が傾きであることと同じように理解できます．

座標変換しないで，直接考えてみます．任意の単位ベクトル $\boldsymbol{n}$ 方向の微小変化，$\Delta\boldsymbol{r} = \epsilon\boldsymbol{n}$ についての $f(\boldsymbol{r})$ の変化は次式です（(B.9) 式参照）．

$$\Delta f = \nabla f(\boldsymbol{r})(\epsilon\boldsymbol{n}) = \epsilon\boldsymbol{n}\nabla f(\boldsymbol{r}) \tag{B.10}$$

ϵ は微小変化の大きさで，$\boldsymbol{n}\nabla f$ が関数 f の $\boldsymbol{n}$ 方向の傾きであることがわかります．

B.4.2　主な関数の微分

本書で用いる主な関数の微分を以下にまとめます．

$$(x^a)' = ax^{a-1} \quad\quad (\text{一般の実数 } a \text{ について成り立つ}) \tag{B.11}$$

$$(e^x)' = e^x, \quad (\log x)' = \frac{1}{x}, \quad (\sin x)' = \cos x, \quad (\cos x)' = -\sin x \tag{B.12}$$

B.4.3　テイラー展開

$$f(x) = \sum_{n=0}^{\infty} \frac{1}{n!} \frac{d^n f(x_0)}{dx^n} (x - x_0)^n$$

$$= f(x_0) + \frac{df(x_0)}{dx}(x - x_0) + \frac{1}{2}\frac{d^2 f(x_0)}{dx^2}(x - x_0)^2 + \cdots \tag{B.13}$$

$d^0 f(x)/dx^0 = f(x)$, $0! = 1$ です．以下に関数のテイラー展開の例をあげます．

$$\frac{1}{1-x} = \sum_{n=0}^{\infty} x^n = 1 + x + x^2 + \cdots \tag{B.14}$$

$$(1+x)^a = 1 + ax + \frac{a(a-1)}{2}x^2 + \cdots + \frac{a(a-1)\cdots(a-n+1)}{n!}x^n + \cdots \quad \text{(B.15)}$$

$$\log(1-x) = -\sum_{n=1}^{\infty} \frac{x^n}{n} = -x - \frac{x^2}{2} - \frac{x^3}{3} - \cdots \quad \text{(B.16)}$$

$$e^x = \exp x = \sum_{n=0}^{\infty} \frac{x^n}{n!} = 1 + x + \frac{x^2}{2} + \cdots \quad \text{(B.17)}$$

$$\sin x = \sum_{n=0}^{\infty} \frac{(-1)^n x^{2n+1}}{(2n+1)!} = x - \frac{x^3}{6} + \frac{x^5}{120} - \cdots \quad \text{(B.18)}$$

$$\cos x = \sum_{n=0}^{\infty} \frac{(-1)^n x^{2n}}{(2n)!} = 1 - \frac{x^2}{2} + \frac{x^4}{24} - \cdots \quad \text{(B.19)}$$

B.4.4 偏微分における変数変換

複数の変数を他の変数で書き換えた場合の偏微分の関係をまとめます．典型例は直交座標を極座標に変換する場合です．座標 $(x_1, x_2, \cdots, x_N)$ を $(y_1, y_2, \cdots, y_N)$ に変換できる場合を考えます．つまり，x_i $(i = 1, 2, \cdots, N)$ は y_j $(j = 1, 2, \cdots, N)$ で表すことができ，逆に y_j は x_i で表せるとします．この場合は，一般に偏微分には次の関係があります．

$$\frac{\partial}{\partial x_i} = \sum_{j=1}^{N} \frac{\partial y_j}{\partial x_i}\frac{\partial}{\partial y_j} \quad \Leftrightarrow \quad \frac{\partial}{\partial y_j} = \sum_{i=1}^{N} \frac{\partial x_i}{\partial y_j}\frac{\partial}{\partial x_i} \quad \text{(B.20)}$$

上式は次のように行列形式で表せます．

$$\begin{pmatrix} \partial/\partial x_1 \\ \partial/\partial x_2 \\ \vdots \\ \partial/\partial x_N \end{pmatrix} = \begin{pmatrix} \partial y_1/\partial x_1 & \partial y_2/\partial x_1 & \cdots & \partial y_N/\partial x_1 \\ \partial y_1/\partial x_2 & \partial y_2/\partial x_2 & \cdots & \partial y_N/\partial x_2 \\ \vdots & \vdots & \ddots & \vdots \\ \partial y_1/\partial x_N & \partial y_2/\partial x_N & \cdots & \partial y_N/\partial x_N \end{pmatrix} \begin{pmatrix} \partial/\partial y_1 \\ \partial/\partial y_2 \\ \vdots \\ \partial/\partial y_N \end{pmatrix} \quad \text{(B.21)}$$

$$\begin{pmatrix} \partial/\partial y_1 \\ \partial/\partial y_2 \\ \vdots \\ \partial/\partial y_N \end{pmatrix} = \begin{pmatrix} \partial x_1/\partial y_1 & \partial x_2/\partial y_1 & \cdots & \partial x_N/\partial y_1 \\ \partial x_1/\partial y_2 & \partial x_2/\partial y_2 & \cdots & \partial x_N/\partial y_2 \\ \vdots & \vdots & \ddots & \vdots \\ \partial x_1/\partial y_N & \partial x_2/\partial y_N & \cdots & \partial x_N/\partial y_N \end{pmatrix} \begin{pmatrix} \partial/\partial x_1 \\ \partial/\partial x_2 \\ \vdots \\ \partial/\partial x_N \end{pmatrix} \quad \text{(B.22)}$$

行列 $(\partial y_j/\partial x_i)$ をヤコビ行列と呼び，(B.21) 式と (B.22) 式から 2 つのヤコビ行列 $(\partial y_j/\partial x_i)$ と $(\partial x_j/\partial y_i)$ は互いに逆行列であることがわかります．

例 2 次元極座標表示，$(x, y) = r(\cos\varphi, \sin\varphi)$ では (B.8 節参照)

$$\begin{pmatrix} \partial_x \\ \partial_y \end{pmatrix} = \begin{pmatrix} \cos\varphi & -\sin\varphi/r \\ -\sin\varphi & \cos\varphi/r \end{pmatrix} \begin{pmatrix} \partial_r \\ \partial_\varphi \end{pmatrix}, \quad \begin{pmatrix} \partial_r \\ \partial_\varphi \end{pmatrix} = \begin{pmatrix} x/r & y/r \\ -y & x \end{pmatrix} \begin{pmatrix} \partial_x \\ \partial_y \end{pmatrix} \qquad \Box$$

B.5 積 分

変数変換 変数 x が ξ の関数である場合，不定積分は以下のように書き直せます．この

188 付録 B 関連する数学に関するまとめ

関係は合成関数の微分より示せます.

$$\int f(x)\,dx = \int f(x(\xi))\,\frac{dx}{d\xi}\,d\xi \tag{B.23}$$

上のように書くと, 形式上は $d\xi$ が通分できるように見えて間違えにくいです. x が ξ についての単調関数であれば, 定積分は以下のように変換できます.

$$\int_{x_1}^{x_2} f(x)\,dx = \int_{\xi_1}^{\xi_2} f(x(\xi))\,\frac{dx}{d\xi}\,d\xi \tag{B.24}$$

$x_1 = x(\xi_1)$, $x_2 = x(\xi_2)$ です. 定数倍, $x = a\xi$ の場合は特によく使います.

$$\int_{x_1}^{x_2} f(x)\,dx = a\int_{\xi_1}^{\xi_2} f(a\xi)\,d\xi \quad (x = a\xi,\ a\ \text{が定数の場合}) \tag{B.25}$$

■典型的な不定積分 本書で使う不定積分をまとめておきます. 明示しませんが, 不定積分には任意の定数 (積分定数) の不定性があります.

$$\int dx\,x^a = \frac{1}{a+1}x^a \qquad (a \neq -1\ \text{の任意の実数で成り立つ}) \tag{B.26}$$

$$\int dx\,e^x = e^x, \quad \int \frac{dx}{x} = \log x, \quad \int \sin x\,dx = -\cos x, \quad \int \cos x\,dx = \sin x \tag{B.27}$$

■ガウス積分 次のガウス積分は本書でも使う重要な積分です.

$$\int_{-\infty}^{\infty} e^{-\alpha x^2} x^{2n}\,dx = \frac{(2n-1)(2n-3)\cdots 1}{(2\alpha)^n}\sqrt{\frac{\pi}{\alpha}}, \quad n = 0, 1, 2, \cdots \tag{B.28}$$

以下に例をあげます.

$$\int_{-\infty}^{\infty} e^{-x^2}\,dx = \sqrt{\pi}, \quad \int_{-\infty}^{\infty} e^{-x^2} x^2\,dx = \frac{\sqrt{\pi}}{2}, \quad \int_{-\infty}^{\infty} e^{-x^2} x^4\,dx = \frac{3\sqrt{\pi}}{4} \tag{B.29}$$

以下で (B.28) 式を示します. $n = 0$ の場合を J_0 と定義します.

$$J_0 = \int_{-\infty}^{\infty} e^{-\alpha x^2}\,dx \tag{B.30}$$

2 乗して, 2 次元極座標を用います (B.8 節参照).

$$J_0^2 = \int_{-\infty}^{\infty}\int_{-\infty}^{\infty} e^{-\alpha(x^2+y^2)}\,dxdy = \int_0^{\infty}\int_0^{2\pi} e^{-\alpha r^2}\,d\varphi\,r\,dr = \int_0^{\infty} e^{-\alpha \xi}\pi\,d\xi = \frac{\pi}{\alpha}$$

上では $r^2 = \xi$ の変数変換を行いました ((B.24) 式参照). これで $J_0 = \sqrt{\pi/\alpha}$ が示せました. $n = 0$ の場合がわかれば, (B.28) 式は以下の関係を用いて導けます.

$$\int_{-\infty}^{\infty} e^{-\alpha x^2} x^{2n}\,dx = \int_{-\infty}^{\infty}\left(-\frac{\partial}{\partial \alpha}\right)^n e^{-\alpha x^2}\,dx = \left(-\frac{d}{d\alpha}\right)^n \sqrt{\frac{\pi}{\alpha}} \tag{B.31}$$

■多次元空間での積分, 多重積分 3 次元空間で多重積分する場合は次のように表記します.

$$\int d^3 \boldsymbol{r}\,f(\boldsymbol{r}) = \int dx \int dy \int dz\,f(\boldsymbol{r}) \tag{B.32}$$

■ B.6 常微分方程式

■微分方程式 本書で用いる微分方程式の性質を手短にまとめます. **微分方程式**は未知関数の微分を含む関数方程式で，方程式の解は関数です．次式は未知関数 $f(t)$ に関する微分方程式の簡単な例です.

$$\frac{df(t)}{dt} = 1 \tag{B.33}$$

この方程式の一般解は関数 $f(t) = t + a$ （a：定数）です．a は**積分定数**で，この方程式だけからでは決まりません．一般の a の値について $f(t)$ が上の微分方程式を満たすことは明らかでしょう．このように独立変数 1 つ（この場合は t）についての微分だけを含む微分方程式を**常微分方程式**と呼び，2 変数以上についての微分を含む場合は**偏微分方程式**と呼びます．ここでは常微分方程式を扱います.

関数を変数で微分した回数を微分の**階数**と呼びます．たとえば，$df/dt, d^2f/dt^2$ の微分の階数はそれぞれ 1 と 2 です．微分方程式に含まれる微分の最高階数を微分方程式の**階数**と呼びます．たとえば，(B.33) 式は 1 階の常微分方程式です．常微分方程式の一般解はその階数個の積分定数を持ちます.

■線形微分方程式と非斉次微分方程式 未知関数について 1 次の微分方程式を**線形微分方程式**と呼びます．未知関数が現れない項も含む場合は**非斉次微分方程式**と呼びます．1 階の線形微分方程式の例は次式です.

$$\frac{df(t)}{dt} = bf(t) \quad (b：定数) \tag{B.34}$$

非斉次微分方程式の例をあげます.

$$\frac{dg(t)}{dt} = bg(t) + a \quad (a \neq 0, \ 定数) \tag{B.35}$$

上の非斉次微分方程式は，その解を 1 つ（**特殊解**と呼びます）見つければ，他の解と特殊解との差が線形微分方程式を満たすので，線形微分方程式の一般解を求める問題に帰着します．線形微分方程式の解 f_1, f_2 が与えられれば，その任意の**線形結合** $\lambda_1 f_1 + \lambda_2 f_2$（$\lambda_{1,2}$：定数）も解です.

上の (B.34)，(B.35) 式は常微分方程式の重要な基本です．(B.34) 式の一般解は $f(t) = ce^{bt}$ で，次のように求まります（$c = e^{c_0}$：積分定数）.

$$\int \frac{df}{f} = \log f = \int b \, dt = bt + c_0 \tag{B.36}$$

$g_s(t) = -a/b$ は (B.35) 式を明らかに満たします．一般解 $g(t)$ について，$g(t) - g_s(t)$ は (B.34) 式を満たすので，(B.35) 式の一般解は $g(t) = ce^{bt} - a/b$ です.

■運動方程式と初期条件 次の調和振動子 1 個の運動方程式の例を考えます（(5.1) 式参照）.

$$\frac{d^2u}{dt^2} + \omega^2 u = 0 \tag{B.37}$$

190　　　　　　　付録 B　関連する数学に関するまとめ

このように，ニュートンの第 2 法則から多くの場合に 2 階常微分方程式が導かれます．この一般解は（内容は同じですが）次のように色々な表し方があります．

$$u(t) = a \cos \omega t + b \sin \omega t = A \cos [\omega(t - t_0)] = a_+ e^{i\omega t} + a_- e^{-i\omega t} \tag{B.38}$$

$a, b, A, t_0, a_\pm$ は積分定数で，いずれの表し方でも，2 階常微分方程式なので先述のように積分定数が 2 個です．**初期条件**無しでは解が未定なのは当然で，積分定数は初期条件から定まります．2 個の積分定数があるので 2 個の初期条件，たとえば，ある時刻での位置と速度から解は定まります．ある時刻での位置と速度が与えられれば運動が 1 つに定まることは想像できるでしょう．

（B.34）式が線形常微分方程式の解法の基本である理由を説明します．（B.37）式は次のように「因数分解」できます．

$$\left(\frac{d}{dt} + i\omega \right) \left(\frac{d}{dt} - i\omega \right) u = 0 \tag{B.39}$$

（通常の因数分解のように）それぞれの因子が 0 となる場合，$du/dt \pm i\omega u = 0$ を考えます．それらの解の線形結合として一般解が求まることは (B.38) 式の最後の表し方からわかります．この解法の数学的厳密性はここでは説明しませんが，解が正しいことは確認できます．高次の多項式も因数分解できるので，因数分解の重根の処理のし方を加えると，一般の線形常微分方程式が解けます．

■多次元空間における常微分方程式　連成振動系（5.1.1 項参照）や 3 次元空間における運動は多次元空間における運動方程式により記述されます．この場合は，積分定数は (階数)×(空間次元数) 個存在します．たとえば，振動子が複数個ある場合は，それぞれの振動子の位置と初速度を独立に決めることができ，それらが与えられれば運動が定まることは理解できるでしょう．

また，同じ系を異なる空間で表現すると微分方程式の階数は一般に変わります．たとえば，調和振動の運動方程式 (B.37) 式は 1 次元空間における 2 階常微分方程式ですが，次のように 2 次元空間における 1 階常微分方程式としても表せます．

$$\frac{du}{dt} = p, \qquad \frac{dp}{dt} = -\omega^2 u \tag{B.40}$$

上式は**位相空間**での自然な見方です（力学の参考書参照）．

■線形性と非線形性　線形常微分方程式の意味を理解するためにも，非線形常微分方程式の例を次にあげます．

$$\frac{d^2 u}{dt^2} + \omega^2 \sin u = 0 \tag{B.41}$$

これは重力下での振り子の運動方程式（u：振り子の角度）です．u について展開し，1 次の項だけを残すと調和振動の方程式，(B.37) 式になります．

■ B.7 三角関数と指数関数

B.7.1 三角関数に関する公式

三角関数の性質をまとめます（複号同順）.

$$e^{i\theta} = \cos\theta + i\sin\theta, \quad \cos\theta = \frac{e^{i\theta} + e^{-i\theta}}{2}, \quad \sin\theta = \frac{e^{i\theta} - e^{-i\theta}}{2i} \tag{B.42}$$

$$\sin^2\theta + \cos^2\theta = 1, \quad \tan\theta = \frac{\sin\theta}{\cos\theta} \tag{B.43}$$

$$\cos 2\theta = \cos^2\theta - \sin^2\theta, \quad \sin 2\theta = 2\sin\theta\cos\theta \tag{B.44}$$

$$\sin(\alpha \pm \beta) = \sin\alpha\cos\beta \pm \cos\alpha\sin\beta, \quad \cos(\alpha \pm \beta) = \cos\alpha\cos\beta \mp \sin\alpha\sin\beta \tag{B.45}$$

$$\sin\alpha\sin\beta = \frac{1}{2}\left[\cos(\alpha - \beta) - \cos(\alpha + \beta)\right] \tag{B.46}$$

$$\cos\alpha\cos\beta = \frac{1}{2}\left[\cos(\alpha + \beta) + \cos(\alpha - \beta)\right] \tag{B.47}$$

$$\sin\alpha\cos\beta = \frac{1}{2}\left[\sin(\alpha + \beta) + \sin(\alpha - \beta)\right] \tag{B.48}$$

$$\cos A + \cos B = 2\cos\frac{A + B}{2}\cos\frac{A - B}{2} \tag{B.49}$$

$$\cos A - \cos B = -2\sin\frac{A + B}{2}\sin\frac{A - B}{2} \tag{B.50}$$

$$\sin A + \sin B = 2\sin\frac{A + B}{2}\cos\frac{A - B}{2} \tag{B.51}$$

$$\sin A - \sin B = 2\sin\frac{A - B}{2}\cos\frac{A + B}{2} \tag{B.52}$$

B.7.2 指数関数と対数

指数関数と対数は次式のように逆関数の関係にあります.

$$y = e^x = \exp x \quad \Leftrightarrow \quad x = \log_e y = \log y \tag{B.53}$$

指数の式が長い場合には，指数関数は $e^{(\cdots)}$ を読みやすくするために $\exp(\cdots)$ と表します．自然対数については底 e を省略して $\log$ で表します（$\log x = \log_e x$, $e = 2.718\,281\cdots$ はネイピア数）. 対数の性質をまとめます.

$$\log 1 = 0, \quad \log(xy) = \log x + \log y, \quad \log x^a = a\log x \quad (a : 任意の実数)$$

■ B.8 極 座 標

極座標系では空間内の位置を原点からの距離と角度で表します．2,3 次元空間での極座標について要点を記します.

■ **2次元極座標（円柱座標）**　2次元空間（座標 (x,y)）の極座標表示:

$$x = r\cos\varphi, \quad y = r\sin\varphi \quad \Leftrightarrow \quad r = \sqrt{x^2+y^2}, \quad \tan\varphi = \frac{y}{x} \tag{B.54}$$

$$dx\,dy = r\,dr\,d\varphi \tag{B.55}$$

3次元空間で2次元極座標系と z 方向座標に z を使うと，円柱座標系となります．

ラプラシアンは2次元極座標で次のように表せます（B.4.4 項参照）．

$$\frac{\partial^2\psi}{\partial x^2} + \frac{\partial^2\psi}{\partial y^2} = \frac{1}{r}\frac{\partial}{\partial r}\left(r\frac{\partial\psi}{\partial r}\right) + \frac{1}{r^2}\frac{\partial^2\psi}{\partial\varphi^2} \tag{B.56}$$

■ **3次元極座標**　3次元空間（座標 (x,y,z)）の極座標表示は角度を図 B.2 (a) のようにとると以下のとおりです．

$$x = r\sin\theta\cos\varphi, \quad y = r\sin\theta\sin\varphi, \quad z = r\cos\theta \tag{B.57}$$

$$r = \sqrt{x^2+y^2+z^2}, \quad \tan\theta = \frac{\sqrt{x^2+y^2}}{z}, \quad \tan\varphi = \frac{y}{x} \tag{B.58}$$

$$d^3\boldsymbol{r} = dx\,dy\,dz = r^2\,dr\,\sin\theta\,d\theta\,d\varphi = r^2\,dr\,d(\cos\theta)\,d\varphi \tag{B.59}$$

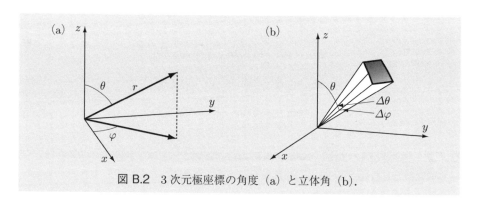

図 B.2　3次元極座標の角度 (a) と立体角 (b)．

ラプラシアンは3次元極座標で次のように表せます（B.4.4 項参照）．

$$\begin{aligned}\nabla^2\psi &= \frac{\partial^2\psi}{\partial x^2} + \frac{\partial^2\psi}{\partial y^2} + \frac{\partial^2\psi}{\partial z^2} \\ &= \frac{1}{r^2}\frac{\partial}{\partial r}\left(r^2\frac{\partial\psi}{\partial r}\right) + \frac{1}{r^2\sin\theta}\frac{\partial}{\partial\theta}\left(\sin\theta\frac{\partial\psi}{\partial\theta}\right) + \frac{1}{r^2\sin^2\theta}\frac{\partial^2\psi}{\partial\varphi^2}\end{aligned} \tag{B.60}$$

■ **立体角**　角が切り取る単位円の弧の長さで角度を定義するのと同様に，3次元空間で角が切り取る単位球の面積を用いて**立体角**を定義します（図 B.2 (b) 参照）．立体角の単位を sr（**ステラジアン**）と呼び，立体角は $\Delta\Omega = \Delta(\cos\theta)\,\Delta\varphi = \sin\theta\Delta\theta\,\Delta\varphi$ です．式に $\sin\theta$ が現れるのは角度 θ での単位球の断面の半径が $\sin\theta$ だからです．全球面の立体角は，その定義より単位球の表面積 4π sr です．

■ B.9　ガンマ関数 $\Gamma(s)$，ゼータ関数 $\zeta(s)$

■ガンマ関数　ガンマ関数，$\Gamma(s)$ は複素数 s について $\mathrm{Re}\, s > 0$ の場合に次式で定義されます.

$$\Gamma(s) = \int_0^\infty e^{-x} x^{s-1}\, dx, \qquad \mathrm{Re}\, s > 0 \tag{B.61}$$

積分で定義されていない領域は，定義されている領域からの解析接続で定義されます.
$\Gamma(s)$ は次の性質を持ちます.

$$\Gamma(s+1) = s\Gamma(s) \tag{B.62}$$

これと $\Gamma(1) = 1$ より，正の整数については，次のように簡単になります.

$$\Gamma(n+1) = n!, \qquad n = 1, 2, \cdots \tag{B.63}$$

$\Gamma(1/2) = \sqrt{\pi}$ より，次式を得ます.

$$\Gamma(n+1/2) = 2^{-n}(2n-1)!!\,\sqrt{\pi}, \qquad n = 1, 2, \cdots \tag{B.64}$$

関係式 (B.62) は $\mathrm{Re}\, s > 0$ の場合に部分積分を用いて示せます.

$$\Gamma(s+1) = \int_0^\infty e^{-x} x^s\, dx = -\int_0^\infty \left(\frac{d}{dx} e^{-x}\right) x^s\, dx$$

$$= \left[e^{-x} x^s\right]_0^\infty + s \int_0^\infty e^{-x} x^{s-1}\, dx = s\Gamma(s)$$

解析接続により，他の領域でも上の関係式は成り立ちます.

■ゼータ関数　ゼータ関数，$\zeta(s)$ は複素数 s について $\mathrm{Re}\, s > 1$ の場合に次式で定義され，ガンマ関数と同様に，他の領域ではその解析接続で定義されます.

$$\zeta(s) = \sum_{n=1}^\infty \frac{1}{n^s}, \qquad \mathrm{Re}\, s > 1 \tag{B.65}$$

ゼータ関数は，積分を用いて以下のようにも表せます.

$$\zeta(s) = \frac{1}{\Gamma(s)} \int_0^\infty \frac{x^{s-1}}{e^x - 1}\, dx, \qquad \mathrm{Re}\, s > 1 \tag{B.66}$$

本書で用いる特殊な点での値をあげます.

$$\zeta(0) = -\frac{1}{2}, \quad \zeta(2) = \frac{\pi^2}{6}, \quad \zeta(4) = \frac{\pi^4}{90} \tag{B.67}$$

積分 (B.66) 式が定義式 (B.65) と一致することは以下のように示せます.

$$\int_0^\infty \frac{x^{s-1}}{e^x - 1}\, dx = \int_0^\infty \frac{x^{s-1} e^{-x}}{1 - e^{-x}}\, dx = \int_0^\infty x^{s-1} e^{-x} \sum_{n=0}^\infty e^{-nx}\, dx$$

$$= \sum_{n=0}^\infty \int_0^\infty \frac{\xi^{s-1} e^{-\xi}}{(n+1)^s}\, dx = \Gamma(s) \sum_{n=0}^\infty \frac{1}{(n+1)^s}$$

$$= \Gamma(s)\zeta(s)$$

分母のテイラー展開，(B.14) 式と変数変換，$\xi = (n+1)x$ を用いました.

■スターリングの公式　N が大きい場合には $N!$ を以下のように近似できます．ここでの $\simeq$ は，近似のずれが割合で $1/N$ 倍以下という意味です.

$$N! \simeq \sqrt{2\pi N} \left(\frac{N}{e}\right)^N \quad \Leftrightarrow \quad \log\left(N!\right) \simeq N \log N - N + \frac{1}{2} \log\left(2\pi N\right) \qquad \text{(B.68)}$$

この重要な関係式は，ガンマ関数を用いて以下のように導けます.

$$N! = \Gamma(N+1) = \int_0^\infty e^{f(x)} \, dx, \quad f(x) = -x + N \log x \qquad \text{(B.69)}$$

被積分関数が最大の点，つまり $f(x)$ の最大値をとる x_0 の周りで展開します.

$$f'(x) = -1 + \frac{N}{x}, \ f''(x) = -\frac{N}{x^2} \quad \Rightarrow \quad x_0 = N, \ f''(x_0) = -\frac{1}{N} \qquad \text{(B.70)}$$

上の微分より，次のテイラー展開を得ます.

$$f(x) = -N + N \log N - \frac{1}{2N}(x-N)^2 + \cdots \qquad \text{(B.71)}$$

(B.69) 式に上式を用い，ガウス積分をして**スターリングの公式**を得ます（(B.28) 式参照）. この近似法を**鞍点法**と呼びます.

$$N! = \Gamma(N+1) \simeq e^{-N+N\log N} \int_0^\infty e^{-(x-N)^2/(2N)} \, dx = \sqrt{2\pi N} \left(\frac{N}{e}\right)^N \qquad \text{(B.72)}$$

近似で無視した (B.71) 式の $\cdots$ 部分は，微分の性質と (B.28) 式の奇数次数の積分は 0 であることより，上の結果の $1/N$ 倍のオーダーの補正になります．よって，N が大きくなると近似は良くなります.

■ B.10　ゾンマーフェルト展開

　フェルミ分布 $f(\varepsilon)$ は $\varepsilon = \mu$ 近辺の $k_{\mathrm{B}}T$ 程度の領域だけで変化するので，$f'(\varepsilon)$ はその領域以外ではほぼ 0 です．よって，$f'(\varepsilon)$ を μ の周りで $k_{\mathrm{B}}T$ で展開するのがゾンマーフェルト展開の基本的な考え方です．ゾンマーフェルト展開は次の公式です.

$$\int_{-\infty}^\infty A(\varepsilon) f(\varepsilon) \, d\varepsilon = \int_{-\infty}^\mu A(\varepsilon) \, d\varepsilon + \sum_{n=1}^\infty a_n (k_{\mathrm{B}}T)^{2n} \frac{d^{2n-1}A(\mu)}{d\varepsilon^{2n-1}} \qquad \text{(B.73)}$$

$$= \int_{-\infty}^\mu A(\varepsilon) \, d\varepsilon + \frac{\pi^2}{6}(k_{\mathrm{B}}T)^2 \frac{dA(\mu)}{d\varepsilon} + \frac{7\pi^4}{360}(k_{\mathrm{B}}T)^4 \frac{d^3 A(\mu)}{d\varepsilon^3} + \cdots$$

$A(\varepsilon)$ は ε についてテイラー展開できて，$\varepsilon \to \pm\infty$ で ε について指数関数より弱い増加をする関数とします．ゾンマーフェルト展開は $k_{\mathrm{B}}T/\mu$ の累乗の展開で，$\cdots$ は $k_{\mathrm{B}}T/\mu$ について 6 次以上の項を表します．$f(\varepsilon)$ は次のフェルミ分布です（3.8.3 項参照）.

$$f(\varepsilon) = \frac{1}{e^{(\varepsilon-\mu)/(k_{\mathrm{B}}T)} + 1} \qquad \text{(B.74)}$$

B.10 ゾンマーフェルト展開　　195

a_n は次式で定義します（ζ 関数については B.9 節参照）．

$$a_n = \left(2 - \frac{1}{2^{2(n-1)}}\right)\zeta(2n), \qquad a_1 = \frac{\pi^2}{6},\ a_2 = \frac{7\pi^4}{360},\ \cdots \tag{B.75}$$

3.10.2 項では，展開の 1 項目，$n=1$ の項を用いました．

ゾンマーフェルト展開を以下で導きます．$A(\varepsilon)$ の積分，$B(\varepsilon)$ を定義します．

$$B(\varepsilon) \equiv \int_{-\infty}^{\varepsilon} A(\varepsilon')\, d\varepsilon', \qquad \text{よって} \quad \frac{dB(\varepsilon)}{d\varepsilon} = A(\varepsilon) \tag{B.76}$$

部分積分を用いて，ゾンマーフェルト展開の積分を次のように書き直せます．

$$\int_{-\infty}^{\infty} A(\varepsilon) f(\varepsilon)\, d\varepsilon = \int_{-\infty}^{\infty} B(\varepsilon)\left[-\frac{df(\varepsilon)}{d\varepsilon}\right] d\varepsilon \tag{B.77}$$

$$-\frac{df(\varepsilon)}{d\varepsilon} = \frac{1}{k_{\mathrm{B}}T}\frac{e^{(\varepsilon-\mu)/(k_{\mathrm{B}}T)}}{\left(e^{(\varepsilon-\mu)/(k_{\mathrm{B}}T)}+1\right)^2} \tag{B.78}$$

$-df/d\varepsilon \sim e^{-|\varepsilon-\mu|/(k_{\mathrm{B}}T)}$ $(\varepsilon \to \pm\infty)$ なので，$\varepsilon \to \pm\infty$ の寄与は 0 です．$B(\varepsilon)$ を $\varepsilon = \mu$ の周りでテイラー展開します．

$$B(\varepsilon) = B(\mu) + \sum_{n=1}^{\infty} \frac{(\varepsilon-\mu)^n}{n!}\frac{d^n B(\mu)}{d\varepsilon^n} = B(\mu) + \sum_{n=1}^{\infty} \frac{(\varepsilon-\mu)^n}{n!}\frac{d^{n-1}A(\mu)}{d\varepsilon^{n-1}} \tag{B.79}$$

このテイラー展開を (B.77) 式に代入し，次式を得ます．

$$\int_{-\infty}^{\infty} A(\varepsilon) f(\varepsilon)\, d\varepsilon = B(\mu) + \sum_{n=1}^{\infty} \frac{1}{n!}\left[\int_{-\infty}^{\infty}(\varepsilon-\mu)^n\left(-\frac{df(\varepsilon)}{d\varepsilon}\right) d\varepsilon\right]\frac{d^{n-1}A(\mu)}{d\varepsilon^{n-1}}$$

$x = (\varepsilon-\mu)/(k_{\mathrm{B}}T)$ と定義し，これに関して $-df/d\varepsilon$ が偶関数である（(B.78) 式参照）ことを用いると n が奇数の場合は積分は 0 です．a_n を次式で定義します．

$$a_n = \frac{1}{(2n)!\,(k_{\mathrm{B}}T)^{2n}}\int_{-\infty}^{\infty}(\varepsilon-\mu)^{2n}\left(-\frac{df(\varepsilon)}{d\varepsilon}\right) d\varepsilon \tag{B.80}$$

a_n の式は，$-df/d\varepsilon$ が偶関数であることに注意し，次のように整理できます．

$$a_n \equiv \frac{2}{(2n)!}\int_0^{\infty} x^{2n}\frac{d}{dx}\left(-\frac{1}{e^x+1}\right) dx \tag{B.81}$$

これで次のゾンマーフェルト展開，(B.73) 式が示せました．

$$\int_{-\infty}^{\infty} A(\varepsilon) f(\varepsilon)\, d\varepsilon = \int_{-\infty}^{\mu} A(\varepsilon)\, d\varepsilon + \sum_{n=1}^{\infty} a_n (k_{\mathrm{B}}T)^{2n}\frac{d^{2n-1}A(\mu)}{d\varepsilon^{2n-1}} \tag{B.82}$$

あとは，a_n を具体的に計算し，ζ 関数を用いて書き直すだけです．部分積分を用い，a_n は次のように変形できます．

$$\begin{aligned} a_n &= \frac{2}{(2n)!}\left\{\left[x^{2n}\left(-\frac{1}{e^x+1}\right)\right]_0^{\infty} + \int_0^{\infty}\frac{2nx^{2n-1}}{e^x+1}\, dx\right\} \\ &= \frac{2}{(2n-1)!}\int_0^{\infty}\frac{x^{2n-1}e^{-x}}{1+e^{-x}}\, dx \end{aligned} \tag{B.83}$$

1 行目の右辺の 1 項目は 0 です. e^{-x} について $x = 0$ の周りでテイラー展開をします.

$$a_n = \frac{2}{(2n-1)!} \sum_{k=0}^{\infty} (-1)^k \int_0^{\infty} x^{2n-1} e^{-(k+1)x} dx$$

$$= \frac{2}{(2n-1)!} \sum_{k=0}^{\infty} \frac{(-1)^k}{(k+1)^{2n}} \int_0^{\infty} s^{2n-1} e^{-s} ds = 2 \sum_{k=1}^{\infty} \frac{(-1)^{k+1}}{k^{2n}} \tag{B.84}$$

2 行目では，$s = (k+1)x$ と変数変換し，積分が $\Gamma(2n) = (2n-1)!$ であることを用いました（(B.63) 式参照）．最後の結果は $\zeta(2n) = \sum_{k=1}^{\infty} 1/k^{2n}$ と分子の符号以外は一致し，ゼータ関数で書き直し，(B.75) 式が求まります．

$$2\zeta(2n) - a_n = 4 \sum_{k=1}^{\infty} \frac{1}{(2k)^{2n}} = \frac{\zeta(2n)}{2^{2(n-1)}} \quad \text{よって} \quad a_n = \left(2 - \frac{1}{2^{2(n-1)}} \right) \zeta(2n)$$

■ B.11　統計量の性質

■平均と標準偏差　統計量についてまとめます．標本 $\{x_j | j = 1, 2, \cdots, N\}$ の平均 $\langle x \rangle$ と標準偏差 σ は以下のように定義します．

$$\text{平均：} \quad \langle x \rangle = \sum_{j=1}^{N} x_j \tag{B.85}$$

$$\text{標準偏差：} \quad \sigma = \sqrt{\frac{1}{N} \sum_{j=1}^{N} (x_j - \langle x \rangle)^2} = \sqrt{\langle x^2 \rangle - \langle x \rangle^2} \tag{B.86}$$

$\langle \cdots \rangle$ は平均を表します．標準偏差の 2 乗，σ^2 を**分散**と呼びます．厳密には，上の標準偏差の式は平均が独立に与えられた場合に対応し，平均を標本から求める場合の標準偏差は，分母の N を $N-1$ としたものになります．本書で扱う標本数は原子，分子の数に対応し大きい数なので，この差が重要になることはありません．

■正規分布　変数 x について平均 $\langle x \rangle$，標準偏差 σ を持つ正規分布は次の分布です．

$$f(x) = \frac{1}{\sqrt{2\pi}\,\sigma} e^{-(x-\langle x \rangle)^2/(2\sigma^2)} \tag{B.87}$$

■中心極限定理　1 つの統計分布から（正規分布とは限りません）ランダムに抽出した標本の平均は，標本数が十分大きければ**正規分布**に従います．

■平均の分布　標本平均値のばらつきには次の重要な性質があります．

> 標準偏差 σ を持つ独立な確率変数 N 個の平均は標準偏差 $\sigma/\sqrt{N}$ を持つ．

標準偏差はばらつきを特徴付けるので，標本数が多くなると標本平均は全体の平均に近づき，ばらつきは小さくなるという意味で，直観的にわかりやすいでしょう．理由は次のよ

うに理解できます．確率変数 $y = \sum_{j=1}^{N} x_j/N$ とし，分布全体の平均を $\overline{x}$ とします．

$$\langle y \rangle = \left\langle \frac{1}{N} \sum_{j=1}^{N} x_j \right\rangle = \frac{1}{N} \sum_{j=1}^{N} \langle x_j \rangle = \frac{1}{N} N \langle x \rangle = \overline{x}$$

$$\langle (y - \langle y \rangle)^2 \rangle = \left\langle \left(\frac{1}{N} \sum_{j=1}^{N} x_j - \overline{x} \right)^2 \right\rangle = \left\langle \left[\frac{1}{N} \sum_{j=1}^{N} (x_j - \overline{x}) \right]^2 \right\rangle$$

$$= \frac{1}{N^2} \left[\sum_{j=1}^{N} \langle (x_j - \overline{x})^2 \rangle + \sum_{i \neq j}^{N} \langle (x_i - \overline{x})(x_j - \overline{x}) \rangle \right] = \frac{\sigma^2}{N}$$

標本が独立なので上の和で $i \neq j$ の和の平均は 0 になります．

■ B.12　ラグランジュの未定乗数法

B.12.1　拘束条件が 1 つの場合

　一般の場合を扱う前に，拘束条件が 1 つの場合を説明します．変数 x_j $(j = 1, 2, \cdots, N)$ が条件 $\Psi(x) = 0$（**拘束条件**と呼びます）を満たすとします（x は x_j の集合を意味します）．その条件下で関数 $F(x)$ が極値（最大値，最小値を含む）をとる x_j を求めます．拘束条件を用いて容易に変数を減らせる場合もありますが，困難な場合も多いです．次のラグランジュの未定乗数法は，変数を消去しないでも適用できて便利です．

　極値をとる条件は，小さな変分 dx_j に対して，1 次の変化が無いことです．

$$dF = \sum_{j=1}^{N} \frac{\partial F(x)}{\partial x_j} dx_j = 0 \tag{B.88}$$

全ての変分 dx_j が独立であれば，これで微分係数 $\partial F(x)/\partial x_j$ が $j = 1, 2, \cdots, N$ について 0 という通常の極値問題の条件になります．しかし，拘束条件があるため，全ての dx_j は独立ではありません．変分には拘束条件を満たさねばならないという次の条件が課されます．

$$d\Psi = \sum_{j=1}^{N} \frac{\partial \Psi(x)}{\partial x_j} dx_j = 0 \tag{B.89}$$

(B.88) 式と (B.89) 式より，未定乗数 λ を導入して次式が得られます．

$$dF + \lambda \, d\Psi = \sum_{j=1}^{N} \left(\frac{\partial F(x)}{\partial x_j} + \lambda \frac{\partial \Psi(x)}{\partial x_j} \right) dx_j = 0 \tag{B.90}$$

ここで，次式を満たすように λ を定めます．

$$\frac{\partial F(x)}{\partial x_N} + \lambda \frac{\partial \Psi(x)}{\partial x_N} = 0 \tag{B.91}$$

もし，$\partial \Psi(x)/\partial x_N$ が 0 であれば，そうでないように j の順序を変更します．そうすると，

極値問題の条件は，次式となります．

$$dF + \lambda \, d\Psi = \sum_{j=1}^{N-1} \left(\frac{\partial F(x)}{\partial x_j} + \lambda \frac{\partial \Psi(x)}{\partial x_j} \right) dx_j = 0 \tag{B.92}$$

(B.90) 式と N までの和が $N-1$ になっただけの差ですが，拘束条件は 1 個しかないので，$dx_j \, (j = 1, 2, \cdots, N-1)$ は独立です．よって，その係数は 0 となります．(B.91) 式と合わせると，全ての j について同じ次式を得ます．

$$\frac{\partial F(x)}{\partial x_j} + \lambda \frac{\partial \Psi(x)}{\partial x_j} = 0, \qquad j = 1, 2, \cdots, N \tag{B.93}$$

変数は，N 個の x_j と未定乗数 λ で $N+1$ 個あります．方程式も上の N 個の式と拘束条件 1 個を合わせて $N+1$ 個あるので，特殊な場合を除いて x_j が求まります．

B.12.2　拘束条件が複数の場合

同様に，拘束条件 $\Psi_a(x) = 0 \, (a = 1, 2, \cdots, M)$ が複数ある場合も，未定乗数 $\lambda_a \, (a = 1, 2, \cdots, M)$ を導入し，全ての j について同じ次式を得ます．

$$\frac{\partial F(x)}{\partial x_j} + \sum_{a=1}^{M} \lambda_a \frac{\partial \Psi_a(x)}{\partial x_j} = 0, \quad j = 1, 2, \cdots, N \tag{B.94}$$

自由度の数を確認します．変数が x_j と λ_a を合わせて $N+M$ 個，方程式も上の式と拘束条件を合わせて $N+M$ 個です（当然の前提として拘束条件数の方が座標の自由度の数より少ない，$0 < M < N$ とします）．

上の結論，(B.94) 式は拘束条件が 1 つの場合と同様に導けるので，手短に説明します．F が極値をとる条件，$dF = 0$ と拘束条件を満たす変分の条件，$d\Psi_a = 0$ より次の条件が成り立ちます．

$$dF + \sum_{a=1}^{M} \lambda_a \, d\Psi_a = \sum_{j=1}^{N} \left(\frac{\partial F(x)}{\partial x_j} + \sum_{a=1}^{M} \lambda_a \frac{\partial \Psi_a(x)}{\partial x_j} \right) dx_j = 0 \tag{B.95}$$

M 個の拘束条件があるため，全ての dx_j は独立ではなく，独立なものはそのうち $N-M$ 個です．以下の M 個の式が満たされるように，M 個の未定乗数 λ_a を定めます（必要があれば，x_j の指数 j を振り直します）．

$$\frac{\partial F(x)}{\partial x_j} + \sum_{a=1}^{M} \lambda_a \frac{\partial \Psi_a(x)}{\partial x_j} = 0, \qquad j = N-M+1, N-M+2, \cdots, N \tag{B.96}$$

これを用いると，条件 (B.95) 式は次式となります．

$$\sum_{j=1}^{N-M} \left(\frac{\partial F(x)}{\partial x_j} + \sum_{a=1}^{M} \lambda_a \frac{\partial \Psi_a(x)}{\partial x_j} \right) dx_j = 0 \tag{B.97}$$

この式には変分，$dx_1, dx_2, \cdots, dx_{N-M}$ しか登場しません．これらは独立なので，次式が

B.12 ラグランジュの未定乗数法

成り立ちます.

$$\frac{\partial F(x)}{\partial x_j} + \sum_{a=1}^{M} \lambda_a \frac{\partial \Psi_a(x)}{\partial x_j} = 0, \qquad j = 1, 2, \cdots, N - M \tag{B.98}$$

この式と，(B.96) 式を合わせると，結論 (B.94) 式を得ます.

　ラグランジュの未定乗数法は結論はシンプルで，だまされたように感じるかも知れません．拘束条件下での極値問題が複雑な理由は，全ての変数は独立ではないことです．拘束条件の数だけ未定乗数を導入し，それを用いて，極値をとる条件を独立変数の変分だけで書き直せるので条件が単純になります.

　ラグランジュの未定乗数法を用いて得られた式，(B.93), (B.94) 式が解を持たない場合があります．この場合には拘束条件を満たす極値はありません.

■簡単な具体例　ラグランジュの未定乗数法を簡単な例に応用してみましょう：条件 $x^2 + y^2 = 1$ の下での xy の最大値を求めます．$F(x, y) = xy$, $\Psi(x, y) = x^2 + y^2 - 1$ なので，(B.93) 式は，次のとおりです.

$$y + 2\lambda x = 0, \qquad x + 2\lambda y = 0 \tag{B.99}$$

これより次式を得ます.

$$x = -2\lambda y = (2\lambda)^2 x \quad \Rightarrow \quad 2\lambda = \pm 1 \text{ か } x = 0 \tag{B.100}$$

これを拘束条件に代入します．$x = y = 0$ は拘束条件を満たしません.

$$x^2 + (2\lambda)^2 x^2 = 1 \quad \Rightarrow \quad x = \pm \frac{1}{\sqrt{2}} \tag{B.101}$$

$2\lambda = -1$ の場合は，$(x, y) = (\pm 1/\sqrt{2}, \pm 1/\sqrt{2})$, $2\lambda = 1$ の場合は，$(x, y) = (\pm 1/\sqrt{2}, \mp 1/\sqrt{2})$ となります．xy の値はそれぞれ $1/2$ と $-1/2$ です．よって $1/2$ が最大値です．求めたのは極値なので，最小値 $-1/2$ をとる場合も含まれています．この簡単な例では，拘束条件を $y = \pm\sqrt{1 - x^2}$ と解く，あるいはパラメータ表示 $(x, y) = (\cos\theta, \sin\theta)$ を用いる，等の方法でも上の解が正しいことを確認できます.

索　引

あ 行

アイソトープ　182
アインシュタインの関係式　143
アインシュタイン模型　117
赤　7
圧縮波　6
圧縮率　169
圧力　49, 168
アボガドロ定数　180
アモルファス状態　112
アレイ　20
アンサンブル平均　99
鞍点法　194

イオン　182
異常分散　41
位相　3
位相空間　99, 190
位相速度　25
位置エネルギー　45
異方性　82
色　7
色合い　8
色収差　41

ウィーデマン–フランツの法則　152
薄い膜による干渉　25
宇宙背景放射　132
うなり　24
運動エネルギー　45

永久機関　77
液相　82
液体　82, 111
　　　—の圧縮率　169

—の密度　169
エネルギー等分配則　108, 110, 132
エルゴード性　100
エンタルピー　81, 85
円柱座標　192
円柱波　43
エントロピー　63, 102
　　　—増大の法則　62
　　　理想気体の—　70
円偏光　9

応力　168
大雑把な計算　18
オーダー　18
オクターブ　6, 42
オットーサイクル　54, 67
音　6, 178
　　　—の振動数　6
　　　—の波長　7
音域　6
音速　7
温度　46, 47, 107, 108
　　　—の定義　49, 62
温度拡散係数　↔ 熱拡散率
音波　6, 166, 169

か 行

外界　46
概算　18
階数　189
回折　10, 18
　　　—限界　18
ガウシアン　27
ガウス関数　27
ガウス積分　188

索　引

化学ポテンシャル　94, 121, 126
可逆　51
拡散　144, 146
拡散係数　143, 156
拡散方程式　147
核子　181
角振動数　3
角度分解能　18
重ね合わせの原理　10
可視光　7
仮想仕事の原理　175
過程　51
カノニカル分布　103
過飽和状態　87
ガラス状態　112
カルノー
　　　—の原理　60
カルノーサイクル　57, 65
カロリー　46, 180
干渉　10
　　　薄い膜による—　25
干渉縞　11
ガンマ関数　193

気化　83, 113
幾何光学　22, 36
気化熱　84, 174
気相　82
気体　82, 111
期待値　104
気体定数　49, 180
ギブス自由エネルギー　79, 94
基本振動　24, 28, 165
逆位相　3, 11
逆過程　51
球面波　4, 32
凝華　83
境界条件　159
凝固　83
凝固熱　84

凝縮　83
凝縮熱　84
鏡像　37
極座標　184, 191
局所平衡　142
巨視的　44, 97
虚数単位　184
虚部　184
キルヒホフの法則　132

矩形波　26
屈折　37
屈折の法則　39
屈折率　38
クラウジウス
　　　—の原理　60, 62
　　　—の不等式　69
クラウジウス–クラペイロンの式　90
グラディエント　↪ 勾配
グランドカノニカル分布　122
黒　8
群速度　25

系　46
経路時間　37
経路長　11
ケルビンの原理　62
原子　181
原子核　181
原子記号　182
原子質量単位　180, 181
原子番号　181
原子量　182
元素記号　182

格子　113
光子　8, 126
光子気体　126
合成関数の微分　185
剛性率　168

202　　　　　　　索　引

構造色　25
光速　7
拘束条件　110, 197
光年　180
勾配　146, 186
効率　54
光量子仮説　126
国際単位系　180
黒体　126
黒体輻射　↪ 熱放射
黒体放射　↪ 熱放射
固相　82
固体　82, 112
固定端　159, 170
コヒーレンス　29
ゴム　141
固有振動　24, 159, 165
孤立系　46, 99

さ　行

サイクル　54
最小時間の原理　37
散乱光　8

時間平均　99
示強的　47
実部　184
質量数　181
自由エネルギー　78
周期　2
周期的境界条件　139, 163
自由端　162, 170
自由電子　135, 149
自由度　89
周波数　1
縮退　122
縮退圧　141
シュテファン–ボルツマン定数　131
シュテファン–ボルツマンの法則　131

循環過程　54
準静的　51
　　　—過程　51, 73
昇華　83
昇華熱　84
状態　99
状態式　↪ 状態方程式
状態変数　46
状態方程式　49, 79, 140
状態密度　133, 135
状態量　46
状態和　103
蒸発　140
蒸発エンタルピー　174
常微分方程式　189
　　　—の階数　189
初期条件　190
示量的　46
白　8
しん気楼　39
真空中光速　180
進行波　1
親水性　177
振動数　1
　　　音の—　6
　　　光の—　8
振幅　2

酔歩　↪ ランダムウォーク
スターリングの公式　194
ステラジアン　192
ストークス–アインシュタインの式　144
ストークスの法則　144
スネルの法則　39
スピン　123
スペクトル　26, 127
　　　—幅　29
スペクトル解析　26
スペクトル分解　26
ずれ弾性率　168

索　引　　**203**

正規分布　196
ゼータ関数　193
積の微分　185
積分定数　189
セ氏温度　47
接触角　176, 179
接線応力　168
絶対温度　47, 101, 180
絶対値　184
摂動論　124
セルシウス温度　47
線形結合　189
線形性　30
線形微分方程式　189
潜熱　84, 90
線密度　164

相　82
相図　83
相転移　82
　　—の次数　93
　　n 次—　93
　　1 次—　93
束縛エネルギー　182
疎水性　177
素電荷　180
疎密波　6
ゾンマーフェルト展開　137, 194

た　行

大気圧　180
体積　49
体積弾性率　167, 169
太陽定数　140
第 1 種永久機関　77
第 2 種永久機関　77
楕円偏光　9
縦波　2, 6, 166
単位系　180

単色光　8
単振動　158
弾性　166
弾性波　118
断熱過程　51, 53, 178

チャンドラセカール限界　141
中心極限定理　196
中性子　181
中性子質量　180
超音波　6
超伝導　134
調和振動子　113, 189
直線偏光　9

定圧過程　51
定圧熱容量　52
抵抗　149
抵抗率　149
定在波　23
定常波　23
定積過程　51
定積熱容量　52
テイラー展開　15
停留値　37
デバイ温度　119, 120
デュロン–プティの法則　115
電位差　149
電気抵抗　149
電気伝導率　149
電子　181
電子質量　180
電磁波　7
電子ボルト　180
電場　149
電流　149
電流密度　149

等圧過程　51
同位相　3, 10

同位体　182
統一原子質量単位　181
等温過程　51
統計物理学　44
等重率の原理　99
同種粒子　106, 122
等積過程　51
等比級数　185
等比数列　184
等分配則　↪ エネルギー等分配則
特殊解　189
独立な粒子　123
ドップラー効果　33
ド・ブロイ波　139
ドルーデの理論　150

な　行

内積　4
内部エネルギー　48
波の強度　2
波の強さ　2

逃げ水　39

濡れ　176

音色　28
ねずみ色　8
熱　45
熱運動　108
熱エネルギー　45
熱核　157
熱拡散係数　↪ 熱拡散率
熱拡散率　156, 178
熱機関　48, 54
　　—の効率　54
熱源　58
熱伝導率　151, 156
熱平衡状態　46

熱放射　130, 141
熱容量　45
熱浴　51, 58
熱力学　44
　　—第 0 法則　46, 101
　　—第 1 法則　48
　　—第 2 法則　60, 62, 146
　　—第 3 法則　77
熱力学温度　62
熱流　151
熱量　45
粘性　143, 153
粘性係数　154, 156

ノイズキャンセリング　11
伸び弾性率　166

は　行

倍音　28, 165
媒介変数　186
媒質　1
パウリの排他原理　123
白色光　8
白色矮星　141
波数　3
波数ベクトル　4
波束　27
波長　1, 22
　　音の—　7
　　光の—　7
波動方程式　30
ハミルトニアン　109
波面　3
腹　24
半整数　3
反対色　8

ヒートポンプ　59
光　7

索　引

　　　—の振動数　8
　　　—の波長　7
微視的　44, 97
ピストン　50
非斉次線形微分方程式　189
非線形性　30
ピッチ　6, 24
比熱　45
比熱比　53
比熱容量　45
微分
　　　—，合成関数の　185
　　　—，積の　185
　　　—，媒介変数を使った　186
微分演算子　31
微分形式　186
微分方程式　189
非平衡
　　　—定常系　142
　　　—物理学　142
非平衡状態　47
非平衡物理学　47
標準温度と圧力　49
標準環境温度と圧力　49
標準状態　49
標準大気圧　180
標準偏差　196
表面活性　175
表面張力　173

ファンデルワールス
　　　—の状態方程式　85
フィックの法則　146
フーリエ解析　26
フーリエの法則　151
フェルマーの原理　37
フェルミ運動量　136
フェルミエネルギー　136
フェルミ温度　136, 138
フェルミ気体　135

フェルミ縮退　136
フェルミ縮退圧　136
フェルミ速度　138
フェルミ–ディラック統計　123
フェルミ統計　123
フェルミ面　137
フェルミ粒子　123, 134
フェルミ粒子気体　138
フォノン　118, 150, 153
不可逆　51
複素共役　184
複素数　4, 184
節　24
フックの法則　158
沸騰　88
物理定数　180
ブラウン運動　142
フラックス　140
プランク関数　131
プランク定数　180
プランクの輻射式　127
分光　7, 8, 26, 41
分散　41, 196
分子　111
分子間力　111, 174
分子量　182
分配関数　122

平均　196
平均自由行程　145, 148, 151
平均自由時間　145, 149
平均値　104
平均律　42
平衡状態　46
平面波　3, 32
へき開性　82
ヘルムホルツ自由エネルギー　78
偏角　184
偏光　9, 126
偏光フィルター　9

変数分離　164
偏微分方程式　189
変分原理　37

ポアソン比　167, 171
ホイヘンスの原理　5, 40
ホイヘンス–フレネルの原理　↪ ホイヘンスの原理
望遠鏡　18
放射率　132
法線応力　168
飽和圧力　83
飽和蒸気圧　85
飽和水蒸気圧　83
ボーズ–アインシュタイン凝縮　134
ボーズ–アインシュタイン統計　123
ボーズ気体　133
ボーズ統計　123
ボーズ粒子　123, 134
補色　8
ポテンシャルエネルギー　45
ボルツマン定数　101, 180
ボルツマンの関係式　102
ボルツマン分布　103
ホログラム　5

ま　行

マクスウェルの関係式　183
マクスウェルの規則　87
マクスウェル–ボルツマン分布　108
マクロ　44

ミクロ　44
ミクロカノニカル分布　99
密度　82, 169

無限等比級数　185
紫　7

メニスカス　176, 177, 179

毛細管現象　179
モル数　49
モル熱容量　45
モル比熱　45

や　行

ヤコビ行列　187
ヤングの干渉実験　11
ヤング率　166

融解　83, 113
融解熱　84
有効質量　150
輸送現象　142

陽子　181
陽子質量　180
横波　2, 7

ら　行

ラグランジュの未定乗数法　110, 197
ラジアン　14, 181
ラプラシアン　192
乱雑度　64, 76
ランダムウォーク　145, 156

理想気体　49, 105, 140, 182
立体角　192
流束　140, 146
流体　82
量子力学　106, 108
臨界圧力　84
臨界温度　84
臨界点　83
臨界密度　84

ルシャトリエの法則　92

レイリー限界　18
レイリー–ジーンスの放射法則　132
レーザー　29
連成振動　118, 159
連続の方程式　147

英 数 字

α 粒子　182
Blu-ray　23
eV　180
γ（比熱比）　53
grad　186
k_B（ボルツマン定数）　180

MKS 単位系　180
∇　146, 186
R（気体定数）　49
rad　↪ ラジアン
SATP　49
SI　180
SI 接頭語　181
sr　192
STP　49
Z（状態和）　103

1 次相転移　93
2 原子分子　109
2 重スリット実験　11
3 重点　84, 89
3D 映画　9

著者略歴

青木健一郎
（あおき　けんいちろう）

1989年　Princeton 大学　物理学科　博士課程修了，Ph.D.
現　在　慶應義塾大学　経済学部　教授

主要著書

コア・テキスト　力学（サイエンス社，2011）

現代物理学を学びたい人へ—原子から宇宙まで（慶應義塾
　大学出版会，2011）

素粒子物理学（共著，朝倉書店，2000）

ライブラリ物理学コア・テキスト＝4

コア・テキスト
波・熱力学・統計物理学とその応用

2025 年 3 月 10 日 ⓒ　　　　　　　初 版 発 行

著　者　青木健一郎　　　　　　発行者　森 平 敏 孝
　　　　　　　　　　　　　　　印刷者　山 岡 影 光
　　　　　　　　　　　　　　　製本者　小 西 惠 介

発行所　　株式会社　サ イ エ ン ス 社

〒151-0051　東京都渋谷区千駄ヶ谷 1 丁目 3 番 25 号
営業 ☎ （03）5474-8500 （代）　振替 00170-7-2387
編集 ☎ （03）5474-8600 （代）
FAX ☎ （03）5474-8900

印刷　三美印刷（株）　　　製本　（株）ブックアート

《検印省略》

本書の内容を無断で複写複製することは，著作者および
出版者の権利を侵害することがありますので，その場合
にはあらかじめ小社あて許諾をお求め下さい．

サイエンス社のホームページのご案内
https://www.saiensu.co.jp
ご意見・ご要望は
rikei@saiensu.co.jp　まで．

ISBN 978-4-7819-1627-9

PRINTED IN JAPAN

レクチャー 振動・波動
山田琢磨著　2色刷・A5・本体1850円

振動・波動・光講義ノート
引原・中西共著　2色刷・A5・本体1900円

熱・統計力学入門
阿部龍蔵著　A5・本体1700円

グラフィック講義 熱・統計力学の基礎
和田純夫著　2色刷・A5・本体1850円

熱・統計力学講義ノート
森成隆夫著　2色刷・A5・本体1800円

例題から展開する 熱・統計力学
香取・森山共著　2色刷・A5・本体1950円

熱・統計力学講義
河原林透著　2色刷・B5・本体2200円

＊表示価格は全て税抜きです.

サイエンス社

═━═━═━ ライブラリ 物理学コア・テキスト ═━═━═━

コア・テキスト **力学**

青木健一郎著　2色刷・A 5・本体1900円

コア・テキスト

波・熱力学・統計物理学とその応用

青木健一郎著　2色刷・A 5・本体3150円

コア・テキスト **量子力学**

基礎概念から発展的内容まで

三角樹弘著　2色刷・A 5・本体2250円

＊表示価格は全て税抜きです.

═━═━═━═━═ サイエンス社 ═━═━═━═━═

■科学の最前線を紹介する月刊雑誌　（毎月20日刊）

数理科学

MATHEMATICAL
SCIENCES

自然科学と社会科学は今どこまで研究されているのか──.

そして今何をめざそうとしているのか──.

「数理科学」はつねに科学の最前線を明らかにし,

大学や企業の注目を集めている科学雑誌です. **本体 954 円（税抜き）**

■本誌の特色■

①基礎的知識　②応用分野　③トピックス

を中心に, 科学の最前線を特集形式で追求しています.

■予約購読のおすすめ■

年間購読料：　11,000 円　（税込み）

半年間：　　5,500 円　（税込み）

（送料当社負担）

SGC ライブラリのご注文については, 予約購読者の方には商品到着後の
お支払いにて受け賜ります.

当社営業部までお申し込みください.

──────── サイエンス社 ────────